浙江省高职院校“十四五”重点立项建设教材

高等职业教育大数据工程技术系列教材

大数据平台运维基础

龚大丰　翁正秋　池万乐　主　编

施莉莉　王小铭　副主编

電子工業出版社

Publishing House of Electronics Industry

北京 · BEIJING

内容简介

本书是高等职业教育大数据技术与应用系列教材中的一册，讲解了大数据系统运行维护过程中的各个主要任务，包括大数据生态圈、Hadoop 环境搭建与运维、Hive 环境搭建与基本操作、HBase 环境搭建与运维、Hadoop 常用组件安装等内容。本书内容详尽充实，针对每个知识点都配有相应的实验用于验证和巩固，在基础理论知识上增加了运维大数据平台实践应用知识，重点介绍了大数据系统的运维实操技能，对于培养应用型大数据平台运维人才有着很强的指导性。

本书既可以作为高等职业院校大数据平台运维课程的教学用书，也同样适合作为有志从事大数据系统运维工作的广大爱好者的参考书。

图书在版编目（CIP）数据

大数据平台运维基础 / 龚大丰，翁正秋，池万乐主编. —北京：电子工业出版社，2022.6
ISBN 978-7-121-43420-4

Ⅰ. ①大… Ⅱ. ①龚… ②翁… ③池… Ⅲ. ①数据处理－高等职业教育－教材 Ⅳ. ①TP274

中国版本图书馆 CIP 数据核字（2022）第 077348 号

责任编辑：徐建军　　文字编辑：徐　萍
印　　刷：涿州市般润文化传播有限公司
装　　订：涿州市般润文化传播有限公司
出版发行：电子工业出版社
　　　　　北京市海淀区万寿路 173 信箱　邮编 100036
开　　本：787×1 092　1/16　印张：13.5　字数：346 千字
版　　次：2022 年 6 月第 1 版
印　　次：2024 年 12 月第 4 次印刷
定　　价：46.00 元

凡所购买电子工业出版社图书有缺损问题，请向购买书店调换。若书店售缺，请与本社发行部联系，联系及邮购电话：（010）88254888，88258888。

质量投诉请发邮件至 zlts@phei.com.cn，盗版侵权举报请发邮件至 dbqq@phei.com.cn。

本书咨询联系方式：（010）88254570，xujj@phei.com.cn。

前言
Preface

今天，越来越多的行业对大数据应用表现出强烈的兴趣。大数据或者相关数据分析解决方案的使用不但出现在互联网行业，像电信、金融、能源这些传统行业，越来越多的用户也开始尝试使用大数据解决具体业务问题，来提升自己的业务水平。在“大数据”背景之下，精通“大数据”的专业人才将成为企业重要的业务角色，“大数据”从业人员薪酬持续增长，人才缺口巨大。

大数据运维工程师作为大数据专业培养的基础岗位，在国民经济的各个领域都有很大的需求，基本上哪里有大数据哪里就需要大数据运维工程师。大数据运维工程师的工作内容包括：大数据集群的运维工作（Hadoop、HBase、Hive 等）；负责大数据集群性能优化、扩容；负责 Hadoop 集群的监控、数据备份、数据监控、报警、故障处理；研究大数据运维相关技术，根据系统需求制定运维技术方案，开发自动化运维工具和运维辅助系统；研究大数据业务相关运维技术，优化集群服务架构，探索新的大数据运维技术及发展方向。

本书作为培养应用型大数据运维工程师的基础教材，覆盖了大数据运维工作的各个方面，在基础理论知识上增加了运维大数据平台实践应用知识，重点介绍了大数据系统的运维实操技能，既适合大数据运维工程师学习使用，也可作为已经从事大数据运维工作人员的参考书。

本书由温州职业技术学院大数据技术专业国家级职业教育教师教学创新团队与章鱼大数据（优选创新（北京）科技有限公司）组织策划，由龚大丰、翁正秋、池万乐担任主编，施莉莉、王小铭担任副主编。其中，第 1、3 章由池万乐编写，第 2 章由翁正秋编写，第 4、5 章由龚大丰编写，实验部分由施莉莉和王小铭参与编写，全书由龚大丰统稿。此外，参与编写工作的还有陈贤、邵剑集、高瑜澧、陈清华、施郁文、杜益虹等。同时，也特别感谢温州市大数据发展管理局陈力琼为本书提供了修订意见。

本书的编写得到温州职业技术学院教改项目（项目编号：WZYYFFP2020005、WZYSZZY2104、WZYSZKC2106、WZYzd202003、WZYCJRH201905、WZYZD201810）以及浙江省产学合作协同育人项目（“基于政产学研用的信息技术类专业课证融通改革”浙教办函〔2021〕7 号）立项支持，在此表示衷心的感谢。

为了方便教师教学，本书配有电子教学课件及相关资源，请有此需要的教师登录华信教育资源网（www.hxedu.com.cn）注册后免费进行下载，如有问题可在网站留言板留言或与电子工业出版社联系（E-mail：hxedu@phei.com.cn）。

教材建设是一项系统工程，需要在实践中不断加以完善及改进，同时由于时间仓促、编者水平有限，书中难免存在疏漏和不足之处，敬请同行专家与广大读者批评指正。

编　者

目录
Contents

第1章 大数据生态圈

学习任务

对大数据在概念上有一个宏观的认识，同时了解大数据的发展与主要技术。

☑ 了解大数据的概念和价值。
☑ 了解大数据的特点。
☑ 了解大数据技术组成与生态圈。
☑ 了解大数据的行业应用和未来发展。

知识点

☑ 大数据的概念介绍。
☑ 大数据的特点介绍。
☑ 大数据的主要技术介绍。
☑ 大数据的应用介绍。

1.1 大数据的概念和价值

很多人对于这些热门的新技术、新趋势往往趋之若鹜却又很难说得透彻，如果问他大数据和其有什么关系，估计很少能说出个一二三来。究其原因，一是因为大家对新技术有着相同的原始渴求，至少知其然在聊天时不会显得很“落伍”；二是在工作和生活环境中真正能参与实践大数据的案例实在太少了，所以大家没有必要花时间去知其所以然。

如果说大数据就是数据大，或者侃侃而谈4个“V”，也许很有深度地谈到BI或预测的价值，又或者拿Google和Amazon举例，技术流可能会聊起Hadoop和CloudComputing，不管对错，都无法描绘出对大数据的整体认识，不说是片面，但至少有些管窥蠡测、隔靴瘙痒了。

大数据就是互联网发展到现今阶段的一种表象或特征而已，没有必要神话它或将其视为深不可测。在以云计算为代表的技术创新大幕的衬托下，这些原本很难收集和使用的数据开始容易地被利用起来了，通过各行各业的不断创新，大数据会逐步为人类创造更多的价值。

1. 大数据的概念

最早提出大数据时代到来的是麦肯锡："数据，已经渗透到当今每一个行业和业务职能领域，成为重要的生产因素。人们对于海量数据的挖掘和运用，预示着新一波生产率增长和消费者盈余浪潮的到来。"

业界（IBM 最早定义）将大数据的特征归纳为 4 个"V"（量，Volume；多样，Variety；价值，Value；速度，Velocity），或者说特点有四个层面：第一，数据体量巨大，大数据的起始计量单位至少是 P（1000T）、E（100 万 T）或 Z（10 亿 T）；第二，数据类型繁多，比如，网络日志、视频、图片、地理位置信息等；第三，价值密度低，商业价值高；第四，处理速度快。最后这一点也是和传统的数据挖掘技术有着本质的不同。

俗话说：三分技术，七分数据，得数据者得天下。先不论谁说的，但是这句话的正确性已经不用去论证了。维克托•迈尔-舍恩伯格在《大数据时代》一书中列举了诸多例证，都是为了说明一个道理：在大数据时代已经到来的时候要用大数据思维去发掘大数据的潜在价值。书中，作者提及最多的是 Google 如何利用人们的搜索记录挖掘数据二次利用价值，比如预测某地流感爆发的趋势；Amazon 如何利用用户的购买和浏览历史数据进行有针对性的书籍购买推荐，以此有效提升销售量；Farecast 如何利用过去十年所有的航线机票价格打折数据，来预测用户购买机票的时机是否合适。

那么，什么是大数据思维？维克托•迈尔-舍恩伯格认为：①需要全部数据样本而不是抽样；②关注效率而不是精确度；③关注相关性而不是因果关系。

阿里巴巴的王坚对于大数据也有一些独特的见解，比如：

"今天的数据不是大，真正有意思的是数据变得在线了，这个恰恰是互联网的特点。"

"非互联网时期的产品，功能一定是它的价值，今天互联网的产品，数据一定是它的价值。"

"你千万不要想着拿数据去改进一个业务，这不是大数据。你一定是去做了一件以前做不了的事情。"

特别是最后一点，笔者是非常认同的，大数据的真正价值在于创造，在于填补无数个还未实现过的空白。

有人把数据比喻为蕴藏能量的煤矿。煤炭按照性质有焦煤、无烟煤、肥煤、贫煤等分类，而露天煤矿、深山煤矿的挖掘成本又不一样。与此类似，大数据并不在于"大"，而在于"有用"。价值含量、挖掘成本比数量更为重要。

2. 大数据的价值

大数据是什么？在投资者眼里是金光闪闪的两个字：资产。比如，Facebook 上市时，评估机构评定的有效资产中大部分都是其社交网站上的数据。

如果把大数据比作一种产业，那么这种产业实现盈利的关键，在于提高对数据的"加工能力"，通过"加工"实现数据的"增值"。

Target 超市以 20 多种怀孕期间孕妇可能会购买的商品为基础，将所有用户的购买记录作为数据来源，通过构建模型分析购买者的行为相关性，能准确地推断出孕妇的具体临盆时间，这样 Target 的销售部门就可以有针对地在每个怀孕顾客的不同阶段寄送相应的产品优惠券。

Target 的例子是一个很典型的案例，这就印证了维克托·迈尔-舍恩伯格提过的一个很有指导意义的观点：通过找出一个关联物并监控它，就可以预测未来。Target 通过监测购买者购买商品的时间和品种来准确预测顾客的孕期，这就是对数据的二次利用的典型案例。比如，我们通过采集驾驶员手机的 GPS 数据，就可以分析出当前哪些道路正在堵车，并可以及时发布道路交通提醒；通过采集汽车的 GPS 位置数据，就可以分析城市的哪些区域停车较多，这也代表该区域有着较为活跃的人群。

不管大数据的核心价值是不是预测，但是基于大数据形成决策的模式已经为不少的企业带来了盈利和声誉。

从大数据的价值链条来分析，存在三种模式：

第一，手握大数据，但是没有利用好。比较典型的是金融机构、电信行业、政府机构等。

第二，没有数据，但是知道如何帮助有数据的人利用它。比较典型的是 IT 咨询和服务企业，如埃森哲、IBM、Oracle 等。

第三，既有数据，又有大数据思维。比较典型的是 Google、Amazon、Mastercard 等。

未来在大数据领域最具有价值的是两种事物：①拥有大数据思维的人，这种人可以将大数据的潜在价值转化为实际利益；②还未被大数据触及过的业务领域。这些是还未被挖掘的油井、金矿，是所谓的蓝海。

Walmart 作为零售行业的巨头，其分析人员会对每个阶段的销售记录进行全面的分析。有一次他们无意中发现了虽不相关但很有价值的数据，在美国的飓风来临季节，超市的蛋挞和抵御飓风物品竟然销量都有大幅增加，于是他们做了一个明智的决策，就是将蛋挞的销售位置移到了飓风物品销售区域旁边，看起来是为了方便用户挑选，但是没有想到蛋挞的销量因此又提高了很多。

还有一个有趣的例子，1948 年辽沈战役期间，司令员林彪要求每天要进行例常的“每日军情汇报”，由值班参谋读出下属各个纵队、师、团用电台报告的当日战况和缴获情况。那几乎是重复着千篇一律枯燥无味的数据：每支部队歼敌多少、俘虏多少；缴获的火炮、车辆多少，枪支、物资多少……有一天，参谋照例汇报当日的战况，林彪突然打断他：“刚才念的在胡家窝棚那个战斗的缴获，你们听到了吗？”大家都很茫然，因为如此战斗每天都有几十起，不都是差不多一模一样的枯燥数字吗？林彪扫视一周，见无人回答，便接连问了三句：“为什么那里缴获的短枪与长枪的比例比其他战斗略高？”“为什么那里缴获和击毁的小车与大车的比例比其他战斗略高？”“为什么在那里俘虏和击毙的军官与士兵的比例比其他战斗略高？”林彪司令员大步走向挂满军用地图的墙壁，指着地图上的那个点说：“我猜想，不，我断定！敌人的指挥所就在这里！”果然，部队很快就抓住了敌方的指挥官廖耀湘，并取得这场重要战役的胜利。

这些例子真实地反映在各行各业，探求数据价值取决于把握数据的人，关键是人的数据思维；与其说是大数据创造了价值，不如说是大数据思维触发了新的价值增长。

大数据是每个人的大数据，是每个企业的大数据，更是整个国家的大数据。大数据时代，大数据正有力推动国家治理体系和治理能力现代化，日益成为社会管理的驱动力、政府治理的“幕僚高参”。同时，大数据也正在改变各国综合国力，重塑未来国际战略格局。“加快数字中国建设，就是要适应我国发展新的历史方位，全面贯彻新发展理念，以信息化培育新动能，用新动能推动新发展，以新发展创造新辉煌。”大数据时代拥抱大数据，习近平总书记立足战略视野进行前瞻规划，为网络强国指明方向。

1.2 大数据的特点

大数据是一个较为抽象的概念，正如信息学领域大多数新兴概念一样，大数据至今尚无确切、统一的定义。

在维基百科中关于大数据的定义为：大数据是指利用常用软件工具来获取、管理和处理数据所耗时间超过可容忍时间的数据集。这并不是一个精确的定义，因为无法确定常用软件工具的范围，可容忍时间也是个概略的描述。IDC 对大数据做出的定义为：大数据一般会涉及两种或两种以上数据形式。它要收集超过 100TB 的数据，并且是高速、实时数据流；或者是从小数据开始，但数据每年会增长 60%以上。这个定义给出了量化标准，但只强调数据量大、种类多、增长快等数据本身的特征。

研究机构 Gartner 给出了这样的定义：大数据是需要新处理模式才能具有更强的决策力、洞察发现力和流程优化能力的海量、高增长率和多样化的信息资产。这也是一个描述性的定义，在对数据描述的基础上加入了处理此类数据的一些特征，用这些特征来描述大数据。

当前，较为统一的认识是大数据有四个基本特点：数据量大（Volume）、数据类型多样（Variety）、数据产生和处理速度快（Velocity）、数据价值密度低（Value）。再加上数据真实性（Veracity），构成所谓的五“V”特性。这些特性使得大数据有别于传统的数据概念。

大数据的概念与“海量数据”不同，后者只强调数据的量，而大数据不仅用来描述大量的数据，还进一步指出数据的复杂形式、数据的快速时间特性，以及对数据的分析、处理等专业化处理，最终获得有价值信息的能力。

1. 数据量大（Volume）

大数据聚合在一起的数据量是非常大的，根据 IDC 的定义至少要有超过 100TB 的可供分析的数据，数据量大是大数据的基本属性。导致数据规模激增的原因有很多，首先是随着互联网络的广泛应用，使用网络的人、企业、机构增多，数据获取、分享变得相对容易。以前，只有少量的机构可以通过调查、取样的方法获取数据，同时发布数据的机构也很有限，人们难以在短期内获取大量的数据，而现在用户可以通过网络非常方便地获取数据，同时用户在有意的分享和无意的单击、浏览中都可以快速地提供大量数据。其次是随着各种传感器数据获取能力的大幅提高，使得人们获取的数据越来越接近原始事物本身，描述同一事物的数据量激增。早期的单位化数据，对原始事物进行了一定程度的抽象，数据维度低，数据类型简单，多采用表格的形式来收集、存储、整理，数据的单位、量纲和意义基本统一，存储、处理的只是数值而已，因此数据量有限，增长速度慢。而随着应用的发展，数据维度越来越高，描述相同事物所需的数据量越来越大。以当前最为普遍的网络数据为例，早期网络上的数据以文本和一维的音频为主，维度低，单位数据量小。近年来，图像、视频等二维数据大规模涌现，随着三维扫描设备及 Kinect 等动作捕捉设备的普及，数据越来越接近真实的世界，数据的描述能力不断增强，而数据量本身必将以几何级数增长。此外，数据量大还体现在人们处理数据的方法和理念发生了根本的改变。早期，人们对事物的认知受限于获取、分析数据的能力，一直利用采样的方法，以少量的数据来近似地描述事物的全貌，样本的数量可以根据数据获取、处理能力来设定。不管事物多么复杂，通过采样得到部分样本，数据规模变小，就可以利用当时的技术手段来进行数据管理和分析，如何通过正确的采样方法以最小的数据量尽可能分析整体属性成了当时的重要问题。随着技术的发展，样本数目逐渐逼近原始的总体数据，且在某些特定的应用领域，采样数据可能远不能描述整个事物，可能丢掉大量重要细节，甚至可能得到完全相反的结论，因此，当今有直接处理所有数据而不是只考虑采样数据的趋势。使用所有的数据可以带来更高的精确性，从更多的细节来解释事物属性，同时必然使得要处理的数据量显著增多。

2. 数据类型多样（Variety）

数据类型繁多、复杂多变是大数据的重要特性。以往的数据尽管数量庞大，但通常是事先定义好的结构化数据。结构化数据是将事物向便于人类和计算机存储、处理、查询的方向抽象的结果，结构化在抽象的过程中，忽略了一些在特定的应用下可以不考虑的细节，抽取了有用的信息。处理此类结构化数据，只需事先分析好数据的意义及数据间的相关属性，构造表结构来表示数据的属性，数据都以表格的形式保存在数据库中，数据格式统一，以后不管再产生多少数据，只需根据其属性，将数据存储在合适的位置，就可以方便地处理、查询，一般不需要为新增的数据显著地更改数据聚集、处理、查询方法，限制数据处理能力的只是运算速度和存储空间。这种关注结构化信息，强调大众化、标准化的属性使得处理传统数据的复杂程度一般呈线性增长，新增的数据可以通过常规的技术手段处理。随着互联网络与传感器的飞速发展，非结构化数据大量涌现，非结构化数据没有统一的结构属性，难以用表结构来表示，在记录数据数值的同时还需要存储数据的结构，增加了数据存储、处理的难度。而时下在网络上流动着的数据大部分是非结构化数据，人们上网不只是看看新闻、发送文字邮件，还会上传/下载照片、视频、发送微博等非结构化数据，同时，遍及工作、生活中各个角落的传感器也不断地产生各种半结构化、非结构化数据，这些结构复杂、种类多样，同时规模又很大的半结构化、非结构化数据逐渐成为主流数据。如上所述，非结构化数据量已占到数据总量的75%以上，且非结构化数据的增长速度比结构化数据快10～50倍。在数据激增的同时，新的数据类型层出不穷，已经很难用一种或几种规定的模式来表征日趋复杂、多样的数据形式，这样的数据已经不能用传统的数据库表格来整齐地排列、表示。大数据正是在这样的背景下产生的，大数据与传统数据处理最大的不同就是重点关注非结构化信息，大数据关注包含大量细节信息的非结构化数据，强调小众化、体验化的特性使得传统的数据处理方式面临巨大的挑战。

3. 数据产生和处理速度快（Velocity）

要求数据的快速处理，是大数据区别于传统海量数据处理的重要特性之一。随着各种传感器和互联网络等信息获取、传播技术的飞速发展普及，数据的产生、发布越来越容易，产生数据的途径增多，个人甚至成为数据产生的主体之一，数据呈爆炸式快速增长，新数据不断涌现，快速增长的数据量要求数据处理的速度也要相应地提升，才能使大量的数据得到有效的利用，否则不断激增的数据不但不能为解决问题带来优势，反而成了快速解决问题的负担。同时，数据不是静止不动的，而是在互联网络中不断流动，且通常这样的数据其价值是随着时间的推移而迅速降低的，如果数据尚未得到有效的处理，就失去了价值，大量的数据就没有意义了。此外，在许多应用中要求能够实时处理新增的大量数据，比如，有大量在线交互的电子商务应用，就具有很强的时效性，大数据以数据流的形式产生、快速流动、迅速消失，且数据流量通常不是平稳的，会在某些特定的时段激增，数据的涌现特征明显。而用户对于数据的响应时间通常非常敏感，心理学实验证实，从用户体验的角度来看，瞬间（Moment，3s）是可以容忍的最大极限。对于大数据应用而言，很多情况下都必须在1s或者瞬间内形成结果，否则处理结果就是过时和无效的，这种情况下，大数据要求快速、持续的实时处理。对不断激增的海量数据的实时处理要求，是大数据与传统海量数据处理技术的关键差别之一。

4. 数据价值密度低（Value）

数据价值密度低是大数据关注的非结构化数据的重要属性。传统的结构化数据，依据特定的应用，对事物进行了相应的抽象，每一条数据都包含该应用需要考量的信息。而大数据为了获取事物的全部细节，不对事物进行抽象、归纳等处理，直接采用原始的数据，保留了数据的原貌，且通常不对数据进行采样，直接采用全体数据。由于减少了采样和抽象，呈现所有数据和全部细节信息，可以分析更多的信息，但也引入了大量没有意义的信息，甚至是错误的信息，因此相对于特定的应用，大数据关注的非结构化数据的价值密度偏低。以当前广泛应用的监控视频为例，在连续的监控过程中，大量的视频数据被存储下来，许多数据可能是无用的，对于某一特定的应用，比如获取犯罪嫌疑人的体貌特征，有效的视频数据可能仅仅有一两秒，大量不相关的视频信息增加了获取这有效的一两秒数据的难度。但是大数据的数据密度低是指相对于特定的应用，有效的信息相对于数据整体是偏少的；信息有效与否也是相对的，对于某些应用是无效的信息可能对于另外一些应用却成为最关键的信息；数据的价值也是相对的，有时一条微不足道的细节数据可能造成巨大的影响，比如网络中的一条几十个字符的微博，就可能通过转发而快速扩散，导致相关的信息大量涌现，其价值不可估量。因此，为了保证对于新产生的应用有足够的有效信息，通常必须保存所有数据，这样就使得一方面是数据的绝对数量激增；另一方面是数据包含有效信息量的比例不断减小，数据价值密度偏低。

5. 数据真实性（Veracity）

数据真实性即数据的准确性和可信赖度，或者叫数据的质量。大数据中的内容是与真实世界中事的发生息息相关的，研究大数据就是从庞大的网络数据中提取出能够解释和预测现实事件的过程。

1.3 大数据技术组成与生态圈

1. 云技术

大数据常和云计算联系到一起，因为实时的大型数据集分析需要分布式处理框架来向数十台、数百台甚至数万台的计算机分配工作。可以说，云计算充当了工业革命时期发动机的角色，而大数据则是电。

云计算思想的起源是麦卡锡在 20 世纪 60 年代提出的：把计算能力作为一种像水和电一样的公用事业提供给用户。

如今，在 Google、Amazon、Facebook 等一批互联网企业的引领下，一种行之有效的模式出现了：云计算提供基础架构平台，大数据应用运行在这个平台上。

业内是这么形容两者的关系的：没有大数据的信息积淀，则云计算的计算能力再强大，也难以找到用武之地；没有云计算的处理能力，则大数据的信息积淀再丰富，也终究只是镜花水月。

那么大数据到底需要哪些云计算技术呢？

这里暂且列举一些，比如虚拟化技术、分布式处理技术、海量数据的存储和管理技术、

NoSQL、实时流数据处理、智能分析技术（类似模式识别及自然语言理解）等。

云计算和大数据两者结合后会产生如下效应：可以提供更多基于海量业务数据的创新型服务；通过云计算技术的不断发展降低大数据业务的创新成本。

如果将云计算与大数据进行一些比较，最明显的区别在两个方面：

第一，在概念上两者有所不同，云计算改变了 IT，而大数据则改变了业务。然而大数据必须有云作为基础架构，才能得以顺畅运营。

第二，大数据和云计算的目标受众不同，云计算是 CIO 等关心的技术层，是一个进阶的 IT 解决方案，而大数据是 CEO 关注的，是业务层的产品，大数据的决策者是业务层。

2. 分布式处理技术

分布式处理系统可以将不同地点或具有不同功能或拥有不同数据的多台计算机用通信网络连接起来，在控制系统的统一管理控制下，协调地完成信息处理任务。

以 Hadoop（Yahoo）为例进行说明，Hadoop 是一个实现了 MapReduce 模式的能够对大量数据进行分布式处理的软件框架，是以一种可靠、高效、可伸缩的方式进行数据处理的。

而 MapReduce 是 Google 提出的一种云计算的核心计算模式，是一种分布式运算技术，也是简化的分布式编程模式。MapReduce 模式的主要思想是通过将要执行的任务（如程序）拆解成 Map（映射）和 Reduce（化简）的方式，在数据被分割后通过 Map 函数的程序将数据映射成不同的区块，分配给计算机机群处理、达到分布式运算的效果，再通过 Reduce 函数的程序将结果汇整，从而输出开发者需要的结果。

再来看看 Hadoop 的特性，首先，它是可靠的，因为它假设计算元素和存储会失败，因此它维护多个工作数据副本，确保能够针对失败的节点重新分布处理；其次，Hadoop 是高效的，因为它以并行的方式工作，通过并行处理加快处理速度；再次，Hadoop 还是可伸缩的，能够处理 PB 级数据，最后，Hadoop 依赖于社区服务器，因此它的成本比较低，任何人都可以使用。

也可以这么理解 Hadoop 的构成：Hadoop=HDFS（文件系统，数据存储技术相关）+HBase（数据库）+MapReduce（数据处理）+……（其他）。

Hadoop 用到的一些技术如下。

- HDFS：Hadoop 分布式文件系统（Distributed File System）——HDFS（Hadoop Distributed File System）。
- MapReduce：并行计算框架。
- HBase：类似 Google BigTable 的分布式 NoSQL 系列数据库。
- Hive：数据仓库工具，由 Facebook 贡献。
- ZooKeeper：分布式锁设施，提供类似 Google Chubby 的功能，由 Facebook 贡献。
- Avro：新的数据序列化格式与传输工具，将逐步取代 Hadoop 原有的 IPC 机制。
- Pig：大数据分析平台，为用户提供多种接口。
- Ambari：Hadoop 管理工具，可以快捷地监控、部署、管理集群。
- Sqoop：用于在 Hadoop 与传统的数据库之间进行数据的传递。

说了这么多，举一个实际的例子，虽然这个例子有些陈旧。淘宝的海量数据技术架构有助于我们理解大数据的运作处理机制，如图 1.1 所示。

淘宝的海量数据产品技术架构分为五个层次，从上至下分别是数据源、计算层、存储层、查询层和产品层。

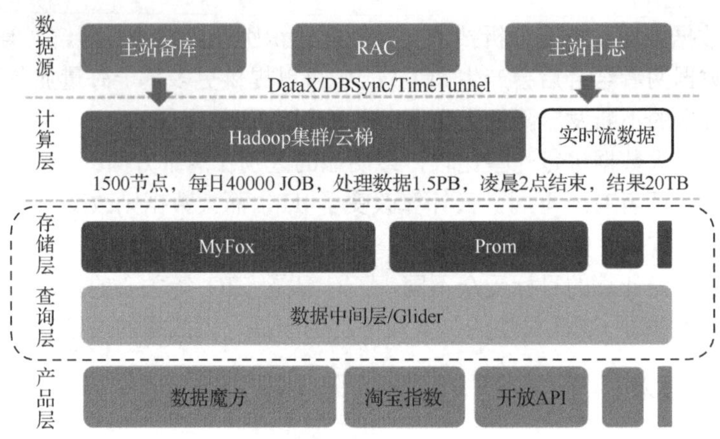

图 1.1　淘宝海量数据技术架构

- 数据来源层：存放着淘宝各店的交易数据。在该层产生的数据，通过 DataX、DBSync 和 TimeTunnel 实时地传输到下面即将介绍的“云梯”。
- 计算层：在计算层内，淘宝采用的是 Hadoop 集群，这个集群，我们暂且称为云梯，是计算层的主要组成部分。在云梯上，系统每天会对数据产品进行不同的 MapReduce 计算。
- 存储层：在这一层，淘宝采用了两个东西，一个是 MyFox，一个是 Prom。MyFox 是基于 MySQL 的分布式关系型数据库的集群，Prom 是基于 Hadoop Hbase 技术的一个 NoSQL 的存储集群。
- 查询层：在这一层中，Glider 是以 HTTP 协议对外提供 restful 方式的接口。数据产品通过一个唯一的 URL 来获取它想要的数据。同时，数据查询也是通过 MyFox 来完成的。
- 产品层：这是最后一层，这个就不用解释了。

3. 存储技术

大数据可以抽象地分为大数据存储和大数据分析，这两者的关系是：大数据存储的目的是支撑大数据分析。到目前为止，它们还是两种截然不同的计算机技术领域：大数据存储致力于研发可以扩展至 PB 级别甚至 EB 级别的数据存储平台；大数据分析关注在最短时间内处理大量不同类型的数据集。

提到存储，有一个著名的摩尔定律相信大家都听过：每过 18 个月集成电路的复杂性就增加一倍。所以，存储器的成本每 18～24 个月就下降一半。成本的不断下降也造就了大数据的可存储性。

比如，Google 大约管理着超过 50 万台服务器和 100 万块硬盘，而且 Google 还在不断地扩大计算能力和存储能力，其中很多的扩展都是在廉价服务器和普通存储硬盘的基础上进行的，这大大降低了其服务成本，因此可以将更多的资金投入技术的研发当中。

以 Amazon 举例，Amazon S3 是一种面向 Internet 的存储服务。该服务旨在让开发人员能更轻松地进行网络规模计算。Amazon S3 提供一个简明的 Web 服务界面，用户可通过它随时在 Web 上的任何位置存储和检索任意大小的数据。此服务让所有开发人员都能访问同一个具备高扩展性、可靠性、安全性和快速价廉的基础设施，Amazon 用它来运行其全球的网站网络。再看看 S3 的设计指标：在特定年度内为数据元提供 99.999999999%的耐久性和 99.99%的可用性，并能够承受两个设施中的数据同时丢失。

S3 很成功也确实卓有成效，S3 云的存储对象已达到万亿级别，而且性能表现相当良好。S3 云已经拥有万亿跨地域存储对象，同时 AWS 的对象执行请求也达到百万的峰值数量。目前全球范围内已经有数以十万计的企业在通过 AWS 运行自己的全部或者部分日常业务。这些企业用户遍布 190 多个国家，几乎世界上的每个角落都有 Amazon 用户的身影。

4. 感知技术

大数据的采集和感知技术的发展是紧密联系的。以传感器技术、指纹识别技术、RFID 技术、坐标定位技术等为基础的感知能力提升同样是物联网发展的基石。全世界的工业设备、汽车、电表上有着无数的数码传感器，随时测量和传递着有关位置、运动、震动、温度、湿度乃至空气中化学物质的变化等信息，产生海量的数据信息。

随着智能手机的普及，感知技术可谓迎来了发展的高峰期，除了地理位置信息被广泛地应用外，一些新的感知手段也开始登上舞台。比如光线传感器，类似于手机的眼睛。人类的眼睛能在不同光线的环境下，调整进入眼睛的光线，光线传感器则可以让手机感测环境光线的强度，进而调节手机屏幕的亮度。运用光线传感器来协助调整屏幕亮度，能进一步达到延长电池寿命的作用。光线传感器也可搭配其他传感器一同来侦测手机是否被放置在口袋中，以防止误触。超声波指纹传感器不会受到汗水、油污的干扰，辨识速度也更快，运用在手机中可以完成解锁、加密、支付等。在一些户外应用中需要测量气压值时，搭配气压传感器的手机也能派上用场，在 iOS 的健康应用中，可以计算出一个人爬了几层楼。心率传感器通过高亮度的 LED 灯照射手指，因心脏将血液压送到毛细血管时，亮度（红光的深度）会呈现周期性的变化，使用摄影机捕捉这些规律性的变化，并将数据传送到手机中进行运算，进而判断心脏的收缩频率，就能得出每分钟的心跳数。

除此之外，还有很多与感知相关的技术革新让我们耳目一新：牙齿传感器实时监控口腔活动及饮食状况，婴儿穿戴设备可用大数据去养育宝宝，Intel 正研发 3D 笔记本摄像头可追踪眼球读懂情绪，日本公司开发新型可监控用户心率的纺织材料，业界正在尝试将生物测定技术引入支付领域等。

其实，这些感知被逐渐捕获的过程就是世界被数据化的过程。一旦世界被完全数据化了，那么世界的本质也就是信息了。

就像一句名言所说，“人类以前延续的是文明，现在传承的是信息”。

1.4 大数据的行业应用和未来发展

1. 大数据的行业应用

我们先看看大数据在当下有怎样的杰出表现：

大数据帮助政府实现市场经济调控、公共卫生安全防范、灾难预警、社会舆论监督；

大数据帮助城市预防犯罪，实现智慧交通，提升紧急应急能力；

大数据帮助医疗机构建立患者的疾病风险跟踪机制，帮助医药企业提升药品的临床使用效果，帮助艾滋病研究机构为患者提供定制的药物；

大数据帮助航空公司节省运营成本，帮助电信企业实现售后服务质量提升，帮助保险企业识别欺诈骗保行为，帮助快递公司监测分析运输车辆的故障险情以提前预警维修，帮助电力公司有效识别预警找出即将发生故障的设备；

大数据帮助电商公司向用户推荐商品和服务，帮助旅游网站为旅游者提供心仪的旅游路线，帮助二手市场的买卖双方找到最合适的交易目标，帮助用户找到最合适的商品购买时期、商家和最优惠的价格；

大数据帮助企业提升营销的针对性，降低物流和库存的成本，减小投资的风险，帮助企业提升广告投放精准度；

大数据帮助娱乐行业预测歌手、歌曲、电影、电视剧的受欢迎程度，并为投资者分析评估拍一部电影需要投入多少钱才最合适，否则就有可能收不回成本；

大数据帮助社交网站提供更准确的好友推荐，为用户提供更精准的企业招聘信息，向用户推荐可能喜欢的游戏及适合购买的商品。

互联网上的数据每年增长 50%，每两年便翻一番，而目前世界上 90%以上的数据是最近几年才产生的。据 IDC 估计，2020 年全球总共拥有 35ZB 的数据量。互联网是大数据发展的前沿阵地，随着 Web 2.0 时代的发展，人们似乎已经习惯了将自己的生活通过网络进行数据化，方便分享、记录和回忆。

互联网上的大数据很难清晰地界定分类界限，我们先看看 BAT 的大数据。

百度拥有两种类型的大数据：用户搜索表征的需求数据；爬虫和阿拉丁获取的公共 Web 数据。搜索巨头百度围绕数据而生，它对网页数据的爬取、网页内容的组织和解析，通过语义分析对搜索需求的精准理解进而从海量数据中找准结果，以及精准的搜索引擎关键字广告，实质上就是一个数据的获取、组织、分析和挖掘的过程。搜索引擎在大数据时代面临的挑战有：更多的暗网数据；更多的 Web 化但是没有结构化的数据；更多的 Web 化、结构化但是封闭的数据。

阿里巴巴拥有交易数据和信用数据，这两种数据更容易变现，挖掘出商业价值。除此之外，阿里巴巴还通过投资等方式掌握了部分社交数据、移动数据，如微博和高德。

腾讯拥有用户关系数据和基于此产生的社交数据。这些数据可以分析人们的生活和行为，从其中挖掘出政治、社会、文化、商业、健康等领域的信息，甚至可以预测未来。

在信息技术更为发达的美国，除了行业知名的类似 Google、Facebook 等巨头外，还涌现了很多大数据类型的公司，它们专门经营数据产品。

- Metamarkets：该公司对 Twitter、支付、签到和一些与互联网相关的问题进行了分析，为客户提供了很好的数据分析支持。
- Tableau：该公司的精力主要集中于将海量数据以可视化的方式展现出来。其为数字媒体提供了一个新的展示数据的方式。他们提供一个免费工具，任何人在没有编程知识背景的情况下都能制作出数据专用图表。这个软件还能对数据进行分析，并提供有价值的建议。
- ParAccel：该公司向美国执法机构提供数据分析，比如对 15000 个有犯罪前科的人进行跟踪，从而向执法机构提供参考性较高的犯罪预测。
- QlikTech：QlikTech 旗下的 Qlikview 是一个商业智能领域的自主服务工具，能够应用于科学研究和艺术等领域。为了帮助开发者对这些数据进行分析，QlikTech 提供了具备对原始数据进行可视化处理等功能的工具。
- GoodData：GoodData 希望帮助客户从数据中挖掘财富。这家公司主要面向商业用户和

IT 企业高管，提供数据存储、性能报告、数据分析等工具。

- TellApart：TellApart 和电商公司进行合作，他们会根据用户的浏览行为等数据进行分析，通过锁定潜在买家的方式提高电商企业的收入。
- DataSift：DataSift 主要收集并分析社交网络媒体上的数据，帮助品牌公司掌握突发新闻的舆论点，并制订有针对性的营销方案。这家公司还和 Twitter 有合作协议，把自己变成了行业中为数不多的可以分析早期 Tweet 的创业公司。
- Datahero：该公司的目标是将复杂的数据变得更加简单明了，方便普通人去理解和想象。

举了很多例子，这里简要归纳一下，互联网中大数据的典型代表性包括：

用户行为数据（精准广告投放、内容推荐、行为习惯和喜好分析、产品优化等）；

用户消费数据（精准营销、信用记录分析、活动促销、理财等）；

用户地理位置数据（O2O 推广、商家推荐、交友推荐等）；

互联网金融数据（P2P、小额贷款、支付、信用、供应链金融等）；

用户社交等 UGC 数据（趋势分析、流行元素分析、受欢迎程度分析、舆论监控分析、社会问题分析等）。

之前，奥巴马政府宣布投资 2 亿美元拉动大数据相关产业发展，将“大数据战略”上升为国家意志。奥巴马政府将数据定义为“未来的新石油”，并表示一个国家拥有数据的规模、活性及解释运用的能力将成为综合国力的重要组成部分，未来，对数据的占有和控制甚至将成为陆权、海权、空权之外的另一种国家核心资产。

在国内，政府各个部门都握有构成社会基础的原始数据，比如，气象数据、金融数据、信用数据、电力数据、煤气数据、自来水数据、道路交通数据、客运数据、安全刑事案件数据、住房数据、海关数据、出入境数据、旅游数据、医疗数据、教育数据、环保数据，等等。这些数据在每个政府部门里看起来是单一的、静态的。但是，如果政府可以将这些数据关联起来，并对这些数据进行有效的关联分析和统一管理，那么这些数据必将获得新生，其价值是无法估量的。

具体来说，现在城市都在走向智能和智慧，比如，智能电网、智慧交通、智慧医疗、智慧环保、智慧城市，这些都依托于大数据，可以说大数据是智慧的核心能源。截至 2020 年 4 月初，住房和城乡建设部公布的智慧城市试点数量已经达到 290 个；再加上相关部门所确定的智慧城市试点数量，我国智慧城市试点数量累计近 800 个，我国正成为全球最大的智慧城市建设实施国。充分运用互联网、大数据、人工智能等信息技术手段的智慧城市，面对疫情遭遇了严峻的考验，也在过程中凸显出其优势和短板。在这次新冠疫情暴发之初，浙江就通过大数据分析出，全省涉湖北的旅居人数超过了 30 万，预示着浙江将会有一定程度的疫情。智能交通系统能够对车辆进行快速检索与分析，可对重点车辆进行拦截报警，实现实时追踪和行驶轨迹预测。人员追踪系统可以追踪新冠肺炎确诊患者曾经的出行乘车记录、公共场所出入记录及接触人群等，锁定潜在病毒感染风险的人群，为防疫部门的追踪管理工作提供支持。湖北省应急物资供应链管理平台，针对抗击疫情急需的防护服、口罩、护目镜等物资的生产、库存、调拨、分配过程，进行了全程可视追踪、高效集中管控。

另外，作为国家的管理者，政府应该有勇气将手中的数据逐步开放，提供给更多有能力的机构组织或个人来分析并加以利用，以加速造福人类。比如，美国政府就筹建了一个 data.gov 网站，这是奥巴马任期内的一个重要举措：要求政府公开透明，而核心就是实现政府机构的数据公开。

企业的 CXO 们最关注的还是报表曲线的背后能有怎样的信息，他该做怎样的决策，其实这一切都需要通过数据来传递和支撑。在理想的世界中，大数据是巨大的杠杆，可以改变公司的影响力，带来竞争差异、节省金钱、增加利润、愉悦买家、奖赏忠诚用户、将潜在客户转化为客户、增加吸引力、打败竞争对手、开拓用户群并创造市场。

那么，哪些传统企业最需要大数据服务呢？抛砖引玉，先举几个例子：①对大量消费者提供产品或服务的企业（精准营销）；②做小而美模式的中长尾企业（服务转型）；③在互联网压力之下必须转型的传统企业（生死存亡）。

对于企业的大数据，还有一种预测：随着数据逐渐成为企业的一种资产，数据产业会向传统企业的供应链模式发展，最终形成“数据供应链”。这里尤其有两个显著的现象。①外部数据的重要性日益超过内部数据。在互联互通的互联网时代，单一企业的内部数据与整个互联网数据比较起来只是沧海一粟。②能提供包括数据供应、数据整合与加工、数据应用等多环节服务的公司会有明显的综合竞争优势。

对于提供大数据服务的企业来说，他们等待的是合作机会，就像微软总裁史密斯说的：“给我提供一些数据，我就能做一些改变。如果给我提供所有数据，我就能拯救世界。”

然而，一直做企业服务的巨头将优势不再，不得不眼看着新兴互联网企业加入战局，开启残酷竞争模式。为何会出现这种局面？从 IT 产业的发展来看，第一代 IT 巨头大多是 ToB 的，如 IBM、Microsoft、Oracle、SAP、HP 这类传统 IT 企业；第二代 IT 巨头大多是 ToC 的，如 Yahoo、Google、Amazon、Facebook 这类互联网企业。大数据到来前，这两类公司彼此之间基本是井水不犯河水；但是到了当前这个大数据时代，这两类公司已经展开了竞争。比如 Amazon 已经开始提供云模式的数据仓库服务，直接抢占 IBM、Oracle 的市场。这个现象出现的本质原因是：在互联网巨头的带动下，传统 IT 巨头的客户普遍开始从事电子商务业务，正是由于客户进入了互联网，所以传统 IT 巨头们不情愿地被拖入了互联网领域。如果他们不进入互联网，其业务必将萎缩。在进入互联网后，他们又必须将云技术、大数据等互联网最具有优势的技术通过封装打造成自己的产品再提供给企业。

以 IBM 为例，上一个 10 年，他们抛弃了 PC，成功转向了软件和服务，而这次将远离服务与咨询，更多地专注于因大数据分析软件而带来的全新业务增长点。IBM 执行总裁罗睿兰认为，“数据将成为一切行业当中决定胜负的根本因素，最终数据将成为人类至关重要的自然资源。”IBM 积极地推出了“大数据平台”架构，该平台的四大核心能力包括 Hadoop 系统、流计算（StreamComputing）、数据仓库（Data Warehouse）和信息整合与治理（Information Integration and Governance）。

另外一家亟待通过云和大数据战略而复苏的巨头公司 HP 也推出了自己的产品——HAVEn，一个可以自由扩展伸缩的大数据解决方案。这个解决方案由 HP Autonomy、HP Vertica、HP ArcSight 和惠普运营管理（HP OperationsManagement）四大技术组成，还支持 Hadoop 这样通用的技术。HAVEn 不是一个软件平台，而是一个生态环境。四大组成部分满足不同应用场景的需要：Autonomy 解决音视频识别的重要解决方案；Vertica 解决数据处理的速度和效率的方案；ArcSight 解决机器的记录信息处理，帮助企业获得更高安全级别的管理；运营管理解决的不仅仅是外部数据的处理，还包括了 IT 基础设施产生的数据。

个人的大数据这个概念很少有人提及，简单来说，就是与个人相关联的各种有价值数据信息被有效采集后，可由本人授权提供给第三方进行处理和使用，并获得第三方提供的数据服务。

举个例子来说明会更清晰一些。

未来，每个用户都可以在互联网上注册个人的数据中心，以存储个人的大数据信息。用户可确定哪些个人数据可被采集，并通过可穿戴设备或植入芯片等感知技术来采集捕获个人的大数据，比如，牙齿监控数据、心率数据、体温数据、视力数据、记忆能力数据、地理位置信息、社会关系数据、运动数据、饮食数据、购物数据，等等。用户可以将其中的牙齿监测数据授权给 XX 牙科诊所使用，由他们监控和分析这些数据，进而为用户制订有效的牙齿防治和维护计划；也可以将个人的运动数据授权提供给某运动健身机构，由他们监测自己的身体运动机能，并有针对性地制订和调整个人的运动计划；还可以将个人的消费数据授权给金融理财机构，由他们帮忙制订合理的理财计划并对收益进行预测。当然，其中有一部分个人数据是无须个人授权即可提供给国家相关部门进行实时监控的，如罪案预防监控中心可以实时地监控本地区每个人的情绪和心理状态，以预防自杀和犯罪的发生。

以个人为中心的大数据有这样一些特性。

数据仅留存在个人中心，其他第三方机构只被授权使用（数据有一定的使用期限），且必须接受用后即焚的监管；

采集个人数据应该明确分类，除了国家立法明确要求接受监控的数据外，其他类型数据都由用户自己决定是否被采集；

数据的使用只能由用户进行授权，数据中心可帮助监控个人数据的整个生命周期。

展望过于美好，也许实现个人数据中心将遥遥无期，也许这还不是解决个人数据隐私问题的最好方法，也许业界对大数据的无限渴求会阻止数据个人中心的实现，但是随着数据越来越多，在缺乏监管之后，必然会有一场激烈的博弈：到底是数据重要还是隐私重要？是以商业为中心还是以个人为中心？

2. 大数据的未来发展

未来大数据的身影应该无处不在，就算无法准确预测大数据终会将人类社会带向哪种最终形态，但相信只要发展的脚步还在继续，因大数据而产生的变革浪潮就会很快湮没地球的每一个角落。

比如，Amazon 的最终期望是：“最成功的书籍推荐应该只有一本书，就是用户要买的下一本书。”

Google 也希望当用户在搜索时，最好的体验是搜索结果只包含用户所需要的内容，而这并不需要用户给予 Google 太多的提示。

当物联网发展到一定规模时，借助条形码、二维码、RFID 等能够唯一标识产品，传感器、可穿戴设备、智能感知、视频采集、增强现实等技术可实现实时的信息采集和分析，这些数据能够支撑智慧城市、智慧交通、智慧能源、智慧医疗、智慧环保的理念需要，这些所谓的智慧将是大数据的数据采集来源和服务范围。

未来的大数据除了将更好地解决社会问题、商业营销问题、科学技术问题之外，还有一个可预见的趋势是以人为本的大数据方针。人才是地球的主宰，大部分的数据都与人类有关，要通过大数据解决人的问题。

比如，建立个人的数据中心，记录每个人的日常生活习惯、身体体征、社会网络、知识能力、爱好性情、疾病嗜好、情绪波动……换言之，就是记录人从出生那一刻起的每一分每一秒，将除了思维外的一切都存储下来，这些数据可以被充分利用：

医疗机构将实时监测用户的身体健康状况；

教育机构更有针对性地制订用户喜欢的教育培训计划；

服务行业为用户提供即时健康的符合用户生活习惯的食物和其他服务；

社交网络为用户提供合适的交友对象，并为志同道合的人群组织各种聚会活动；

政府能在用户的心理健康出现问题时实施有效的干预，防范自杀、刑事案件的发生；

金融机构能帮助用户进行有效的理财管理，为用户的资金提供更好的使用建议和规划；

道路交通、汽车租赁及运输行业可以为用户提供更合适的出行线路和路途服务安排；

……

当然，上面的一切看起来都很美好，但是否是以牺牲了用户的自由为前提呢？只能说新鲜事物在带来便利的同时也带来了弊端。比如，在手机普及之前，大家喜欢聚在一起聊天，自从手机普及后特别是有了互联网，人们不用聚在一起也可以随时随地沟通交流，这就是便利滋生的另外一种情形，人们慢慢习惯了和手机共度时光，人与人之间的情感交流仿佛永远隔着一张“网”。

第2章 Hadoop 环境搭建与运维

学习任务

对 Hadoop 环境有一个宏观上的认识，同时学会 Hadoop 环境的搭建与运维。

☑ 了解 Hadoop 的基本原理。
☑ 了解 Hadoop 的环境搭建过程。
☑ 掌握 Hadoop 集群运行状态的查看。
☑ 掌握常用 Hadoop 基本命令的使用。
☑ 会在 Hadoop 环境下进行日志的查看。

知识点

☑ Hadoop 概述。
☑ Hadoop 单机模式和伪分布模式搭建。
☑ Hadoop 集群模式搭建。
☑ Hadoop HA 模式的介绍。
☑ Hadoop 查看集群运行状态（命令、UI）。
☑ Hadoop 命令的基本使用。
☑ WordCount 示例程序的运行和日志查看。

2.1 Hadoop 概述

Hadoop 是由 Apache 基金会开发的分布式系统基础架构，是利用集群对大量数据进行分布式处理和存储的软件框架。用户可以轻松地在 Hadoop 集群上开发和运行处理海量数据的应用程序，比如诈骗检测，一般金融服务或者政府机构会用到，利用 Hadoop 来存储所有的客户交易数据，包括一些非结构化的数据，能够帮助机构发现客户的异常活动，预防欺诈行为；还可以用来处理机器生成数据以便甄别来自恶意软件或者网络中的攻击。

Hadoop 有高可靠、高扩展、高效、高容错等优点。Hadoop 框架最核心的设计就是 HDFS 和 MapReduce。HDFS 为海量的数据提供了存储功能，MapReduce 为海量的数据提供了计算功能。此外，Hadoop 还包括 Hive、HBase、Zookeeper、Pig、Avro、Sqoop、Flume、Mahout 等项目。

Hadoop 的运行模式分为三种：本地运行模式、伪分布运行模式、完全分布运行模式。

1. 本地运行模式（Local Mode）

这种运行模式在一台单机上运行，没有 HDFS 分布式文件系统，而是直接读/写本地操作系统中的文件系统。在本地运行模式中不存在守护进程，所有进程都运行在一个 JVM 上。单机模式适用于开发阶段运行 MapReduce 程序，这也是最少使用的一个模式。

2. 伪分布运行模式

这种运行模式是在单台服务器上模拟 Hadoop 的完全分布模式，单机上的分布式并不是真正的分布式，而是使用线程模拟的分布式。在这个模式中，所有守护进程（NameNode、DataNode、ResourceManager、NodeManager、SecondaryNameNode）都在同一台机器上运行。因为伪分布运行模式的 Hadoop 集群只有一个节点，所以 HDFS 中的块复制将限制为单个副本，其 Secondary-Master 和 Slaver 也都运行于本地主机。此种模式除了并非真正意义上的分布式之外，其程序执行逻辑完全类似于完全分布模式，因此，常用于开发人员测试程序的执行。本次实验就是在一台服务器上进行伪分布运行模式的搭建。

3. 完全分布运行模式

这种模式通常被用于生产环境，使用 N 台主机组成一个 Hadoop 集群，Hadoop 守护进程运行在每台主机之上。这里会存在 NameNode 运行的主机、DataNode 运行的主机，以及 SecondaryNameNode 运行的主机。在完全分布式环境下，主节点和从节点会分开。

接下来将具体介绍第二种和第三种模式下的环境搭建。

2.2 Hadoop 单机模式和伪分布模式搭建

Hadoop 集群有三种运行模式，分别为单机模式、伪分布模式和完全分布模式。单机模式和伪分布模式的配置基本相同，下面将重点介绍，并在此基础上给出完全分布模式搭建还需要的工作。

1. 单机模式（只有 Master 节点）

单机模式是 Hadoop 的默认模式。在该模式下无须运行任何守护进程，所有程序都在单个 JVM 上执行。该模式主要用于开发调试 MapReduce 程序的应用逻辑。

当首次解压 Hadoop 的源码包时，Hadoop 无法了解硬件安装环境，便保守地选择了最小配置，即单机模式。在这种默认模式下所有三个 XML 文件均为空。当配置文件为空时，Hadoop 会完全运行在本地。因为不需要与其他节点交互，单机模式就不使用 HDFS，也不加载任何 Hadoop 的守护进程。

2. 伪分布模式（Master 节点和 Slaver 节点在同一机器上）

在伪分布模式下，Hadoop 守护进程运行在一台机器上，模拟一个小规模的集群。该模式在单机模式的基础上增加了代码调试功能，允许用户检查 NameNode、DataNode、JobTracker、TaskTracker 等模拟节点的运行情况。

3. 完全分布模式（Slaver 节点和 Master 节点不在同一机器上）

单机模式和伪分布模式均用于程序的开发与调试。真实 Hadoop 集群的运行采用的是完全分布模式。

2.2.1 创建“hadoop”用户

如果我们安装 CentOS 的时候用的不是“hadoop”用户，那么需要增加一个名为“hadoop”的用户。

首先单击左上角的“应用程序”→“系统工具”→“终端”，在终端中输入“su”，按回车键，然后输入 root 密码以 root 用户身份登录，接着执行命令创建新用户 hadoop：

```
sudo groupadd hadoop
sudo useradd -m hadoop -s /bin/bash –g hadoop     # 创建新用户 hadoop
```

如图 2.1 所示，这条命令创建了可以登录的 hadoop 用户，并使用/bin/bash 作为 Shell。

```
[root@centos6 ~]# su
[root@centos6 ~]# useradd -m hadoop -G root -s /bin/bash
[root@centos6 ~]# passwd hadoop
Changing password for user hadoop.
New password:
```

图 2.1 CentOS 创建 hadoop 用户

接着使用如下命令修改密码，按提示输入两次密码，可简单地设为“hadoop”（密码随意指定，若提示“无效的密码，过于简单”则再次输入确认）：

```
sudo passwd hadoop
```

可为 hadoop 用户增加管理员权限，以方便部署，避免一些对新手来说比较棘手的权限问题，执行以下语句：

```
sudo vim /etc/sudoers
```

如图 2.2 所示，找到“root ALL=(ALL) ALL”这一行［应该在第 98 行，可以先按键盘上的 Esc 键，然后输入“:98”（按冒号键，接着输入 98，再按回车键），直接跳到第 98 行］，然后在该行下面增加一行内容：“hadoop ALL=(ALL) ALL”（当中的间隔按 Tab 键）。

图 2.2 为 hadoop 增加 sudo 权限

添加上一行内容后，先按键盘上的 Esc 键，然后输入“:wq! ”（输入冒号和 wq，这是 vi/vim 编辑器的保存方法），再按回车键保存退出就可以了。

最后注销当前用户（单击屏幕右上角的用户名，选择“退出”→“注销”），在登录界面使用刚创建的 hadoop 用户进行登录。（如果已经是 hadoop 用户，且在终端中使用 su 登录了 root 用户，那么需要执行 exit 命令退出 root 用户状态。）

2.2.2 准备工作

使用 hadoop 用户登录后，还需要安装几个软件才能安装 Hadoop。

CentOS 使用 yum 来安装软件，需要联网环境，首先应检查一下是否连接上了网络。如图 2.3 所示，桌面右上角的网络图标若显示红叉，则表明还未联网，应单击选择可用网络。

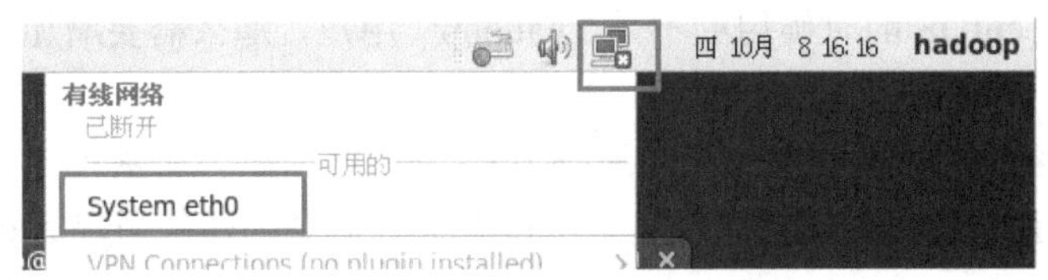

图 2.3 检查是否联网

连接网络后，需要安装 SSH 和 Java。

2.2.3 安装 SSH、配置 SSH 无密码登录

集群、单节点模式都需要用到 SSH 登录（类似于远程登录，用户可以登录某台 Linux 主机，并且在上面运行命令），一般情况下，CentOS 默认已安装了 SSH client 和 SSH server，打开终端执行如下命令进行检验：

```
rpm -qa | grep ssh
sudo ps -e |grep ssh（ubuntu 版本）
```

如果返回的结果如图 2.4 所示，包含 SSH client 和 SSH server，则不需要再安装。

```
master@ubuntu: ~
master@ubuntu:~$ sudo ps -e |grep ssh
  967 ?        00:00:00 sshd
master@ubuntu:~$
```

图 2.4 检查是否安装 SSH

若需要安装，则可以通过 yum 进行安装（安装过程中会让用户输入 y/N，输入 y 即可）：

```
sudo yum install openssh-clients
sudo yum install openssh-server
sudo apt-get install openssh-server（ubuntu 版本）
sudo apt-get install openssh-client（ubuntu 版本）
```

接着执行如下命令，测试 SSH 是否可用：

```
ssh localhost
```

此时会有如图 2.5 提示（SSH 首次登录提示）出现，输入 yes，然后按提示输入密码 hadoop，这样就登录本机了。

```
master@ubuntu:~$ ssh localhost
The authenticity of host 'localhost (127.0.0.1)' can't be established.
ECDSA key fingerprint is SHA256:ddz2Z+DQQFcGSql8U7znjruNI8j8VbYHdqh86LnIXyc.
Are you sure you want to continue connecting (yes/no)? yes
Warning: Permanently added 'localhost' (ECDSA) to the list of known hosts.
master@localhost's password:
```

图 2.5 测试 SSH 是否可用

但这样登录需要每次都输入密码，我们可以配置成 SSH 无密码登录比较方便。

首先输入 exit 退出刚才的 SSH，回到我们原先的终端窗口，然后利用 ssh-keygen 生成密钥，并将密钥加入授权中（以下命令用 hadoop 账号登录运行）：

```
cd ~/.ssh/                          # 若没有该目录，请先执行一次 ssh localhost
ssh-keygen -t rsa                   # 会有提示，都按回车键就可以
cat id_rsa.pub > authorized_keys    # 加入授权
chmod 600 ./authorized_keys         # 修改文件权限
exit                                # 退出刚才的 ssh localhost
```

~的含义：在 Linux 系统中，~ 代表的是用户的主文件夹，即“/home/用户名”这个目录，如用户名为 hadoop，则 ~ 就代表“/home/hadoop/”。此外，命令中 # 后面的文字是注释。

此时再用 ssh localhost 命令，无须输入密码就可以直接登录了，如图 2.6 所示。

```
master@ubuntu:~$ ssh localhost
Welcome to Ubuntu 16.04.3 LTS (GNU/Linux 4.10.0-28-generic x86_64)

 * Documentation:  https://help.ubuntu.com
 * Management:     https://landscape.canonical.com
 * Support:        https://ubuntu.com/advantage

291 packages can be updated.
150 updates are security updates.

Last login: Tue Mar 13 06:26:38 2018 from 127.0.0.1
master@ubuntu:~$ exit
logout
Connection to localhost closed.
master@ubuntu:~$
```

图 2.6 SSH 无密码登录

2.2.4 安装 Java 环境

Java 环境可选择 Oracle 的 JDK，或是 OpenJDK，现在一般 Linux 系统默认安装的是 OpenJDK，如 CentOS 6.4 就默认安装了 OpenJDK 1.7。根据 Java 官方网站的 HadoopJavaVersions 说明文件，Hadoop 在 OpenJDK 1.7 下运行是没有问题的。需要注意的是，CentOS 6.4 中默认安装的只是 Java JRE，而不是 JDK，为了开发方便，我们还是需要通过 yum 安装 JDK。安装过程中会让用户输入 y/N，输入 y 即可：

```
sudo yum install java-1.7.0-openjdk java-1.7.0-openjdk-devel
```

通过上述命令安装 OpenJDK，默认安装位置为“/usr/lib/jvm/java-1.7.0-openjdk”（该路径可以通过执行“rpm -ql java-1.7.0-openjdk-devel | grep '/bin/javac'”命令确定，执行后会输出一个路径，去掉路径末尾的“/bin/javac”，剩下的就是正确的路径了）。OpenJDK 安装后就可以直接使用 java、javac 等命令了。

接着需要配置 JAVA_HOME 环境变量，运行以下命令：

```
vim ~/.bashrc
```

在文件最后添加如下单独内容（指向 JDK 的安装位置），并保存：

```
export JAVA_HOME=/home/hadoop/jdk1.8
export PATH=$JAVA_HOME/bin:$PATH
```

如图 2.7 所示。

```
# ~/.bashrc: executed by bash(1) for non-login shells.
# see /usr/share/doc/bash/examples/startup-files (in the package bash-doc)
# for examples

export JAVA_HOME=/home/hadoop/jdk1.8
export PATH=$JAVA_HOME/bin:$PATH
```

图 2.7　设置 JAVA_HOME 环境变量

接着还需要让该环境变量生效，执行如下代码：

```
source ~/.bashrc      # 使变量设置生效
```

设置好后来检验一下设置是否正确：

```
echo $JAVA_HOME       # 检验变量值
java -version
$JAVA_HOME/bin/java -version   # 与直接执行 java -version 一样
```

如果设置正确，$JAVA_HOME/bin/java-version 会输出 Java 的版本信息，并且和 java -version 的输出结果一样，如图 2.8 所示。

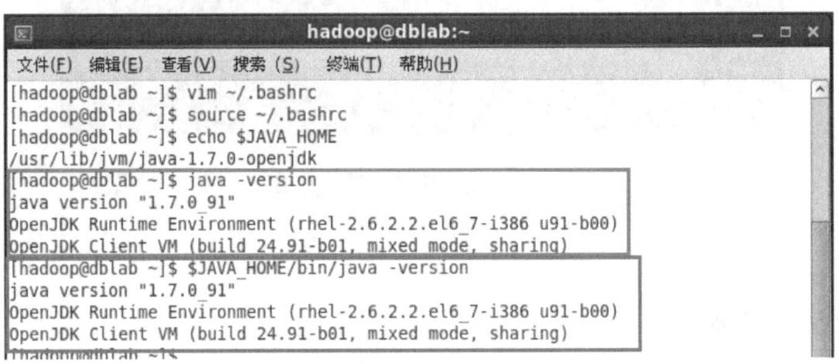

图 2.8　成功设置 JAVA_HOME 环境变量

这样，Hadoop 所需的 Java 运行环境就安装好了。

2.2.5　安装 Hadoop 2

Hadoop 2 可以通过 Hadoop 官方网站下载，本教程选择的是 2.6.0 版本，下载时请下载 hadoop-2.x.y.tar.gz 这个格式的文件，这是编译好的，另一个包含 src 的则是 Hadoop 源代码，需要进行编译才可使用。

下载时强烈建议也下载 hadoop-2.x.y.tar.gz.mds 这个文件，该文件包含了校验值，可用于检查 hadoop-2.x.y.tar.gz 的完整性，否则若文件发生损坏或下载不完整，Hadoop 将无法正常运行。

本书涉及的文件均通过浏览器下载，默认保存在“下载”目录中（若不是，请自行更改 tar 命令的相应目录）。另外，如果你使用的不是 2.6.0 版本，则要将所有命令中出现的 2.6.0 更改为你所使用的版本。

```
cat ~/下载/hadoop-2.6.0.tar.gz.mds | grep 'MD5'              # 列出 md5 检验值
# head -n 6 ~/下载/hadoop-2.7.1.tar.gz.mds                    # 版本格式变了（2.7.1），可以用这种方式输出
md5sum ~/下载/hadoop-2.6.0.tar.gz | tr "a-z" "A-Z"            # 计算 md5 的值，并转化为大写，方便比较
```

若文件不完整，则通常这两个值差别很大，可以简单对比前几个字符与后几个字符是否相等，如图 2.9 所示。如果两个值不一样，请务必重新下载。

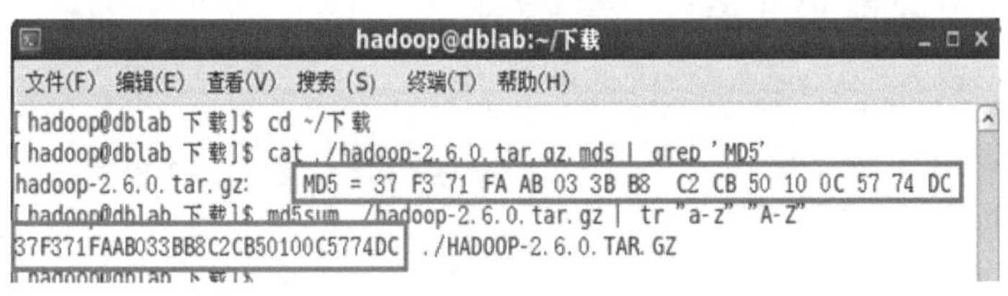

图 2.9　检验文件完整性

我们选择将 Hadoop 安装至/usr/local/中：

```
sudo tar -zxf ~/下载/hadoop-2.6.0.tar.gz -C /usr/local        # 解压到/usr/local 中
cd /usr/local/
sudo mv ./hadoop-2.6.0/ ./hadoop                              # 将文件夹名改为 hadoop
sudo chown -R hadoop:hadoop ./hadoop                          # 修改文件权限
```

Hadoop 解压后即可使用。输入如下命令来检查 Hadoop 是否可用，若成功则会显示 Hadoop 版本信息：

```
cd /usr/local/hadoop
./bin/hadoop version
```

相对路径与绝对路径

请务必注意命令中的相对路径与绝对路径。本书后续出现的“./bin/...”“./etc/...”等包含“./”的路径均为相对路径，以“/usr/local/hadoop”为当前目录。例如，在“/usr/local/hadoop”目录中执行“./bin/hadoop version”，等同于执行“/usr/local/hadoop/bin/hadoop version”。可以将相对路径改成绝对路径来执行，但如果是在主文件夹“~”中执行“./bin/hadoop version”，则执行的是“/home/hadoop/bin/hadoop version”，就不是我们想要的了。

2.2.6　Hadoop 单机配置

Hadoop 默认模式为非分布式模式，无须进行其他配置即可运行。非分布式即单 Java 进程，方便进行调试。

现在我们可以通过执行示例来感受 Hadoop 的运行。Hadoop 附带了丰富的示例（运行“./bin/hadoop jar ./share/hadoop/MapReduce/hadoop-MapReduce-examples-2.6.0.jar”可以看到所有示例），包括 wordcount、terasort、join、grep 等。

在此选择运行 grep 示例，我们将 input 文件夹中的所有文件作为输入，筛选其中符合正则

表达式“dfs[a-z.]+”的单词并统计出现的次数，最后输出结果到 output 文件夹中。

```
cd /usr/local/hadoop
mkdir ./input
cp ./etc/hadoop/*.xml ./input        # 将配置文件作为输入文件
./bin/hadoop jar ./share/hadoop/MapReduce/hadoop-MapReduce-examples-*.jar grep ./input ./output 'dfs[a-z.]+'
cat ./output/*                       # 查看运行结果
```

若运行出错，则出现如图 2.10 所示的提示。

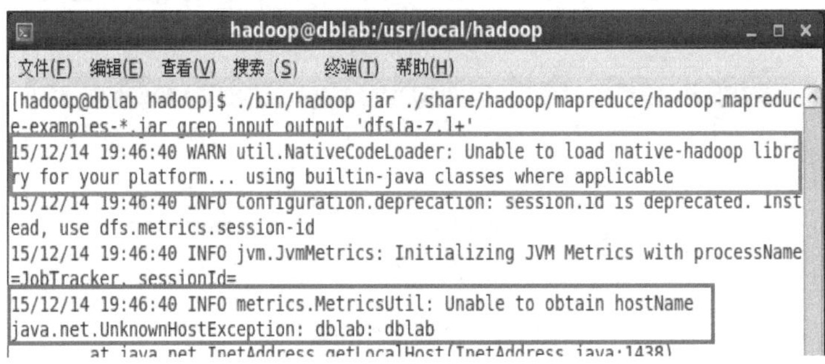

图 2.10　运行 Hadoop 示例时可能会报错

若出现提示“WARN util.NativeCodeLoader: Unable to load native-hadoop library for your platform… using builtin-java classes where applicable”，则该提示可以忽略，不会影响 Hadoop 正常运行（可通过编译 Hadoop 源码解决，解决方法请自行搜索）。

若出现提示“INFO metrics.MetricsUtil: Unable to obtain hostName java.net. UnknowHost Exception”，则需要执行如下命令修改 hosts 文件，为主机名增加 IP 映射：

```
sudo vim /etc/hosts
```

主机名在终端窗口标题中可以看到，也可以执行命令“hostname”查看，如图 2.11 所示，在最后增加一行“127.0.0.1 dblab”。

图 2.11　设置主机名的 IP 映射

保存文件后，重新运行 Hadoop 示例，若执行成功会输出很多作业的相关信息，最后的输出信息如图 2.12 所示。作业的结果会输出在指定的 output 文件夹中，通过命令“cat ./output/*”查看结果，符合正则表达式的单词 dfsadmin 出现了 1 次。

注意，Hadoop 默认不会覆盖结果文件，因此再次运行上面的示例会提示出错，需要先将“./output”删除。

```
rm -r ./output
```

```
master@ubuntu: /usr/local/hadoop
                Map output records=1
                Map output bytes=17
                Map output materialized bytes=25
                Input split bytes=120
                Combine input records=0
                Combine output records=0
                Reduce input groups=1
                Reduce shuffle bytes=25
                Reduce input records=1
                Reduce output records=1
                Spilled Records=2
                Shuffled Maps =1
                Failed Shuffles=0
                Merged Map outputs=1
                GC time elapsed (ms)=25
                Total committed heap usage (bytes)=274579456
        Shuffle Errors
                BAD_ID=0
                CONNECTION=0
                IO_ERROR=0
                WRONG_LENGTH=0
                WRONG_MAP=0
                WRONG_REDUCE=0
        File Input Format Counters
                Bytes Read=123
        File Output Format Counters
                Bytes Written=23
master@ubuntu:/usr/local/hadoop$ cat ./output/*
1       dfsadmin
master@ubuntu:/usr/local/hadoop$
```

图 2.12 Hadoop 示例输出结果

2.2.7 Hadoop 伪分布式配置

Hadoop 可以在单节点上以伪分布式的方式运行，Hadoop 进程以分离的 Java 进程来运行，节点既作为 NameNode 也作为 DataNode，同时，读取的是 HDFS 中的文件。

以下操作都要切换到 hadoop 账户下进行。

在设置 Hadoop 伪分布式配置前，我们还需要设置 Hadoop 环境变量，执行如下命令，在“~/.bashrc”中设置：

```
vim ~/.bashrc
```

可以选择用 gedit 而不是 vim 来编辑。gedit 是文本编辑器，类似于 Windows 中的记事本，会比较方便。保存后记得关掉整个 gedit 程序，否则会占用终端。在文件最后增加如下内容：

```
# Hadoop Environment Variables
export HADOOP_HOME=/home/hadoop/hadoop-2.7.3
export HADOOP_INSTALL=$HADOOP_HOME
export HADOOP_MAPRED_HOME=$HADOOP_HOME
export HADOOP_COMMON_HOME=$HADOOP_HOME
export HADOOP_HDFS_HOME=$HADOOP_HOME
export YARN_HOME=$HADOOP_HOME
export HADOOP_COMMON_LIB_NATIVE_DIR=$HADOOP_HOME/lib/native
export JAVA_LIBRARY_PATH=$HADOOP_HOME/lib/native
export PATH=$PATH:$HADOOP_HOME/sbin:$HADOOP_HOME/bin
```

保存后，不要忘记执行如下命令使配置生效：

```
source ~/.bashrc
```

这些变量在启动 Hadoop 进程时需要用到，不设置可能会报错（这些变量也可以通过修改“./etc/hadoop/hadoop-env.sh”实现）。

Hadoop 的配置文件位于“/usr/local/hadoop/etc/hadoop/”中，伪分布式需要修改两个配置文件 core-site.xml 和 hdfs-site.xml。Hadoop 的配置文件是 xml 格式的，每个配置以声明 property 的 name 和 value 的方式来实现。

先创建所需文件夹并授权：

```
sudo mkdir –p /usr/local/hadoop
sudo chown hadoop:hadoop –R /usr/local/hadoop
```

修改配置文件 core-site.xml（通过 gedit 编辑会比较方便：gedit ./etc/hadoop/core-site.xml），将当中的

```
<configuration>
</configuration>
```

修改为下面的配置：

```
<configuration>
    <property>
        <name>hadoop.tmp.dir</name>
        <value>file:/usr/local/hadoop/tmp</value>
        <description>Abase for other temporary directories.</description>
    </property>
    <property>
        <name>fs.defaultFS</name>
        <value>hdfs://localhost:9000</value>
    </property>
</configuration>
```

同样地，修改配置文件 hdfs-site.xml：

```
<configuration>
    <property>
        <name>dfs.replication</name>
        <value>1</value>
    </property>
    <property>
        <name>dfs.namenode.name.dir</name>
        <value>file:/usr/local/hadoop/tmp/dfs/name</value>
    </property>
    <property>
        <name>dfs.datanode.data.dir</name>
        <value>file:/usr/local/hadoop/tmp/dfs/data</value>
    </property>
</configuration>
```

接下来，配置 hadoop-env.sh。

export JAVA_HOME=${JAVA_HOME} java 的环境变量：

```
export JAVA_HOME=/home/hadoop/jdk1.8
```

完成后，执行 NameNode 的格式化：

```
hdfs namenode -format
```

成功的话，会看到“successfully formatted”和“Exiting with status 0”的提示，如图 2.13 所示。若为“Exiting with status 1”，则表示出错。

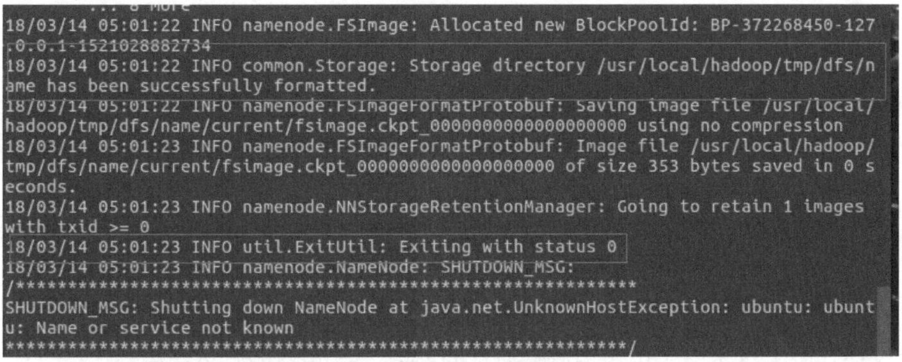

```
18/03/14 05:01:22 INFO namenode.FSImage: Allocated new BlockPoolId: BP-372268450-127
.0.0.1-1521028882734
18/03/14 05:01:22 INFO common.Storage: Storage directory /usr/local/hadoop/tmp/dfs/n
ame has been successfully formatted.
18/03/14 05:01:22 INFO namenode.FSImageFormatProtobuf: Saving image file /usr/local/
hadoop/tmp/dfs/name/current/fsimage.ckpt_0000000000000000000 using no compression
18/03/14 05:01:23 INFO namenode.FSImageFormatProtobuf: Image file /usr/local/hadoop/
tmp/dfs/name/current/fsimage.ckpt_0000000000000000000 of size 353 bytes saved in 0 s
econds.
18/03/14 05:01:23 INFO namenode.NNStorageRetentionManager: Going to retain 1 images
with txid >= 0
18/03/14 05:01:23 INFO util.ExitUtil: Exiting with status 0
18/03/14 05:01:23 INFO namenode.NameNode: SHUTDOWN_MSG:
/************************************************************
SHUTDOWN_MSG: Shutting down NameNode at java.net.UnknownHostException: ubuntu: ubunt
u: Name or service not known
************************************************************/
```

图 2.13 执行 NameNode 的格式化

接着开启 NameNode 和 DataNode 守护进程：

```
start-all.sh
```

若出现如图 2.14 所示的 SSH 提示“Are you sure you want to continue connecting(yes/no)?”，则输入“yes”。

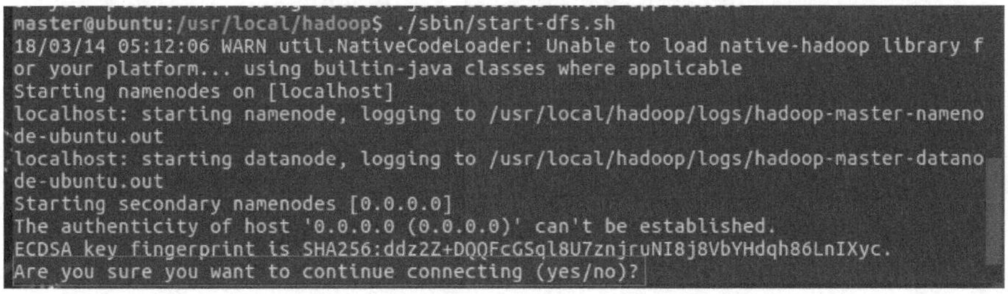

```
master@ubuntu:/usr/local/hadoop$ ./sbin/start-dfs.sh
18/03/14 05:12:06 WARN util.NativeCodeLoader: Unable to load native-hadoop library f
or your platform... using builtin-java classes where applicable
Starting namenodes on [localhost]
localhost: starting namenode, logging to /usr/local/hadoop/logs/hadoop-master-nameno
de-ubuntu.out
localhost: starting datanode, logging to /usr/local/hadoop/logs/hadoop-master-datano
de-ubuntu.out
Starting secondary namenodes [0.0.0.0]
The authenticity of host '0.0.0.0 (0.0.0.0)' can't be established.
ECDSA key fingerprint is SHA256:ddz2Z+DQQFcGSql8U7znjruNI8j8VbYHdqh86LnIXyc.
Are you sure you want to continue connecting (yes/no)?
```

图 2.14 首次启动 Hadoop 时的 SSH 提示

启动时可能会有警告提示“WARN util.NativeCodeLoader…”，如前面提到的，这个提示不会影响正常使用。

启动完成后，可以通过 jps 命令来判断是否成功启动，若成功启动则会列出如下进程：“NameNode”“DataNode”“SecondaryNameNode”（如果 SecondaryNameNode 没有启动，请运行 sbin/stop-dfs.sh 关闭进程，然后再次进行启动尝试）。如果没有 NameNode 或 DataNode，则表明配置不成功，请仔细检查之前的步骤，或通过查看启动日志排查原因，如图 2.15 所示。

```
master@ubuntu:/usr/local/hadoop$ jps
5648 DataNode
5537 NameNode
5963 Jps
5852 SecondaryNameNode
master@ubuntu:/usr/local/hadoop$
```

图 2.15　通过 jps 命令查看启动的 Hadoop 进程

通过查看启动日志分析启动失败原因

有时 Hadoop 无法正确启动，如 NameNode 进程没有顺利启动，这时可以通过查看启动日志来排查原因，注意以下几点。

（1）启动时会给出提示，如“dblab: starting namenode, logging to /usr/local/hadoop/logs/hadoop-hadoop-namenode-dblab.out”，其中 dblab 对应你的主机名，但启动的日志信息是记录在 /usr/local/hadoop/logs/hadoop-hadoop-namenode-dblab.log 中的，所以应该查看这个后缀为 .log 的文件。

（2）每一次的启动日志都是追加在日志文件之后的，所以要拉到最后面看，看记录的时间就知道了。

（3）一般出错的提示在最后面，也就是写着 Fatal、Error 或者 JavaException 的地方。

（4）可以在网上搜索一下出错信息，看能否找到一些相关的解决方法。

成功启动后，可以访问 Web 界面 http://localhost:50070，查看 NameNode 和 DataNode 信息，还可以在线查看 HDFS 中的文件，如图 2.16 所示。

图 2.16　Hadoop 的 Web 界面

2.2.8　运行 Hadoop 伪分布式实例

上面的单机模式，grep 示例读取的是本地数据，伪分布式读取的则是 HDFS 中的数据。要使用 HDFS，首先需要在 HDFS 中创建用户目录：

```
hdfs dfs -mkdir -p /user/hadoop
```

接着将./etc/hadoop 中的 xml 文件作为输入文件复制到分布式文件系统中，即将/usr/local/hadoop/etc/hadoop 复制到分布式文件系统的/user/hadoop/input 中。我们使用的是 hadoop 用户，并且已创建相应的用户目录/user/hadoop，因此在命令中可以使用相对路径如 input，其对应的绝对路径就是/user/hadoop/input。

```
hdfs dfs -mkdir /input
hdfs dfs –put ./etc/hadoop/*.xml /input
```

复制完成后，可以通过如下命令查看 HDFS 中的文件列表：

```
hdfs dfs -ls /input
```

伪分布式运行 MapReduce 作业的方式与单机模式相同，区别在于伪分布式读取的是 HDFS 中的文件（可以通过将单机步骤中创建的本地 input 文件夹、输出结果 output 文件夹都删除来验证这一点）。

```
./bin/hadoop jar ./share/hadoop/MapReduce/hadoop-MapReduce-examples-*.jar grep /input /output 'dfs[a-z.]+'
```

查看运行结果的命令（查看的是位于 HDFS 中的输出结果）：

```
hdfs dfs -cat /output/*
```

结果如图 2.17 所示，注意到刚才我们已经更改了配置文件，所以运行结果不同。

图 2.17 Hadoop 伪分布式运行 grep 的结果

我们也可以将运行结果取回到本地：

```
rm -r ./output                      # 先删除本地的 output 文件夹（如果存在）
hdfs dfs -get output ./output       # 将 HDFS 上的 output 文件夹复制到本机
cat ./output/*
```

Hadoop 运行程序时，输出目录不能存在，否则会提示错误"org.apache.hadoop.mapred.FileAlreadyExistsException: Output directory hdfs://localhost:9000/user/hadoop/output already exists"。因此若要再次执行，需要执行如下命令删除 output 文件夹：

```
./bin/hdfs dfs -rm -r output      # 删除 output 文件夹
```

运行程序时输出目录不能存在

运行 Hadoop 程序时，为了防止覆盖结果，程序指定的输出目录（如 output）不能存在，否则会提示错误，因此运行前需要先删除输出目录。在实际开发应用程序时，可考虑在程序中加上如下代码，能在每次运行时自动删除输出目录，避免烦琐的命令行操作：

```
Configuration conf = new Configuration();
Job job = new Job(conf);
```

```
/* 删除输出目录 */
Path outputPath = new Path(args[1]);
outputPath.getFileSystem(conf).delete(outputPath, true);
```

若要关闭 Hadoop，则运行

```
./sbin/stop-dfs.sh
```

注意，下次启动 Hadoop 时，无须进行 NameNode 的初始化，只需要运行 ./sbin/start-dfs.sh 就可以了。

2.3 Hadoop 集群模式搭建

安装 Hadoop 集群服务器，规划如表 2.1 所示。

表 2.1 Hadoop 集群服务器安装规划

功　能	Hostname	IP	说　明
Master	HDM01	192.168.1.1	NameNode 兼 dataNode
Slave	HDS02	192.168.1.2	DataNode
Slave	HDS03	192.168.1.3	DataNode
Client	HDC04	192.168.1.4	Hadoop 客户端（HDFS/HIVE）

2.3.1 创建 Hadoop 运行用户

一般我们不会经常使用 root 用户运行 Hadoop，所以要创建一个平常运行和管理 Hadoop 的用户。

创建 Hadoop 用户和用户组：

```
useradd hadoop
```

注意，Master 和 Slave 节点机都要创建相同的用户和用户组，即在所有集群服务器上都要创建 Hadoop 用户和用户组。

```
[hadoop@GZHDM01 ~]$ id hadoop
uid=501(hadoop) gid=501(hadoop) groups=501(hadoop)
```

2.3.2 关闭防火墙

在启动前关闭集群中所有机器的防火墙，否则会出现 DataNode 开启后又自动关闭的情况。

关闭防火墙：chkconfig iptables off

查看防火墙状态：service iptables status

永久关闭防火墙：chkconfig iptables off

查看防火墙状态：chkconfig --list iptables

防火墙最后状态如图 2.18 所示。

```
chkconfig iptables off
chkconfig --list iptables
[root@master Desktop]# chkconfig --list iptables
iptables        0:off   1:off   2:off   3:off   4:off
```

全部显示off表示关闭防火墙成功；

图 2.18　防火墙最后状态

2.3.3　配置机器名和网络

1. 配置 HOSTNAME

用 vi 命令打开文件，修改语句为“HOSTNAME=master”，如图 2.19 所示。

其他节点依次改为 slave1、slave2……，必须和上面一致。

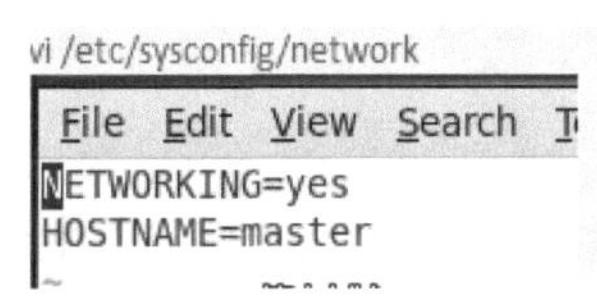

图 2.19　网络配置

验证，输入命令 hostname，查看结果。

2. 配置网络 IP

用 cd 命令切换到目录“/etc/sysconfig/network-scripts”，用“vi ifcfg-eth0”命令修改网络配置文件（因为硬件不同，其中的“eth0”可能是其他名称），最后结果参考图 2.20。

```
vi /etc/sysconfig/network-scripts/ifcfg-eth0
DEVICE="eth0"
BOOTPROTO=none
IPV6INIT="yes"
NM_CONTROLLED="yes"
ONBOOT="yes"
TYPE="Ethernet"
UUID="46c76c3b-88e8-4e53-9182-8594dd321cf9"
IPADDR=192.168.3.10
PREFIX=24
GATEWAY=192.168.3.253
DNS1=219.239.26.42
DEFROUTE=yes
IPV4_FAILURE_FATAL=yes
IPV6_AUTOCONF=yes
IPV6_DEFROUTE=yes
IPV6_FAILURE_FATAL=no
NAME="System eth0"
HWADDR=00:50:56:3B:CF:F4
IPV6_PEERDNS=yes
IPV6_PEERROUTES=yes
LAST_CONNECT=1375584531
```

此处是以桥接的方式配置虚拟机网络

设置的IP

网关

和外部DNS一致，方便解析类似www.hao123.com的网址

这里MAC值必须和VMware分配的值相同

图 2.20　配置网络 IP

3. 配置 IP 和 HOSTNAME 的映射关系

```
vi /etc/hosts
        [root@NOAS ~]# more /etc/hosts
```

```
#127.0.0.1    localhost localhost.localdomain localhost4 #localhost4.localdomain4
::1           localhost localhost.localdomain localhost6 localhost6.localdomain6
192.168.1.1   HDM01
192.168.1.2   HDS02
192.168.1.3   HDS03
192.168.1.4   HDC04
```

2.3.4 配置非 root 用户免验证登录 SSH

Hadoop 集群中的各个节点，以 hadoop 用户身份、用 ssh 命令实现免验证远程登录操作。所以上面创建用户的时候，要把 3 个节点的 username 都设置成 hadoop，主要是用户名必须一致。

以 hadoop 用户登录系统，在它的 home 目录即/home/hadoop 目录下，按以下顺序执行命令。

（1）生成密钥文件。

```
ssh-keygen -t rsa –P '' –f ~/.ssh/id_rsa
```

该命令不给出提示，直接生成密钥，在.ssh 文件夹里生成两个文件，一个是公开密匙，一个是访问用户名字信息的。

（2）生成公钥授权文件。

```
cat ~/.ssh/id_rsa.pub >> ~/.ssh/authorized_keys
```

该命令是把公共密匙数据导入 authorized_keys 文件中保存。

（3）设置权限。

```
chmod 700 ~/.ssh
chmod 600 ~/.ssh/authorized_keys
```

这两行命令是设置文件夹和文件的权限。SSH 机制很严谨，对文件的权限要求非常严格，要把.ssh 文件夹的权限改为 700（默认是 777），authorized_keys 文件的权限设置为 600。

注意：以上三个步骤在每个节点上都要执行一遍。

（4）在主节点上执行下列命令，实现公钥的合并与分发操作。

```
ssh HDS02 cat   ~/.ssh/id_rsa.pub >> ~/.ssh/authorized_keys
ssh HDS03 cat   ~/.ssh/id_rsa.pub >> ~/.ssh/authorized_keys
scp authorized_keys hadoop@HDS02:/home/hadoop/.ssh/
scp authorized_keys hadoop@HDS03:/home/hadoop/.ssh/
```

最终，各个节点上都有一个完全一样的 authorized_keys 文件。

（5）验证 SSH 免验证登录。

完成以上操作后，输入以下命令测试，第一次会要求输入密码，每台机器都要求能连通：

```
ssh   HDM01
ssh   HDS02
ssh   HDS03
```

如果不用输入密码就能登录对应节点，就表示 hadoop 用户以 ssh 命令免密登录成功了。

2.3.5 安装 JDK

检查是否已安装 JDK：

```
rpm -qa|grep jdk
```

检查 Java 安装目录：

```
whick java
```

检查是否配置 JAVA_HOME：

```
env|grep JAVA_HOME
```

which java 和 JAVA_HOME 路径不一致，是因为做了 Link 映射。

```
[root@NOAS ~]# su - hadoop
[hadoop@NOAS ~]$ rpm -qa|grep jdk
    java-1.6.0-openjdk-javadoc-1.6.0.0-1.41.1.10.4.el6.x86_64
    java-1.6.0-openjdk-devel-1.6.0.0-1.41.1.10.4.el6.x86_64
    java-1.6.0-openjdk-1.6.0.0-1.41.1.10.4.el6.x86_64
[hadoop@NOAS ~]$ which java
    /usr/bin/java
[hadoop@NOAS ~]$ ls -l /usr/bin/java
    lrwxrwxrwx. 1 root root 22 Feb 26 22:26 /usr/bin/java→ /etc/alternatives/java
[hadoop@NOAS ~]$ ls -l /etc/alternatives/java
    lrwxrwxrwx. 1 root root 46 Feb 26 22:26 /etc/alternatives/java→ /usr/lib/jvm/jre-1.6.0-openjdk.x86_64/bin/java
[hadoop@NOAS ~]$ env|grep JAVA_HOME
    JAVA_HOME=/usr/lib/jvm/jre-1.6.0-openjdk.x86_64
```

在当前用户环境中配置环境变量“JAVA_HOME”，在用户主目录的.bash_profile 文件末尾增加一行“JAVA_HOME=/usr/lib/jvm/jre-1.6.0-openjdk.x86_64”，再运行 Source/home/hadoop/.bash_profile，使环境变量生效。

```
hadoop@NOAS ~]$ cd /home/hadoop/
[hadoop@NOAS ~]$ more .bash_profile
# .bash_profile
# Get the aliases and functions
if [ -f ~/.bashrc ]; then
        . ~/.bashrc
fi
# User specific environment and startup programs
PATH=$PATH:$HOME/bin
export PATH
JAVA_HOME=/usr/lib/jvm/jre-1.6.0-openjdk.x86_64
PATH=$JAVA_HOME/bin:$PATH
CLASSPATH=$CLASSPATH:.:$JAVA_HOME/lib/dt.jar:$JAVA_HOME/lib/tools.jar
export JAVA_HOME
export PATH
export CLASSPATH
[hadoop@NOAS ~]$
```

2.3.6 安装 Hadoop

1. 安装 rpm 包

安装 rpm 包，目录都是默认的，比较规范。
用 root 用户：

```
rpm -ivh   /opt/colud/hadoop-1.2.1-1.x86_64.rpm
```

rpm 包安装过程如图 2.21 所示。

```
[root@NOAS cloud]# rpm -ivh hadoop-1.2.1-1.x86_64.rpm
Preparing...                ########################################### [100%]
   1:hadoop                 ########################################### [100%]
[root@NOAS cloud]# pwd
/opt/cloud
[root@NOAS cloud]# ls
hadoop-1.2.1-1.x86_64.rpm
[root@NOAS cloud]# 
```

图 2.21　rpm 包安装过程

2. 配置 Hadoop 配置文件

说明：每台机器的服务器都要配置，并且都是一样的，配置完一台其他的复制即可。每台机器上的 core-site.xml 和 mapred-site.xml 都是配置 master 服务器的 Hostname，因为都是配置 Hadoop 的入口。

core-site.xml：配置整个 Hadoop 的入口。

vi /etc/hadoop/core-site.xml，配置如下内容：

```
<property>
<name>hadoop.tmp.dir</name>
<value>/home/hadoop/tmp</value>
</property>
<property>
<name>fs.default.name</name>
<value>hdfs://HDM01:9000</value>
</property>
```

vi /etc/hadoop/hdfs-site.xml，配置如下内容：

```
<property>
<name>dfs.replication</name>
<value>2</value>
</property>
```

vi /etc/hadoop/mapred-site.xml，配置如下内容：

```
<property>
<name>mapred.job.tracker</name>
<value>HDM01:9001</value>
</property>
```

配置说明：

在 core-site.xml 中，hadoop.tmp.dir 是 Hadoop 文件系统依赖的基础配置，很多路径都依赖它。它默认的位置是在/tmp/{$user}下面，但是在/tmp 路径下的存储是不安全的，因为 Linux 重启一次，文件就有可能被删除。

修改该参数后要格式化 NameNode，命令如下：

```
hadoop namenode -format
```

3. 配置 Hadoop 集群配置文件

说明：只需要配置 NameNode 节点机，这里的 HDM01 既作 NameNode 也作 DataNode。一般情况下 NameNode 要求独立机器，NameNode 不兼作 DataNode。

vi /etc/hadoop/masters，配置如下内容：

```
HDM01
```

vi /etc/hadoop/slaves，配置如下内容：

```
HDM01
HDS02
HDS03
```

4. 配置非 root 用户权限

配置非 root 用户权限，包含用非 root 用户启动 Hadoop 所需的额外项。将/usr/sbin/下的以下脚本文件的 owner 设为 hadoop，且赋给 owner 全权 rwx：

```
chown hadoop:hadoop /usr/sbin/hadoop-create-user.sh
chown hadoop:hadoop /usr/sbin/hadoop-daemon.sh
chown hadoop:hadoop /usr/sbin/hadoop-daemons.sh
chown hadoop:hadoop /usr/sbin/hadoop-setup-applications.sh
chown hadoop:hadoop /usr/sbin/hadoop-setup-conf.sh
chown hadoop:hadoop /usr/sbin/hadoop-setup-hdfs.sh
chown hadoop:hadoop /usr/sbin/hadoop-setup-single-node.sh
chown hadoop:hadoop /usr/sbin/hadoop-validate-setup.sh
chown hadoop:hadoop /usr/sbin/rcc
chown hadoop:hadoop /usr/sbin/slaves.sh
chown hadoop:hadoop /usr/sbin/start-all.sh
chown hadoop:hadoop /usr/sbin/start-balancer.sh
chown hadoop:hadoop /usr/sbin/start-dfs.sh
chown hadoop:hadoop /usr/sbin/start-jobhistoryserver.sh
chown hadoop:hadoop /usr/sbin/start-mapred.sh
chown hadoop:hadoop /usr/sbin/stop-all.sh
chown hadoop:hadoop /usr/sbin/stop-balancer.sh
chown hadoop:hadoop /usr/sbin/stop-dfs.sh
chown hadoop:hadoop /usr/sbin/stop-jobhistoryserver.sh
chown hadoop:hadoop /usr/sbin/stop-mapred.sh
chown hadoop:hadoop /usr/sbin/update-hadoop-env.sh
chmod u+rwx /usr/sbin/hadoop-create-user.sh
chmod u+rwx /usr/sbin/hadoop-daemon.sh
```

```
chmod u+rwx /usr/sbin/hadoop-daemons.sh
chmod u+rwx /usr/sbin/hadoop-setup-applications.sh
chmod u+rwx /usr/sbin/hadoop-setup-conf.sh
chmod u+rwx /usr/sbin/hadoop-setup-hdfs.sh
chmod u+rwx /usr/sbin/hadoop-setup-single-node.sh
chmod u+rwx /usr/sbin/hadoop-validate-setup.sh
chmod u+rwx /usr/sbin/rcc
chmod u+rwx /usr/sbin/slaves.sh
chmod u+rwx /usr/sbin/start-all.sh
chmod u+rwx /usr/sbin/start-balancer.sh
chmod u+rwx /usr/sbin/start-dfs.sh
chmod u+rwx /usr/sbin/start-jobhistoryserver.sh
chmod u+rwx /usr/sbin/start-mapred.sh
chmod u+rwx /usr/sbin/stop-all.sh
chmod u+rwx /usr/sbin/stop-balancer.sh
chmod u+rwx /usr/sbin/stop-dfs.sh
chmod u+rwx /usr/sbin/stop-jobhistoryserver.sh
chmod u+rwx /usr/sbin/stop-mapred.sh
chmod u+rwx /usr/sbin/update-hadoop-env.sh
```

将/usr/bin/下的 hadoop 设为所有人（不是其他人）可读可执行，即 chmod 555（不是 chmod 005）：

```
chmod 555 /usr/bin/hadoop
```

/var/log/hadoop/及其下（循环）的 owner 设为 testusr，且赋给 owner 全权 rwx。

/var/run/hadoop/及其下（循环）的 owner 设为 testusr，且赋给 owner 全权 rwx。

/home/hadoop/及其下（循环）的 owner 设为 testusr，且 owner 权限设为 rwxr-xr-x。不能设为更大的权限，是因为/home/hadoop/tmp/dfs/data 的权限需要设为 rwxr-xr-x。

```
chown -R hadoop:hadoop /var/log/hadoop/
chown -R hadoop:hadoop /var/run/hadoop/
chown -R hadoop:hadoop /home/hadoop/
chmod -R u+rwx /var/log/hadoop/
chmod -R u+rwx /var/run/hadoop/
chmod -R u+rwx /home/hadoop/
```

5. 配置 Hadoop 的 Java 环境

配置 Hadoop 的 Java 环境与 env 的 JAVA_HOME 保持一致，文件/etc/hadoop/hadoop-env.sh 中的命令如下：

```
# The java implementation to use.
#export JAVA_HOME=/usr/java/default
export JAVA_HOME=/usr/lib/jvm/jre-1.6.0-openjdk.x86_64
export HADOOP_CONF_DIR=${HADOOP_CONF_DIR:-"/etc/hadoop"}
```

2.3.7 格式化 HDFS

格式化 HDFS（用 Hadoop 用户）：

```
hadoop namenode -format
```

重新格式化时，系统提示如下：

```
Re-format filesystem in /home/hadoop/tmp/dfs/name ? （Y or N）
```

必须输入大写 Y，输入小写 y 不会报输入错误，但在格式化时会出错。

```
chown -R hadoop:hadoop /home/hadoop/
chmod -R 755 /home/hadoop/
```

2.3.8 启动 Hadoop

Hadoop 用户登录，命令如下：

```
start-all.sh
```

记得要关闭所有的防火墙。

2.4 Hadoop HA 模式介绍

HA（High Availability）就是高可用性，我们学习分布式集群框架，经常会考虑这个问题，Hadoop 也是不可避免的，而 Hadoop 的 HA 具体是如何实现的呢？知道这个我们就可以提出具体的解决方案，提高 HA 了。

我们学习 Hadoop 都知道 HDFS 的管理是通过 NameNode 来实现的，数据存储在 DataNode 上，而在 Hadoop 中 NameNode 是存在 SPOF（Single Point Of Failure）的，DataNode 失败，Hadoop 会自动重启一个复制失败的备份数据，所以 DataNode 不存在 HA，Hadoop 的 HA 主要是 NameNode 的 HA。那么 HA 具体是如何定义的呢？

HA 主要是由可靠性和可维护性来定义的，说到这儿你可能有点懵，下面我给出一个表达式：可靠性即系统正常提供服务的平均运行时间（MTTF），可维护性即系统失败后到恢复正常运行的时间（MTTR），HA=MTTF/（MTTF+MTTR）。

那么 Hadoop 中 NameNode 的 HA 具体是什么呢？NameNode 的可靠性是由硬件和软件来保障的，我们只能通过降低集群硬件故障率来提高可靠性。根据 Yahoo 数据 NameNode 硬件故障在 3 年内发生了 3 次，这是很少的。NameNode 的可维护性是影响 HA 的决定性因素，而 NameNode 的可维护性又取决于 HDFS 的元数据的可靠性和完整性，所以 Hadoop 的 HA 取决于元数据的可靠性和完整性。保证元数据的完整性，减少 NameNode 可维护的时间，就提高了 HA。

2.4.1 Hadoop 的 HA 机制

在 Hadoop 2.0 之前，NameNode 只有一个，存在单点问题（虽然 Hadoop 1.0 有 secondarynamenode、checkpointnode、buckcupnode 这些，但是单点问题依然存在），在 Hadoop 2.0 中引入了 HA 机制。Hadoop 2.0 的 HA 机制官方介绍有两种方式，一种是 NFS（Network File System）方式，另一种是 QJM（Quorum Journal Manager）方式。

NameNode 是 HDFS 集群的单点故障，每个集群都只有一个 NameNode，如果这个机器或进程不可用，整个集群就无法使用，直到重启 NameNode 或者新启动一个 NameNode 节点。

致使 HDFS 集群不可用主要包括以下两种情况：

- 类似机器宕机这样的意外情况将导致集群不可用，只有重启 NameNode 之后才可使用；
- 计划内的软件或硬件升级，将导致集群在短时间内不可用。

HDFS 的高可用性（HA）可以解决上述问题，它通过提供选择运行在同一集群中的一个热备的“主/备”两个冗余 NameNode，允许在机器宕机或系统维护的时候，快速转移到另一个 NameNode 上。

如图 2.22 所示，Hadoop 2.0 的 HA 机制有两个 NameNode，一个是 Active NameNode，状态是 Active；另一个是 Standby NameNode，状态是 Standby。两者的状态是可以切换的，但不能同时都是 Active 状态，最多只能有一个是 Active 状态。只有 Active NameNode 提供对外的服务，Standby NameNode 是不对外服务的。Active NameNode 和 Standby NameNode 之间通过 NFS 或者 QJM 方式来同步数据。

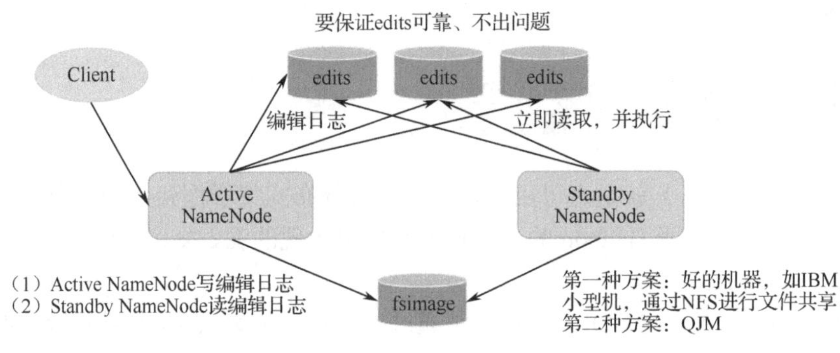

图 2.22 Hadoop 的 HA 机制

2.4.2 HA 集群

一个典型的 HA 集群中，两个单独的机器配置为 NameNode，在任何时候都是一个 NameNode 处于活动状态，另一个处于待机状态，活动的 NameNode 负责处理集群客户端的操作，待机的仅仅作为一个 Slave，保持足够的状态，如果有必要提供一个快速的故障转移，如图 2.23 所示。

为了保持备用节点与活动节点状态的同步，需要两个节点同时访问一个共享存储设备（如从 NAS、NFS 挂载）到一个目录。

当活动节点对名字空间进行任何修改时，它会把修改记录写到共享目录下的一个日志文件中。备用节点会监听这个目录，在发现更改时，会把修改内容同步到自己的名字空间。备用节点在进行故障转移时，将保证已经读取了所有共享目录内的更改记录，确保发生故障前的状态与活动节点保持完全一致。

为了提供快速的故障转移，必须保证备用节点有最新的集群中块的位置信息，为了达到这一目的，DataNode 节点需要配置两个 NameNode 的位置，同时发送块的位置和心跳信息到两个 NameNode。

任何时候只有一个 NameNode 处于活动状态，对于 HA 集群的操作是至关重要的，否则两个节点之间的状态就会产生冲突，导致数据丢失或其他不正确的结果。为了达到这个目的，管理员必须为共享存储配置至少一个 fencing 方法。在宕机期间，如果不能确定活动节点已经放弃活动状态，则 fencing 进程负责中断以前的活动节点编辑存储的共享访问。这样可以防止任何进一步的修改名字空间，允许新的活动节点安全地进行故障转移。

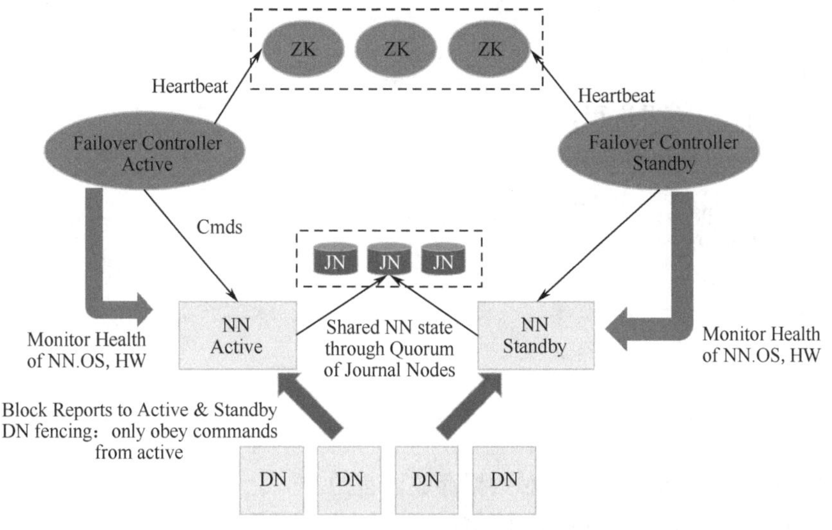

图 2.23 HA 集群架构

上述架构解释如下：

- 只有一个 NameNode 是 Active 的，并且只有这个 Active 的 NameNode 能提供服务，改变 NameSpace。以后可以考虑让 Standby 的 NameNode 提供读取服务。
- 提供手动 Failover。在升级过程中，Failover 在 NameNode 与 DataNode 之间写不变的情况下才能生效。
- 当之前的 NameNode 重新恢复之后，不能提供 Failback。
- 数据一致性比 Failover 更重要。
- 尽量少用特殊的硬件。
- HA 的设置和 Failover 都应该保证在两者操作错误或者配置错误的时候，不得导致数据损坏。
- NameNode 的短期垃圾回收不应该触发 Failover。
- DataNode 会同时向 NameNode Active 和 NameNode Standby 汇报块的信息。NameNode Active 和 NameNode Standby 通过 NFS 备份 MetaData 信息到一个磁盘上。

2.5 Hadoop 查看集群运行状态

1. jps

在 Master 上用 Java 自带的小工具 jps 查看，5 个进程都在。

Master 节点：NameNode/TaskTracker。

如果 Master 不兼作 Slave，则不会出现 DataNode/TaskTracker。

```
[hadoop@GZHDM01]$ jps
2776    DataNode
2657    NameNode
2901    SecondaryNameNode
2996    JobTracker
3155    TaskTracker
8522    RunJar
09054   Jps
```

在 Slave 1 上用 jps 查看进程。

Slave 节点：DataNode/TaskTracker。

```
[hadoop@HDS02]$ jps
20743   TaskTracker
492     Jps
20640   DataNode
```

说明：

- JobTracker 对应于 NameNode。
- TaskTracker 对应于 DataNode。
- DataNode 和 NameNode 是针对数据存放而言的。
- JobTracker 和 TaskTracker 是针对 MapReduce 执行而言的。

MapReduce 从总体上可以分为 JobClient、JobTracker 与 TaskTracker 三条执行线索。

（1）JobClient 会在用户端通过 JobClient 类将已经配置参数的应用打包成 jar 文件存储到 HDFS 中，并把路径提交到 JobTracker，然后由 JobTracker 创建每个 Task（MapTask 和 ReduceTask）并将它们分发到各个 TaskTracker 服务中去执行。

（2）JobTracker 是一个 Master 服务，软件启动之后 JobTracker 接收 Job，负责调度 Job 的每个子任务 Task 运行于 TaskTracker 上，并监控它们，如果发现有失败的 Task 就重新运行它。一般情况下应该把 JobTracker 部署在单独的机器上。

（3）TaskTracker 是运行在多个节点上的 Slave 服务。TaskTracker 主动与 JobTracker 通信，接收作业，并负责执行每一个任务。TaskTracker 需要运行在 HDFS 的 DataNode 上。

2. 查看 Hadoop 集群的状态

用“hadoop dfsadmin -report”命令可以查看 Hadoop 集群的状态。

Master 服务器的状态如图 2.24 所示。

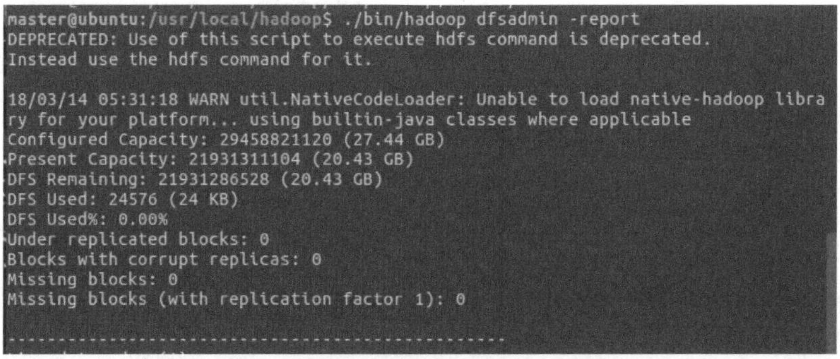

```
master@ubuntu:/usr/local/hadoop$ ./bin/hadoop dfsadmin -report
DEPRECATED: Use of this script to execute hdfs command is deprecated.
Instead use the hdfs command for it.

18/03/14 05:31:18 WARN util.NativeCodeLoader: Unable to load native-hadoop libra
ry for your platform... using builtin-java classes where applicable
Configured Capacity: 29458821120 (27.44 GB)
Present Capacity: 21931311104 (20.43 GB)
DFS Remaining: 21931286528 (20.43 GB)
DFS Used: 24576 (24 KB)
DFS Used%: 0.00%
Under replicated blocks: 0
Blocks with corrupt replicas: 0
Missing blocks: 0
Missing blocks (with replication factor 1): 0

-------------------------------------------------
```

图 2.24 Master 服务器的状态

Slave 服务器的状态如图 2.25 所示。

```
Live datanodes (1):

Name: 127.0.0.1:50010 (localhost)
Hostname: localhost
Decommission Status : Normal
Configured Capacity: 29458821120 (27.44 GB)
DFS Used: 24576 (24 KB)
Non DFS Used: 7527510016 (7.01 GB)
DFS Remaining: 21931286528 (20.43 GB)
DFS Used%: 0.00%
DFS Remaining%: 74.45%
Configured Cache Capacity: 0 (0 B)
Cache Used: 0 (0 B)
Cache Remaining: 0 (0 B)
Cache Used%: 100.00%
Cache Remaining%: 0.00%
Xceivers: 1
Last contact: Wed Mar 14 05:31:17 PDT 2018
```

图 2.25 Slave 服务器的状态

2.6 网页查看集群

（1）访问 http://localhost:8088/cluster，如图 2.26 所示。

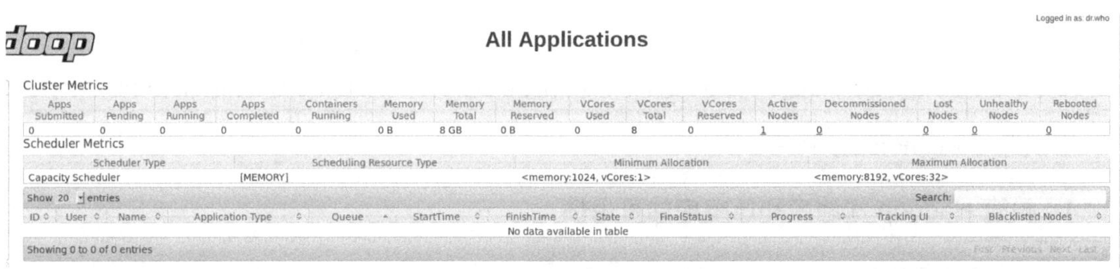

图 2.26 网页查看集群（1）

（2）访问 http://localhost:50070，如图 2.27 所示。

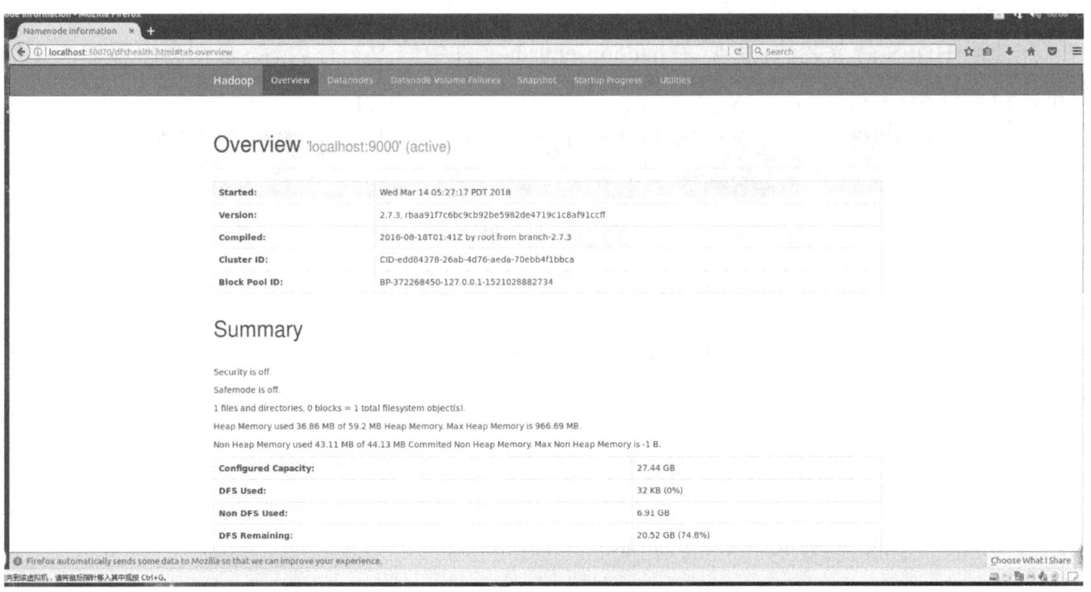

图 2.27 网页查看集群（2）

2.7 Hadoop 命令的使用

2.7.1 Hadoop 常用命令

1. help 命令

```
hadoop --help
```

查看 Hadoop 命令的帮助信息。

2. 查看版本

```
hadoop version
```

查看 Hadoop 的版本信息。

3. 运行 jar 文件

```
hadoop jar /usr/lib/hadoop-MapReduce/hadoop-MapReduce-examples-2.2.0.2.0.6.0-101.jar pi 10 100
```

测试运行 MapReduce 程序。

4. 检查 Hadoop 本地库和压缩库的可用性

```
hadoop checknative -a
```

2.7.2 HDFS 常用命令

在使用 HDFS 命令之前，需要在 hadoop-env.sh 文件中修改一行内容，否则会出现如图 2.28 所示的错误提示。

```
master@ubuntu:/usr/local/hadoop$ hadoop fs -ls /
18/03/14 22:55:24 WARN util.NativeCodeLoader: Unable to load native-hadoop libra
ry for your platform... using builtin-java classes where applicable
```

图 2.28 错误提示

在 hadoop-env.sh 文件中，将原来 HADOOP_OPTS 的环境变量删除，并增加以下一行：

```
export HADOOP_OPTS="-Djava.library.path=${HADOOP_HOME}/lib/native"
```

1. ls

```
hadoop fs -ls /
```

列出 HDFS 文件系统根目录下的目录和文件。

```
hadoop fs -ls -R /
```

列出 HDFS 文件系统中所有的目录和文件。

2. put

```
hadoop fs -put < local file > < hdfs file >
```

hdfs file 的父目录一定要存在，否则命令不会执行。

```
hadoop fs -put < local file or dir >...< hdfs dir >
```

hdfs dir 一定要存在，否则命令不会执行。

```
hadoop fs -put - < hdfs file>
```

从键盘读取内容，保存到新文件 hdfs file 中，按 Ctrl+D 组合键结束输入。如果文件 hdfs file 已存在，则该命令执行失败。

（1）moveFromLocal。

```
hadoop fs -moveFromLocal < local src > ... < hdfs dst >
```

与 put 命令类似，命令执行后源文件 local src 被删除，也可以从键盘读取输入到 hdfs file 中。

（2）copyFromLocal。

```
hadoop fs -copyFromLocal < local src > ... < hdfs dst >
```

与 put 命令类似，也可以从键盘读取输入到 hdfs file 中。

3. get

```
hadoop fs -get < hdfs file > < local file or dir>
```

local file 和 hdfs file 名字不能相同，否则会提示文件已存在。没有重名的文件会复制到本地。

```
hadoop fs -get < hdfs file or dir > ... < local dir >
```

复制多个文件或目录到本地时，本地要为文件夹路径。

注意：如果用户不是 root，local 路径要为用户文件夹下的路径，否则会出现权限问题。

（1）moveToLocal。

当前版本中还未实现此命令。

（2）copyToLocal。

```
hadoop fs -copyToLocal < local src > ... < hdfs dst >
```

与 get 命令类似。

4. rm

```
hadoop fs -rm < hdfs file >
hadoop fs -rm -r < hdfs dir>
```

每次可以删除多个文件或目录。

5. mkdir

```
hadoop fs -mkdir < hdfs path>
```

只能一级一级地创建目录，如果父目录不存在则使用该命令会报错。

```
hadoop fs -mkdir -p < hdfs path>
```

对创建的目标目录，如果它的上一级目录不存在，则自动生成该目录。

6. getmerge

```
hadoop fs -getmerge < hdfs dir > < local file >
```

将 HDFS 指定目录下的所有文件排序后合并到 local 指定的文件中，文件不存在时会自动创建，文件存在时会覆盖其中的内容。

```
hadoop fs -getmerge -nl < hdfs dir > < local file >
```

加上 nl 后，合并到 local file 中的 HDFS 文件之间会空出一行。

7. cp

```
hadoop fs -cp < hdfs file > < hdfs file >
```

目标文件不能存在，否则命令无法执行，相当于给文件重命名并保存，源文件还存在。

```
hadoop fs -cp < hdfs file or dir >... < hdfs dir >
```

目标文件夹要存在，否则命令无法执行。

8. mv

```
hadoop fs -mv < hdfs file > < hdfs file >
```

目标文件不能存在，否则命令无法执行，相当于给文件重命名并保存，源文件不存在。

```
hadoop fs -mv < hdfs file or dir >... < hdfs dir >
```

源路径有多个时，目标路径必须为目录，且必须存在。
注意：跨文件系统的移动（local 到 hdfs 或者反过来）都是不允许的。

9. count

```
hadoop fs -count < hdfs path >
```

统计 HDFS 对应路径下的目录个数、文件个数、文件总计大小。
命令显示为目录个数、文件个数、文件总计大小、输入路径。

10. du

```
hadoop fs -du < hdsf path>
```

显示 HDFS 对应路径下每个文件夹和文件的大小。

```
hadoop fs -du -s < hdsf path>
```

显示 HDFS 对应路径下所有文件和的大小。

```
hadoop fs -du - h < hdsf path>
```

显示 HDFS 对应路径下每个文件夹和文件的大小，文件的大小用方便阅读的形式表示，如用 64MB 代替 67108864。

11. text

```
hadoop fs -text < hdsf file>
```

将文本文件或某些格式的非文本文件通过文本格式输出。

12. setrep

```
hadoop fs -setrep -R 3 < hdfs path >
```

改变一个文件在 HDFS 中的副本个数，上述命令中数字 3 为所设置的副本个数，-R 选项可以对一个目录下的所有目录+文件递归执行改变副本个数的操作。

13. stat

```
hadoop fs -stat [format] < hdfs path >
```

返回对应路径的状态信息。

format 为可选参数，选项如下：%b（文件大小），%o（Block 大小），%n（文件名），%r（副本个数），%y（最后一次修改日期和时间）。

该命令可以写为 hadoop fs -stat %b%o%n < hdfs path >，但是不建议这样书写，因为每个字符输出的结果不是很容易分清楚。

14. tail

```
hadoop fs -tail < hdfs file >
```

在标准输出中显示文件末尾的 1KB 数据。

15. archive

```
hadoop archive -archiveName name.har -p < hdfs parent dir > < src >* < hdfs dst >
```

命令中的参数：

name：压缩文件名，自己任意取；

< hdfs parent dir > ：压缩文件所在的父目录；

< src >*：要压缩的文件名；

< hdfs dst >：压缩文件存放路径。

```
示例：hadoop archive -archiveName hadoop.har -p /user 1.txt 2.txt /des
```

示例表示，将 hdfs 中/user 目录下的文件 1.txt、2.txt 压缩成一个名为 hadoop.har 的文件，存放在 HDFS 中的/des 目录下。如果不写 1.txt、2.txt，则表示将/user 目录下所有的目录和文件压缩成一个名为 hadoop.har 的文件，存放在 HDFS 中的/des 目录下。

显示 har 的内容可以用如下命令：

```
hadoop fs -ls /des/hadoop.jar
```

显示 har 压缩的是哪些文件可以用如下命令：

```
hadoop fs -ls -R har:///des/hadoop.har
```

注意：har 文件不能进行二次压缩。如果想给 har 添加文件，则只能找到原来的文件，再创建一个。har 文件中原来文件的数据并没有变化，har 文件真正的作用是减少 NameNode 和 DataNode 过多的空间浪费。

16. balancer

```
hdfs balancer
```

如果管理员发现某些 DataNode 保存数据过多，某些 DataNode 保存数据相对较少，可以使用上述命令手动启动内部的均衡过程。

17. dfsadmin

```
hdfs dfsadmin -help
```

管理员可以通过 dfsadmin 管理 HDFS，用法可以通过上述命令查看。

```
hdfs dfsadmin -report
```

显示文件系统的基本数据。

```
hdfs dfsadmin -safemode < enter | leave | get | wait >
```

enter：进入安全模式；
leave：离开安全模式；
get：获知是否开启安全模式；
wait：等待离开安全模式。

18. distcp

用于在两个 HDFS 之间复制数据。

2.8 WordCount 示例程序的运行和日志查看

MapReduce 采用的是“分而治之”的思想，把对大规模数据集的操作，分发给一个主节点管理下的各个从节点共同完成，然后通过整合各个节点的中间结果，得到最终结果。简单来说，MapReduce 就是“任务的分解与结果的汇总”。

2.8.1　MapReduce 的工作原理

在分布式计算中，MapReduce 框架负责处理并行编程中的分布式存储、工作调度、负载均衡、容错处理及网络通信等复杂问题。现在我们把处理过程高度抽象为 Map 与 Reduce 两个部分来进行阐述，其中 Map 部分负责把任务分解成多个子任务，Reduce 部分负责把分解后的多个子任务的处理结果汇总起来。具体设计思路如下。

（1）Map 过程需要继承 org.apache.hadoop.MapReduce 包中的 Mapper 类，并重写其 map 方法。通过在 map 方法中添加两句把 key 值和 value 值输出到控制台的代码，可以发现 map 方法中输入的 value 值存储的是文本文件中的一行（以回车符为行结束标记），而输入的 key 值存储的是该行的首字母相对于文本文件首地址的偏移量。然后用 StringTokenizer 类将每一行拆分成一个个的字段，截取出需要的字段（本实验中为买家 id 字段）并设置为 key，最后将其作为 map 方法的结果输出。

（2）Reduce 过程需要继承 org.apache.hadoop.MapReduce 包中的 Reducer 类，并重写其 reduce 方法。Map 过程输出的<key,value>键值对先经过 shuffle 过程，把 key 值相同的所有 value 值聚集起来形成 values，此时 values 是对应 key 字段的计数值所组成的列表；然后将<key,value>输入 reduce 方法中，reduce 方法只要遍历 values 并求和，即可得到某个单词的总次数。

在 main()主函数中新建一个 Job 对象，由 Job 对象负责管理和运行 MapReduce 的一个计算任务，并通过 Job 的一些方法对任务的参数进行相关的设置。在后面的实验 7 中，继承 Mapper 的 doMapper 类和 doReducer 类分别完成 Map 过程和 Reduce 过程中的处理。还设置了 Map 过程和 Reduce 过程的输出类型：key 的类型为 Text，value 的类型为 IntWritable。任务的输出和输入路径则由字符串指定，并由 FileInputFormat 和 FileOutputFormat 分别设定。完成相应任务的参数设定后，即可调用 job.waitForCompletion()方法执行任务，其余的工作都交由 MapReduce 框架处理。

2.8.2　MapReduce 框架的作业运行流程

图 2.29 显示了 MapReduce 框架的作业运行流程。

（1）ResourceManager：简称 RM，是 YARN 资源控制框架的中心模块，负责集群中所有资源的统一管理和分配。它接收来自 NM（NodeManager）的汇报，建立 AM（ApplicationMaster），并将资源派送给 AM。

（2）NodeManager：简称 NM。NodeManager 是 ResourceManager 在每台机器上的代理，负责容器管理，并监控它们的资源使用情况（CPU、内存、磁盘和网络等），以及向 ResourceManager 提供这些资源的使用报告。

（3）ApplicationMaster：简称 AM。YARN 中每个应用都会启动一个 AM，负责向 RM 申请资源，请求 NM 启动 Container，并告诉 Container 做什么事情。

（4）Container：资源容器。YARN 中所有的应用都是在 Container 之上运行的。AM 也是在 Container 上运行的，不过 AM 的 Container 是 RM 申请的。Container 是 YARN 中资源的抽象，它封装了某个节点上一定量的资源（CPU 和内存两类资源）。Container 是由 ApplicationMaster 向 ResourceManager 申请的，由 ResourceManager 中的资源调度器异步分配给 ApplicationMaster。Container 的运行是由 ApplicationMaster 向资源所在的 NodeManager 发起

的，Container 运行时需提供内部执行的任务命令（可以是任何命令，如 Java、Python、C++进程启动命令均可），以及该命令执行所需的环境变量和外部资源（如词典文件、可执行文件、jar 包等）。

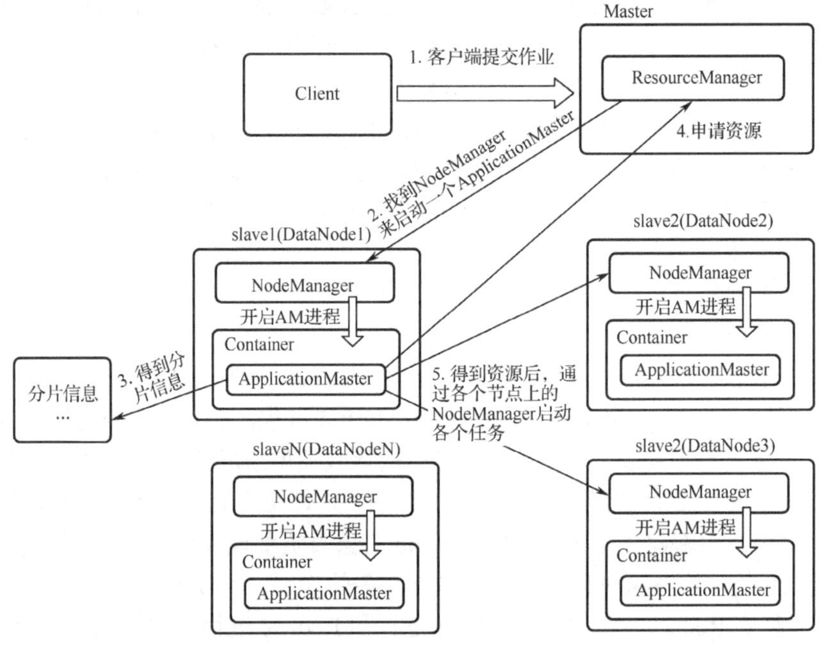

图 2.29　MapReduce 框架的作业运行流程

另外，一个应用程序所需的 Container 分为两大类，如下所示。

（1）运行 ApplicationMaster 的 Container：这是由 ResourceManager（向内部的资源调度器）申请和启动的，用户提交应用程序时，可指定唯一的 ApplicationMaster 所需的资源。

（2）运行各类任务的 Container：这是由 ApplicationMaster 向 ResourceManager 申请的，并且是为了 ApplicationMaster 与 NodeManager 通信而启动的。

以上两类 Container 可能在任意节点上，它们的位置通常是随机的，即 ApplicationMaster 可能与它管理的任务运行在一个节点上。

2.8.3　WordCount 示例程序

WordCount 示例程序见后面的实验 7 和实验 8。

2.9　实验

2.9.1 【实验 1】CentOS 系统安装

一、实验目的

（1）掌握在 VMware 中安装 CentOS 系统；

（2）解决常见的安装过程中的问题；

（3）学会问题的记录与解决方法的使用。

二、实验内容

在实验机器上安装虚拟机 VMware Workstation 12（或以上版本，此处以该版本为例），然后在虚拟机上使用镜像安装 CentOS 系统。

三、实验步骤

（1）打开 VMware Workstation 12。

（2）单击“文件”→“新建虚拟机”，VMware 启动界面如图 2.30 所示。

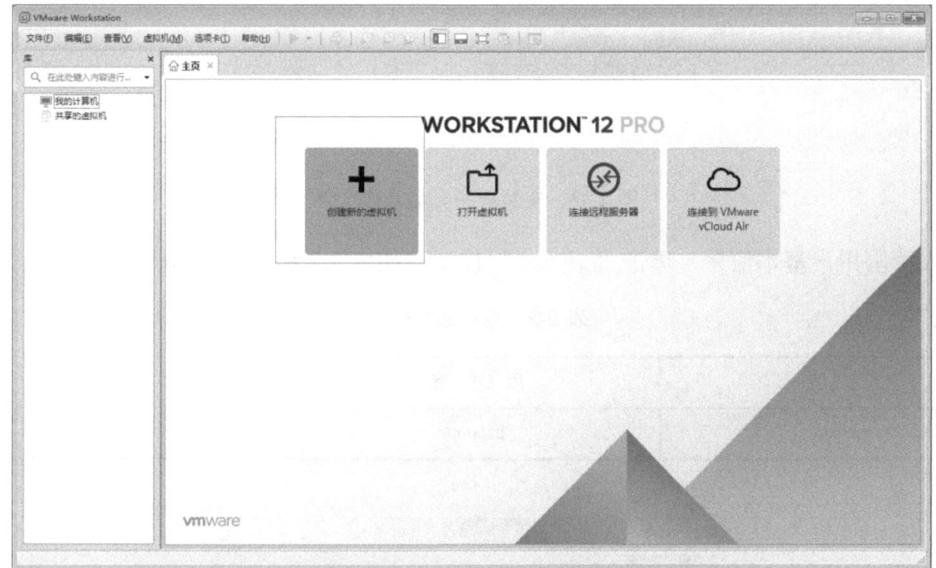

图 2.30　VMware 启动界面

（3）选择“典型（推荐）”选项，单击“下一步”按钮，如图 2.31 所示。

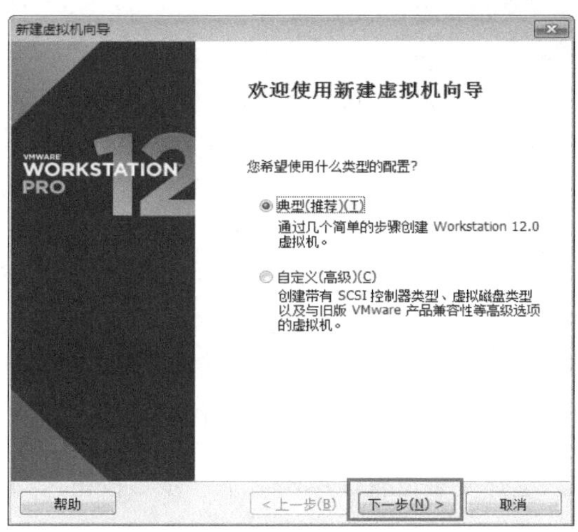

图 2.31　新建向导

（4）选择“安装程序光盘映像文件（iso）”选项，选择指定的 CentOS 系统的 .iso 文件，单击“下一步”按钮，如图 2.32 所示。

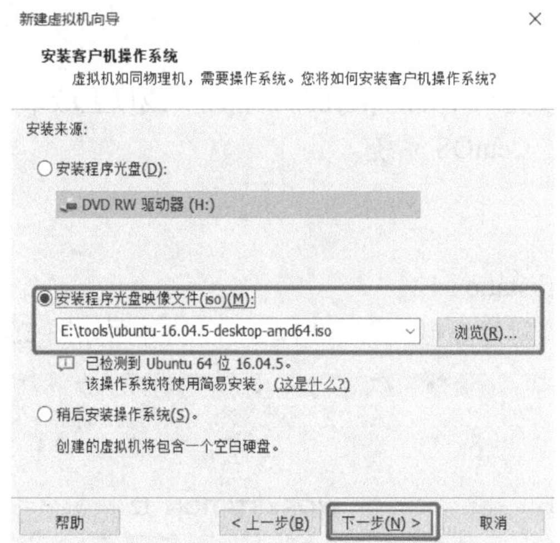

图 2.32　安装程序光盘映像文件

（5）填写用户基本信息，单击“下一步”按钮，如表 2.2 和图 2.33 所示。

表 2.2　用户基本信息

全　名	用 户 名	密　码
hadoop	hadoop	hadoop

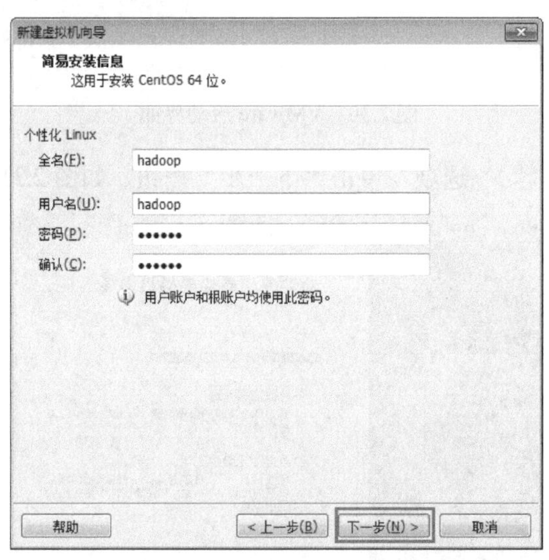

图 2.33　输入用户基本信息

（6）输入虚拟机名称，选择安装位置，单击“下一步”按钮，如图 2.34 所示。

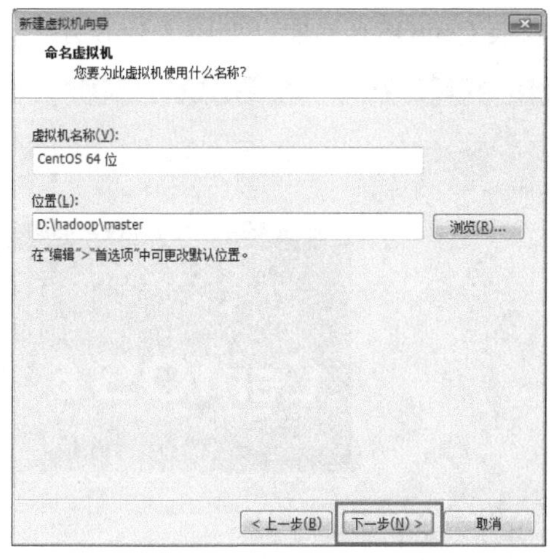

图 2.34　设置虚拟机

（7）这里的磁盘大小不要直接使用默认值，要调大该值，建议设置为“30.0”，然后单击“下一步”按钮，如图 2.35 和图 2.36 所示。

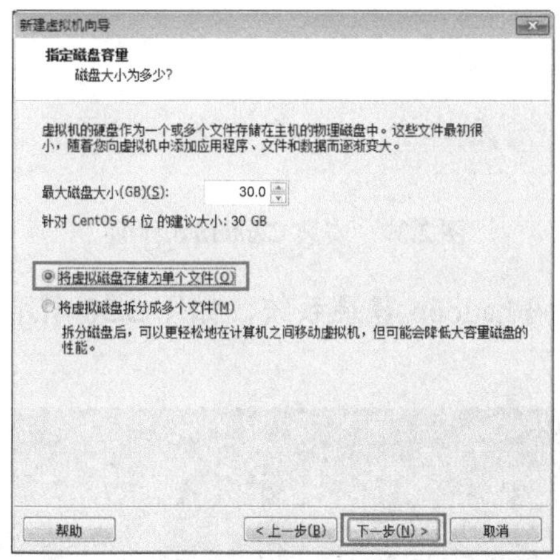

图 2.35　指定磁盘容量

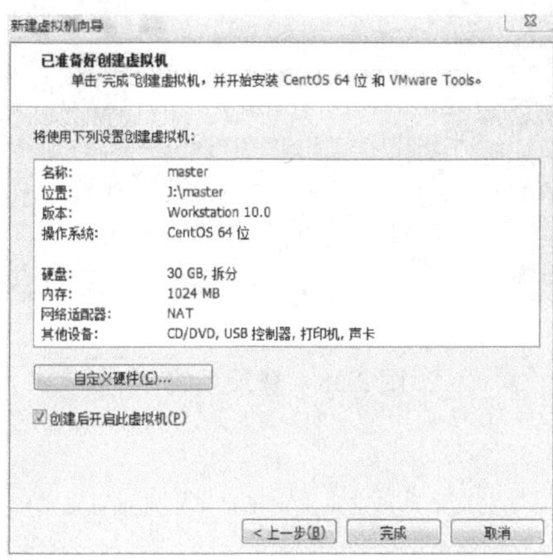

图 2.36　默认安装

（8）正常情况下，进入安装 CentOS 6 界面，如图 2.37 所示。

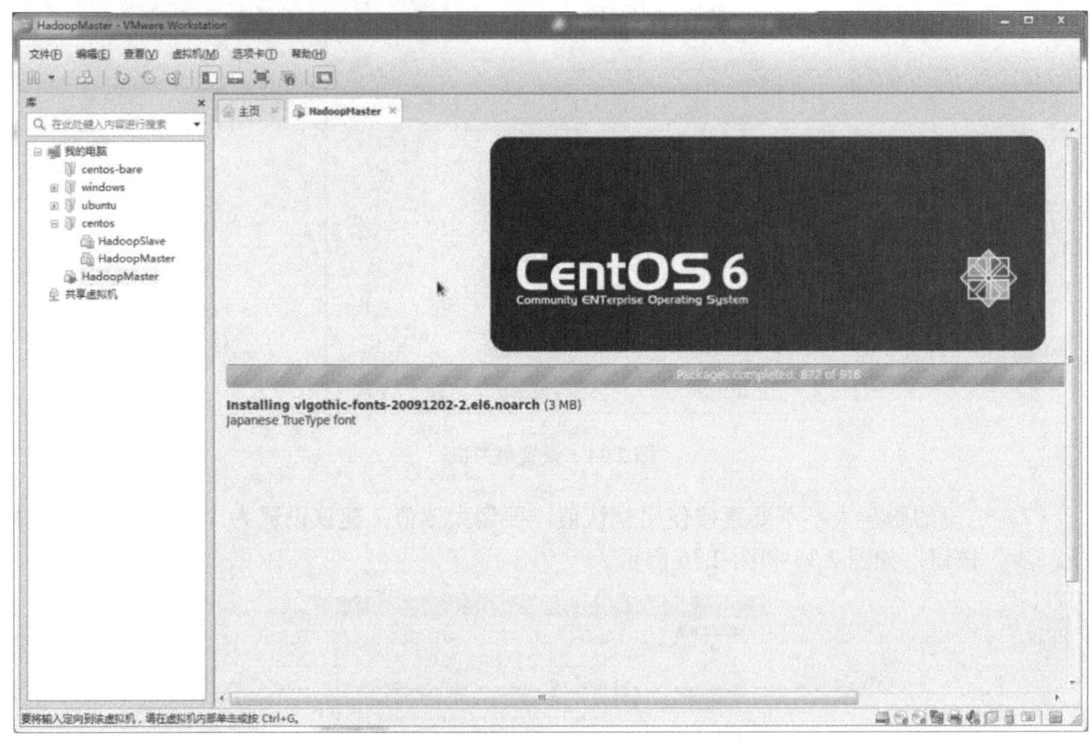

图 2.37　安装 CentOS 6 界面

（9）安装完成，输入密码 hadoop 登录系统，如图 2.38 所示。至此，CentOS 系统安装完毕。

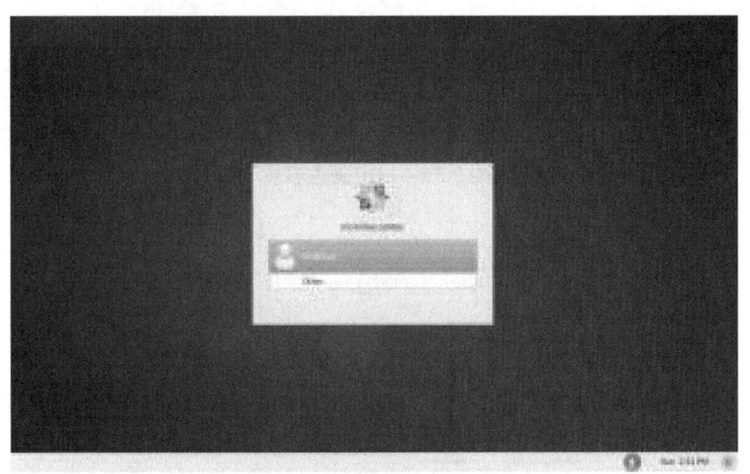

图 2.38　登录系统

四、实验问题记录

安装过程中出现如图 2.39 所示问题。

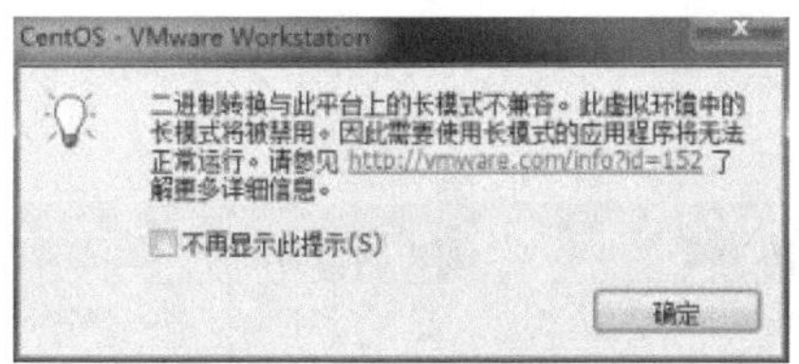

图 2.39　安装中的问题

问题说明：如果出现上述界面，说明 BIOS 中没有打开 VTx 功能，所以不能用 VTx 进行加速。

解决方法：有以下几种解决方法。

（1）方法 1。

打开 BIOS 中的 VTx 功能，操作如下。

首先在开机自检 Logo 处按 F2 热键（不同品牌的计算机进入 BIOS 的热键不同，有的计算机是 F1\F8\F12）进入 BIOS，选择“Configuration”选项，选择“Intel Virtual Technology”并按 Enter 键，如图 2.40 所示。

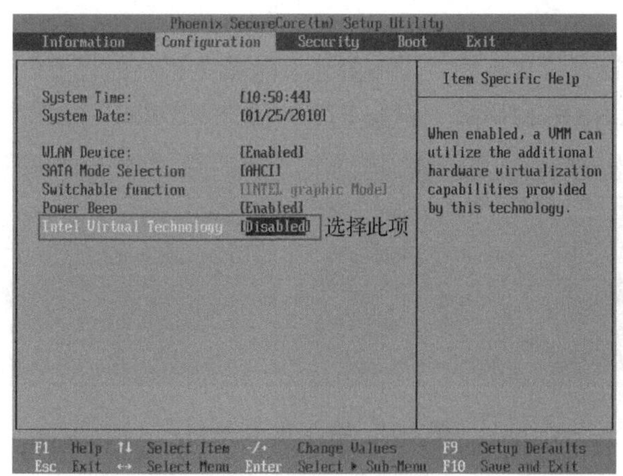

图 2.40　“Configuration”选项

将光标移至“Enabled”处，并按 Enter 键确定，如图 2.41 所示。

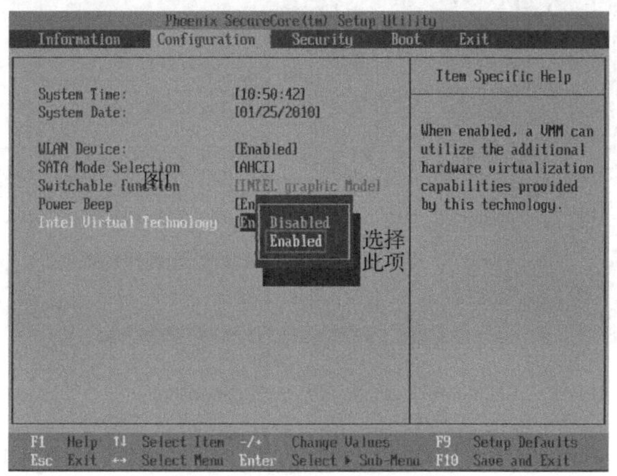

图 2.41　选择“Enabled”

此时该选项为“Enabled”，最后按 F10 热键保存并退出，即可开启 VTx 功能，如图 2.42 所示。

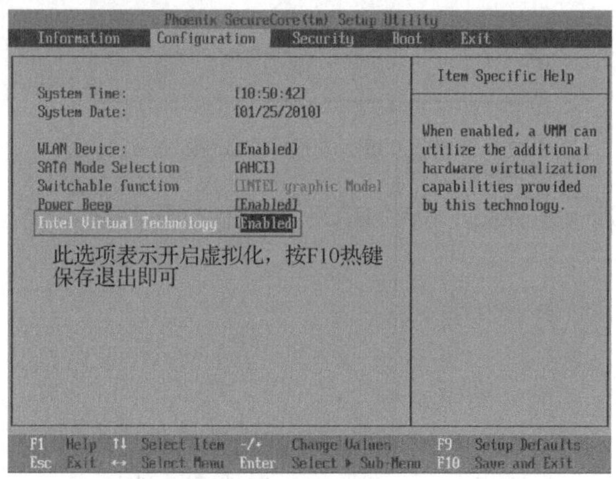

图 2.42　保存并退出

（2）方法 2。

不同机型 BIOS 的设置位置不同，以下提供其他常见机型的设置。

打开计算机，输入 BIOS 密码后一直按 F10 热键进入 BIOS，如图 2.43 所示。

图 2.43　输入 BOIS 密码

选择“Security”选项下的“System Security”，如图 2.44 所示。

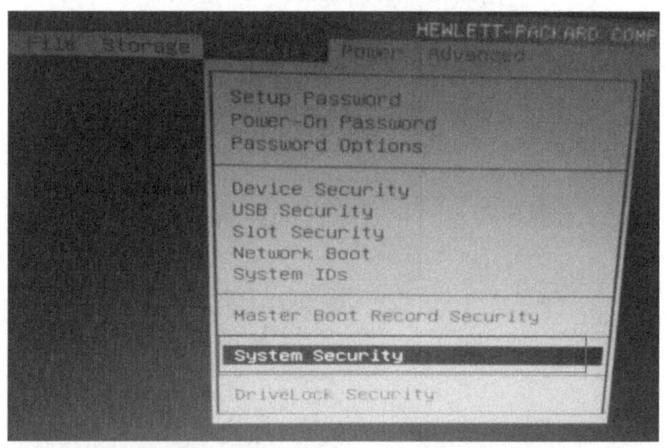

图 2.44　选择“System Security”

将“Virtualization Technology（VTx）”选项改为“Enabled”并按 F10 热键确认，如图 2.45 所示。

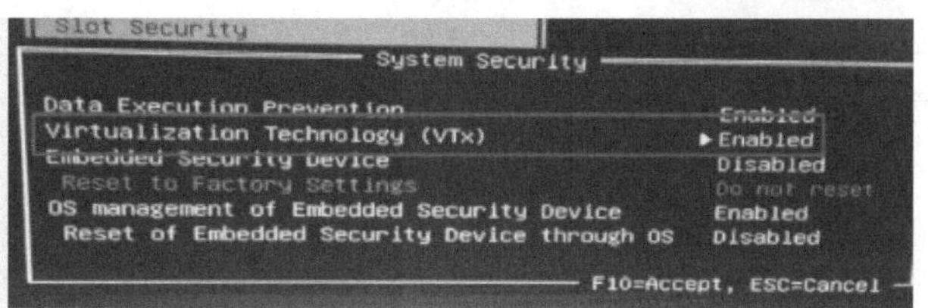

图 2.45　VT 设置

选择“File”选项下的“Save Changes and Exit”，如图 2.46 所示。

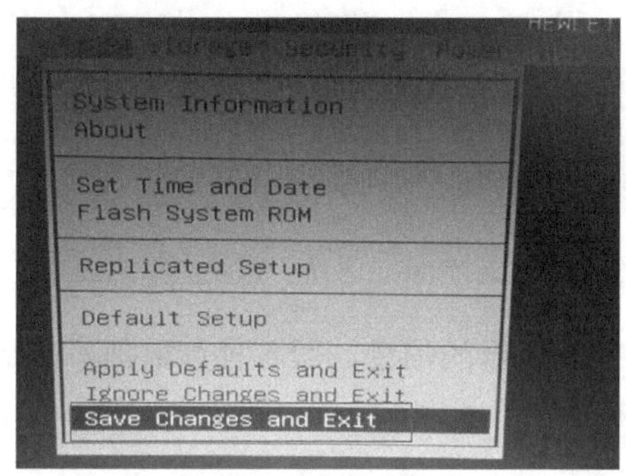

图 2.46　保存并退出

最后选择“Yes”选项确认退出。

(3) 方法 3。

如果上述修改 BIOS 选项之后，仍然出现提示 VTx 没有打开的情况，需要重启计算机重试。如果还是不行，请使用下面的方式验证计算机的硬件配置。

可以通过运行 SecurAble 软件进行判断。SecurAble 是一款测试计算机能否支持 Windows 7 的 XP 兼容模式的免费软件，另外 SecurAble 还可以测试机器硬件是否支持 Hyper-V 和 KVM。要运行 Hyper-V 和 KVM，物理主机的 CPU 必须支持虚拟化，而且主机要是 64 位的，同时 BIOS 要开启硬件级别的数据执行保护（Hardware D.E.P.）功能，这些信息通过 SecurAble 都可以找到答案。

运行可能会出现如下三种情况。

第一种，如图 2.47 所示，说明支持 64 位系统，满足需求。

图 2.47　支持 64 位系统

第二种，如图 2.48 所示，说明支持 64 位系统，但是虚拟化在 BIOS 中没有开启。需要在 BIOS 中开启相关选项。

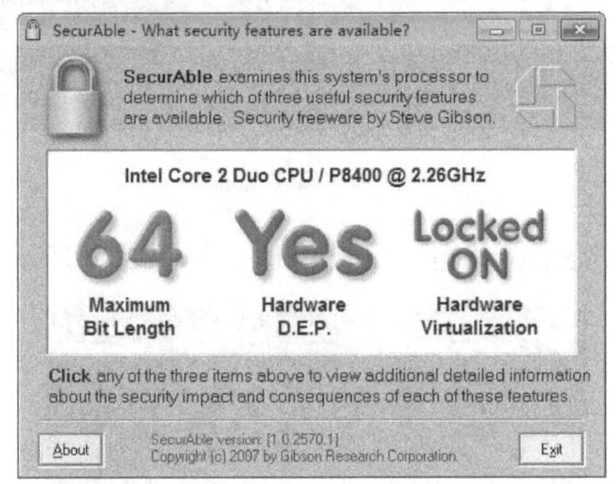

图 2.48　支持 64 位系统，但是虚拟化被锁定

第三种，如果出现如图 2.49 所示的信息，即各种参数都不满足，建议您更换计算机。

图 2.49　各种参数都不满足

说明：从实验 2 开始，请读者参考实验 1 中的“实验问题记录”，自己总结这部分内容。

五、实验总结

对实验进行总结，总结内容包括：
（1）通过实验学会了什么？
（2）实验过程中出现了什么问题？针对这些问题是如何解决的？请写出解决步骤。
（3）在实验过程中发现自己哪方面有待进一步提高？

2.9.2 【实验 2】Hadoop 单机部署

一、实验目的

（1）熟练掌握 Hadoop 单机模式安装流程；
（2）培养独立完成 Hadoop 单机模式安装的能力；

（3）解决常见的安装过程中的问题；
（4）学会问题的记录与解决方法的使用。

二、实验内容

在只安装了 Linux 系统的服务器上，安装 Ubuntu 12.04 单机模式。

三、实验步骤

1. 安装 Linux 操作系统

在虚拟机上使用镜像安装 Ubuntu 12.04 系统，此处不多做介绍，建议安装时修改成中文版，将有利于接下来的步骤。

2. 在 Ubuntu 下创建 Hadoop 用户组和用户

这里考虑的是以后涉及 Hadoop 应用时，专门用该用户操作。用户组名和用户名都设为 hadoop。可以理解为该 hadoop 用户是属于一个名为 hadoop 的用户组的，这是 Linux 操作系统的知识，如果不清楚可以查看 Linux 的相关书籍。

（1）创建 Hadoop 用户组，如图 2.50 所示。

```
root@ubuntu: ~
ppd@ubuntu:~$ sudo -i
[sudo] password for ppd:
root@ubuntu:~# sudo addgroup hadoop
```

图 2.50　创建 Hadoop 用户组

（2）创建 Hadoop 用户，如图 2.51 所示，除了“Full Name”自己设置以外，其他的都可以直接按 Enter 键采用默认设置。

```
root@ubuntu:~# sudo adduser -ingroup hadoop hadoop
Adding user `hadoop' ...
Adding new user `hadoop' (1001) with group `hadoop' ...
Creating home directory `/home/hadoop' ...
Copying files from `/etc/skel' ...
Enter new UNIX password:
Retype new UNIX password:
passwd: password updated successfully
Changing the user information for hadoop
Enter the new value, or press ENTER for the default
        Full Name []: hadoop01
        Room Number []:
        Work Phone []:
        Home Phone []:
        Other []:
Is the information correct? [Y/n] y
root@ubuntu:~#
```

图 2.51　创建 Hadoop 用户

（3）给 Hadoop 用户添加权限，打开“/etc/sudoers”文件，如图 2.52 所示。

```
Is the information correct? [Y/n] y
root@ubuntu:~# sudo gedit /etc/sudoers
```

图 2.52　给 Hadoop 用户添加权限

按 Enter 键打开“/etc/sudoers”文件，给 Hadoop 用户赋予和 root 用户相同的权限。在“root ALL=(ALL:ALL) ALL”下面添加一行“hadoop ALL=(ALL:ALL)”ALL，如图 2.53 所示。

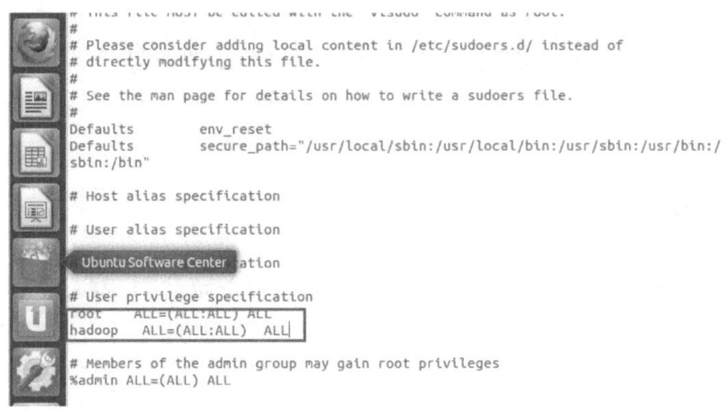

图 2.53　给 Hadoop 用户赋予和 root 用户相同的权限

（4）重启 Ubuntu 进入新建的 hadoop 组，选择新建的 hadoop 组中的 Full Name 设置的用户组，如图 2.54 所示。笔者设置的是“hadoop01”，所以重启进入的就是“hadoop01”。

```
Enter the new value, or press ENTER for the default
        Full Name []: hadoop01
        Room Number []:
```

图 2.54　重启 Ubuntu 进入新建的 hadoop 组

3. 在 Ubuntu 下安装 JDK

这里选择的是 jdk1.6.0_30 版本，安装的文件名为 jdk-6u30-linux-i586.bin。

1）复制 JDK 到安装目录

（1）假设 JDK 安装文件在桌面，我们指定的安装目录是/usr/local/java。但是系统安装后在/usr/local 下并没有 java 目录，这就需要我们创建一个 java 文件夹，如图 2.55 所示。

注意：此时已经进入 hadoop01 了。

```
hadoop@s18:~$ cd /usr
hadoop@s18:/usr$ cd local
hadoop@s18:/usr/local$ sudo mkdir java
```

图 2.55　创建一个 java 文件夹

（2）切换到桌面，执行复制操作，如图 2.56 所示。

```
hadoop@s18:/usr/local$ cd \
>
hadoop@s18:~$ cd 桌面
hadoop@s18:~/桌面$ sudo cp jdk-6u30-linux-i586.bin /usr/local/java/
```

图 2.56　执行复制操作

2）安装 JDK

（1）切换到 root 用户，如图 2.57 所示。

```
hadoop@s18:/usr/local/java$ su
密码：
root@s18:/usr/local/java#
```

图 2.57　切换到 root 用户

注意：如果因为忘记密码而导致认证失败，可以先修改 root 用户的密码，再执行第（1）步操作。修改 root 用户密码如图 2.58 所示。

```
hadoop@ubuntu:/usr/local/java$ sudo passwd
输入新的 UNIX 密码:
重新输入新的 UNIX 密码:
passwd: 已成功更新密码
```

图 2.58　修改 root 用户密码

（2）运行 jdk-6u30-linux-i586.bin，如图 2.59 所示。

```
root@ubuntu:/usr/local/java# ./jdk-6u30-linux-i586.bin
```

图 2.59　运行 jdk-6u30-linux-i586.bin

可能此时仍然没有执行权限，这是因为在 Linux 中，文件的默认权限是 644，即使是属主用户也没有执行权限。这时我们需要更改权限，如果想知道某个文件的权限，可以进入该文件所在的文件夹，执行命令“ls -la”查看。这里将 jdk-6u30-linux-i586.bin 文件的权限改为 777，即文件的属主用户，属组用户和其他用户对该文件拥有所有权限。当然不推荐对系统中的文件这样设置权限，因为这样就破坏了 Linux 的安全性。

更改 jdk-6u30-linux-i586.bin 权限，如图 2.60 所示。

```
root@ubuntu:/usr/local/java# chmod 777 jdk-6u30-linux-i586.bin
```

图 2.60　更改 jdk-6u30-linux-i586.bin 权限

更改权限后再执行第（2）步操作，当看到如图 2.61 所示界面时，说明安装成功。

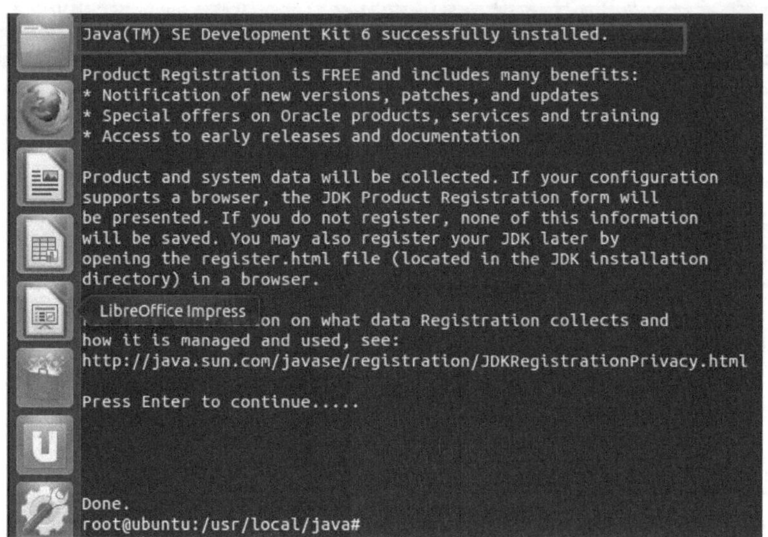

图 2.61　安装成功

（3）此时在 /usr/local/java 目录下多了一个 jdk1.6.0_30 文件夹，可以查看一下，如图 2.62 所示。

```
root@ubuntu:/usr/local/java# ls
jdk1.6.0_30  jdk-6u30-linux-i586.bin  jdk-7u60-linux-x64.rpm
root@ubuntu:/usr/local/java#
```

图 2.62　多了一个 jdk1.6.0_30 文件夹

3）配置环境变量

（1）打开 /etc/profile 文件，如图 2.63 所示。

```
root@ubuntu:/usr/local/java# sudo gedit /etc/profile
```

图 2.63　打开 /etc/profile 文件

（2）添加如下变量。

```
# /etc/profile: system-wide .profile file for the Bourne shell (sh(1))
# and Bourne compatible shells (bash(1), ksh(1), ash(1), ...).
#set java environment

export JAVA_HOME=/usr/local/java/jdk1.6.0_30

export JRE_HOME=/usr/local/java/jdk1.6.0_30/jre

export CLASSPATH=.:$JAVA_HOME/lib:$JRE_HOME/lib:$CLASSPATH

export PATH=$JAVA_HOME/bin:$JRE_HOME/bin:$JAVA_HOME:$PATH
```

注意：为了以后集群工作的方便，这里建议每台机器的 Java 环境最好一致。

一般更改 /etc/profile 文件后，需要重启机器才能生效。此处介绍一种不用重启使其生效的方法，如图 2.64 所示。

图 2.64　不用重启使其生效的方法

（3）查看 Java 环境变量是否配置成功，如图 2.65 所示。

```
hadoop@ubuntu:~$ java -version
java version "1.6.0_30"
Java(TM) SE Runtime Environment (build 1.6.0_30-b12)
Java HotSpot(TM) Client VM (build 20.5-b03, mixed mode, sharing)
hadoop@ubuntu:~$
```

可以在此处查看是否配置好Java环境变量

图 2.65　查看 Java 环境变量是否配置成功

4. 修改机器名（这一步可以有，也可以不要）

每当 Ubuntu 安装成功后，我们的机器名都默认为 ubuntu，但为了以后集群中能够容易分辨各台服务器，需要给每台机器取一个不同的名字。机器名由 /etc/hostname 文件决定。

（1）打开 /etc/hostname 文件，如图 2.66 所示。

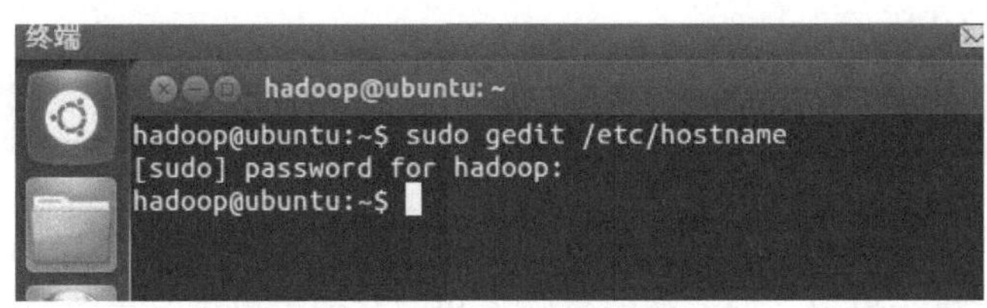

图 2.66　打开 /etc/hostname 文件

（2）打开 /etc/hostname 文件，将其中的 Ubuntu 改为想取的机器名，这里笔者取为“s18”。重启系统后才会生效。

5. 安装 SSH 服务

这里的 SSH 和三大框架 spring、struts、hibernate 没有什么关系，SSH 可以实现远程登录和管理，具体可参考其他相关资料。

（1）安装 openssh-server。

自动安装 openssh-server 时，可能会进行不下去，可以先进行如图 2.67 所示的操作。

```
再试试？
hadoop@s18:~$ sudo apt-get update
忽略 http://security.ubuntu.com precise-security InRelease
获取：1 http://security.ubuntu.com precise-security Release.gpg [198 B]
获取：2 http://security.ubuntu.com precise-security Release [49.6 kB]
忽略 http://us.archive.ubuntu.com precise InRelease
获取：3 http://security.ubuntu.com precise-security/main Sources [106 kB]
忽略 http://us.archive.ubuntu.com precise-updates InRelease
忽略 http://us.archive.ubuntu.com precise-backports InRelease
```

图 2.67　安装 openssh-server

安装过程可能会比较长，需要耐心等待，其间需要输入信息，如图 2.68 所示。

```
正在读取软件包列表... 完成
hadoop@s18:~$ sudo apt-get install openssh-server
正在读取软件包列表... 完成
正在分析软件包的依赖关系树
正在读取状态信息... 完成
将会安装下列额外的软件包：
  openssh-client ssh-import-id
建议安装的软件包：
  libpam-ssh keychain monkeysphere openssh-blacklist openssh-blacklist-extra
  rssh molly-guard
下列【新】软件包将被安装：
  openssh-server ssh-import-id
下列软件包将被升级：
  openssh-client
升级了 1 个软件包，新安装了 2 个软件包，要卸载 0 个软件包，有 688 个软件包未被升
级。
需要下载 1,303 kB/1,309 kB 的软件包。
解压缩后会消耗掉 895 kB 的额外空间。
您希望继续执行吗？[Y/n]y
获取：1 http://us.archive.ubuntu.com/ubuntu/ precise-updates/main openssh-cli
 i386 1:5.9p1-5ubuntu1.4 [960 kB]
```

图 2.68　安装过程

（2）安装的快慢还与网速有关，如果中途因为时间过长中断了更新，当再次更新时会无法继续，报错为“Ubuntu 无法锁定管理目录（/var/lib/dpkg/），是否有其他进程占用它？”需要进行如下操作，如图 2.69 所示。

```
hadoop@ubuntu:~$ sudo rm /var/lib/dpkg/lock
hadoop@ubuntu:~$ sudo rm /var/cache/apt/archives/lock
```

图 2.69　再次更新时的操作

操作完成后继续执行步骤（1）。当安装好了 SSH，就可以进行后面的操作了。

6. 建立 SSH 无密码登录本机

SSH 生成密钥有 rsa 和 dsa 两种方式，默认情况下采用 rsa 方式。

（1）创建 ssh-key，这里采用 rsa 方式，如图 2.70 所示。

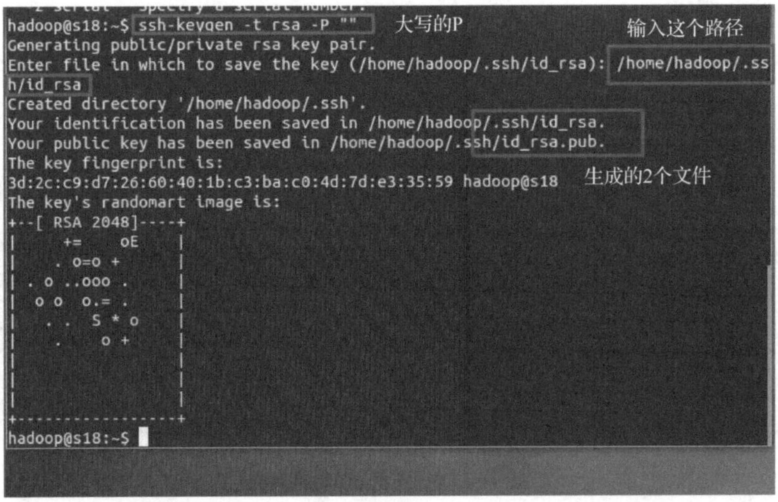

```
hadoop@s18:~$ ssh-keygen -t rsa -P ""        大写的P
Generating public/private rsa key pair.                          输入这个路径
Enter file in which to save the key (/home/hadoop/.ssh/id_rsa): /home/hadoop/.ss
h/id_rsa
Created directory '/home/hadoop/.ssh'.
Your identification has been saved in /home/hadoop/.ssh/id_rsa.
Your public key has been saved in /home/hadoop/.ssh/id_rsa.pub.
The key fingerprint is:
3d:2c:c9:d7:26:60:40:1b:c3:ba:c0:4d:7d:e3:35:59 hadoop@s18     生成的2个文件
The key's randomart image is:
+--[ RSA 2048]----+
|      +=     oE  |
|     . o=o +     |
| . o ..ooo .     |
|  o o  o.= .     |
|    . .  S * o   |
|     .     o +   |
|                 |
|                 |
|                 |
+-----------------+
hadoop@s18:~$
```

图 2.70　SSH 生成密钥

注意：按 Enter 键后会在 ~/.ssh/ 下生成两个文件：id_rsa 和 id_rsa.pub。这两个文件是成对出现的。

（2）进入 ~/.ssh/目录，将 id_rsa.pub 追加到 authorized_keys 授权文件中，如图 2.71 所示。开始是没有 authorized_keys 文件的。

```
+-----------------+
hadoop@s18:~$ cd .ssh
hadoop@s18:~/.ssh$ ls
id_rsa  id_rsa.pub
hadoop@s18:~/.ssh$ cat id_rsa.pub >> authorized_keys
```

图 2.71　将 id_rsa.pub 追加到 authorized_keys 授权文件中

完成后就可以无密码登录本机了。

（3）登录 localhost，如图 2.72 所示。

注意：当 SSH 远程登录到其他机器后，用户控制的是远程的机器，需要执行退出命令才能重新控制本地主机。

```
hadoop@s18:~/.ssh$ ssh localhost
The authenticity of host 'localhost (127.0.0.1)' can't be established.
ECDSA key fingerprint is e6:f9:c0:d4:17:49:6d:63:1b:1d:8a:9f:d4:ec:7e:27.
Are you sure you want to continue connecting (yes/no)? yes
Warning: Permanently added 'localhost' (ECDSA) to the list of known hosts.
Welcome to Ubuntu 12.04 LTS (GNU/Linux 3.2.0-54-generic-pae i686)

 * Documentation:  https://help.ubuntu.com/


The programs included with the Ubuntu system are free software;
the exact distribution terms for each program are described in the
individual files in /usr/share/doc/*/copyright.

Ubuntu comes with ABSOLUTELY NO WARRANTY, to the extent permitted by
applicable law.

hadoop@s18:~$
```

图 2.72　登录 localhost

（4）执行退出命令，如图 2.73 所示。

```
hadoop@s18:~$ exit
登出
Connection to localhost closed.
hadoop@s18:~/.ssh$
```

图 2.73　执行退出命令

7. 安装 Hadoop

本实验采用的 Hadoop 版本是 Hadoop 官方网站的资源下载中的 hadoop-0.20.2.tar.gz。

（1）假设 hadoop-0.20.2.tar.gz 在桌面，将它复制到安装目录 /usr/local/ 下，如图 2.74 所示。

```
hadoop@s18:~$ cd 桌面
hadoop@s18:~/桌面$ ls
hadoop-0.20.2.tar.gz                        sun-java6-jdk_6-26-0lenny1_
sun-java6-jdk_6.24-1build0.8.04.1_i386.deb
hadoop@s18:~/桌面$ sudo cp hadoop-0.20.2.tar.gz /usr/local/
hadoop@s18:~/桌面$ cd ..
hadoop@s18:~$ cd /usr
hadoop@s18:/usr$ cd local
hadoop@s18:/usr/local$ ls
bin  games                  include  lib  sbin  src
etc  hadoop-0.20.2.tar.gz   java     man  share
hadoop@s18:/usr/local$
```


图 2.74　复制文件

（2）解压 hadoop-0.20.2.tar.gz，如图 2.75 所示。

```
hadoop@s18:/usr/local$ sudo tar -zxf hadoop-0.20.2.tar.gz
hadoop@s18:/usr/local$
```


图 2.75　解压文件

（3）将解压出的文件夹改名为 hadoop，如图 2.76 所示。

```
hadoop@s18:/usr/local$ ls
bin  games          hadoop-0.20.2.tar.gz  java  man   share
etc  hadoop-0.20.2  include               lib   sbin  src
hadoop@s18:/usr/local$ sudo mv hadoop-0.20.2 hadoop
hadoop@s18:/usr/local$
```

图 2.76　更改文件夹名称

（4）将该 hadoop 文件夹的属主用户设为 hadoop，如图 2.77 所示。

```
hadoop@s18:/usr/local$ sudo chown -R hadoop:hadoop hadoop
hadoop@s18:/usr/local$ ls
bin  games   hadoop-0.20.2.tar.gz  java  man   share
etc  hadoop  include               lib   sbin  src
```

图 2.77　设置用户

（5）打开 hadoop/conf/hadoop-env.sh 文件，如图 2.78 所示。

```
hadoop@s18:/usr/local$ cd hadoop/conf
hadoop@s18:/usr/local/hadoop/conf$ sudo gedit hadoop-env.sh
```

图 2.78　打开 hadoop-env.sh 文件

（6）配置 conf/hadoop-env.sh（找到 # export JAVA_HOME=...，去掉 #，然后加上本机 JDK 的路径），如图 2.79 所示。

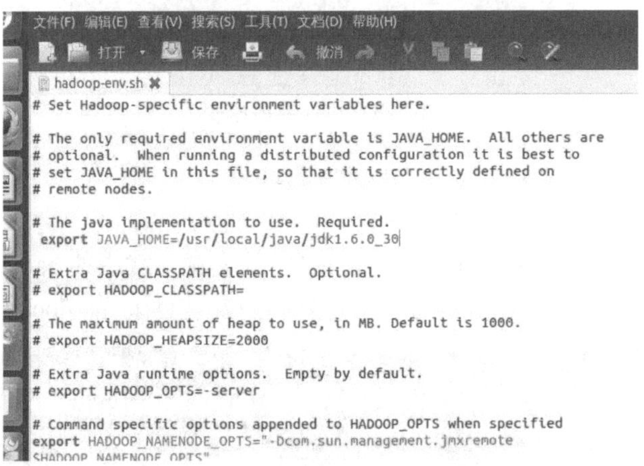

图 2.79　修改 hadoop-env.sh 文件

（7）打开 conf/core-site.xml 文件，如图 2.80 所示。

```
hadoop@s18:/usr/local/hadoop/conf$ sudo gedit core-site.xml
```

图 2.80　打开 core-site.xml 文件

修改该文件，如图 2.81 所示（“9000”最好手动输入，避免产生不必要的错误）。

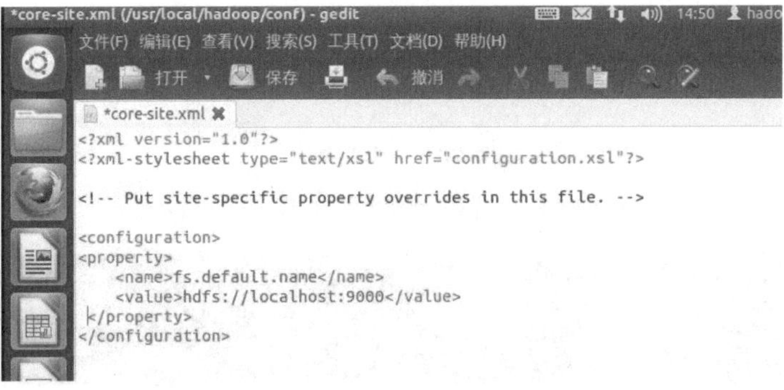

图 2.81　修改 core-site.xml 文件

（8）按图 2.82 所示打开 mapred-site.xml 文件，按图 2.83 所示修改文件（“9001”最好手动输入，避免产生不必要的错误）。

```
hadoop@s18:/usr/local/hadoop/conf$ sudo gedit mapred-site.xml
```

图 2.82　打开 mapred-site.xml 文件

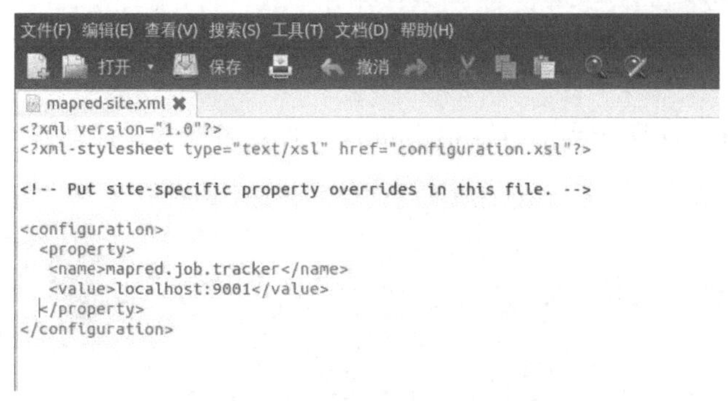

图 2.83　修改 mapred-site.xml 文件

（9）打开 hdfs-site.xml 文件，按图 2.84 所示修改。

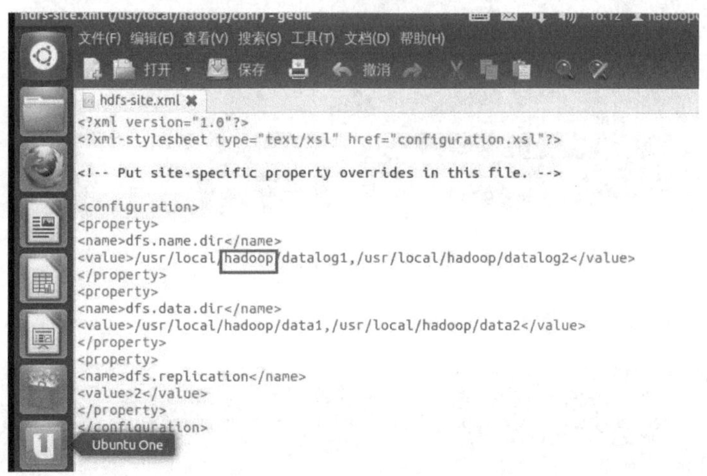

图 2.84　修改 hdfs-site.xml 文件

（10）打开 masters 文件，添加作为 SecondaryNameNode 的主机名，作为单机版环境，这里只需填写 localhost 就可以了，如图 2.85 所示。

图 2.85　修改 masters 文件

（11）打开 slaves 文件，添加作为 slave 的主机名，一行一个。作为单机版，这里也只需填写 localhost 就可以了。

8. 在单机上运行 Hadoop

（1）进入 hadoop 目录，格式化 hdfs 文件系统，如图 2.86 所示。初次运行 Hadoop 时一定要有该操作。

```
hadoop@s18:/usr/local/hadoop/conf$ cd ..
hadoop@s18:/usr/local/hadoop$ bin/hadoop namenode -format
```

图 2.86　格式化 hdfs 文件系统

（2）当看到如图 2.87 所示界面时，说明 hdfs 文件系统格式化成功。

```
hadoop@s18: /usr/local/hadoop
hadoop@s18:/usr/local/hadoop$ bin/hadoop namenode -format
14/06/16 16:13:49 INFO namenode.NameNode: STARTUP_MSG:
/************************************************************
STARTUP_MSG: Starting NameNode
STARTUP_MSG:   host = s18/218.85.65.150
STARTUP_MSG:   args = [-format]
STARTUP_MSG:   version = 0.20.2
STARTUP_MSG:   build = https://svn.apache.org/repos/asf/hadoop/common/branches/b
ranch-0.20 -r 911707; compiled by 'chrisdo' on Fri Feb 19 08:07:34 UTC 2010
************************************************************/
14/06/16 16:13:49 INFO namenode.FSNamesystem: fsOwner=hadoop,hadoop
14/06/16 16:13:49 INFO namenode.FSNamesystem: supergroup=supergroup
14/06/16 16:13:49 INFO namenode.FSNamesystem: isPermissionEnabled=true
14/06/16 16:13:50 INFO common.Storage: Image file of size 96 saved in 0 seconds.
14/06/16 16:13:50 INFO common.Storage: Storage directory /usr/local/hadoop/datal
og1 has been successfully formatted.
14/06/16 16:13:50 INFO common.Storage: Image file of size 96 saved in 0 seconds.
14/06/16 16:13:50 INFO common.Storage: Storage directory /usr/local/hadoop/datal
og2 has been successfully formatted.
14/06/16 16:13:50 INFO namenode.NameNode: SHUTDOWN_MSG:
/************************************************************
SHUTDOWN_MSG: Shutting down NameNode at s18/218.85.65.150
************************************************************/
hadoop@s18:/usr/local/hadoop$
```

图 2.87　格式化成功

（3）启动 bin/start-all.sh，如图 2.88 所示。

```
hadoop@s18:/usr/local/hadoop$ bin/start-all.sh
starting namenode, logging to /usr/local/hadoop/bin/../logs/hadoop-hadoop
de-s18.out
localhost: datanode running as process 6093. Stop it first.
localhost: secondarynamenode running as process 6291. Stop it first.
jobtracker running as process 6345. Stop it first.
localhost: tasktracker running as process 6547. Stop it first.
```

图 2.88　启动

（4）检测 Hadoop 是否启动成功，如图 2.89 所示。

```
hadoop@s18:/usr/local/hadoop$ jps
7872 NameNode
6345 JobTracker
6547 TaskTracker
8458 Jps
6291 SecondaryNameNode
6093 DataNode
hadoop@s18:/usr/local/hadoop$
```

图 2.89　检测 Hadoop 是否启动成功

如果有 NameNode、SecondaryNameNode、TaskTracker、DataNode、JobTracker 五个进程，就说明 Hadoop 单机版环境配置好了。

四、实验问题记录

安装过程中出现的问题：
问题说明：
解决方法：
（1）方法 1：
（2）方法 2：

五、实验总结

对实验进行总结，总结内容包括：
（1）通过实验学会了什么？
（2）实验过程中出现了什么问题？针对这些问题是如何解决的？请写出解决步骤。
（3）在实验过程中发现自己哪方面有待进一步提高？

2.9.3 【实验 3】Hadoop 伪分布式部署

一、实验目的

（1）熟练掌握 Hadoop 伪分布模式安装流程；
（2）培养独立完成 Hadoop 伪分布模式安装的能力；
（3）解决常见的安装过程中的问题；
（4）学会问题的记录与解决方法的使用。

二、实验内容

在只安装了 Linux 系统的服务器上，安装 Hadoop 2.6.0 伪分布模式。

三、实验步骤

实验步骤参见 2.2 节的相关内容。

四、实验问题记录

安装过程中出现的问题：
问题说明：
解决方法：
（1）方法 1：
（2）方法 2：

五、实验总结

对实验进行总结，总结内容包括：

（1）通过实验学会了什么？
（2）实验过程中出现了什么问题？针对这些问题是如何解决的？请写出解决步骤。
（3）在实验过程中发现自己哪方面有待进一步提高？

2.9.4 【实验 4】Hadoop 完全分布式部署

一、实验目的

（1）熟练掌握 Hadoop 完全分布模式安装流程；
（2）培养独立完成 Hadoop 完全分布模式安装的能力；
（3）解决常见的安装过程中的问题；
（4）学会问题的记录与解决方法的使用。

二、实验内容

在只安装了 Linux 系统的服务器上，安装 Hadoop 2.6.0 完全分布模式。
部署一台 Master、两台 Slave 节点。

三、实验步骤

1. 克隆 Slave

（1）单击图 2.90 所示的“克隆”选项。

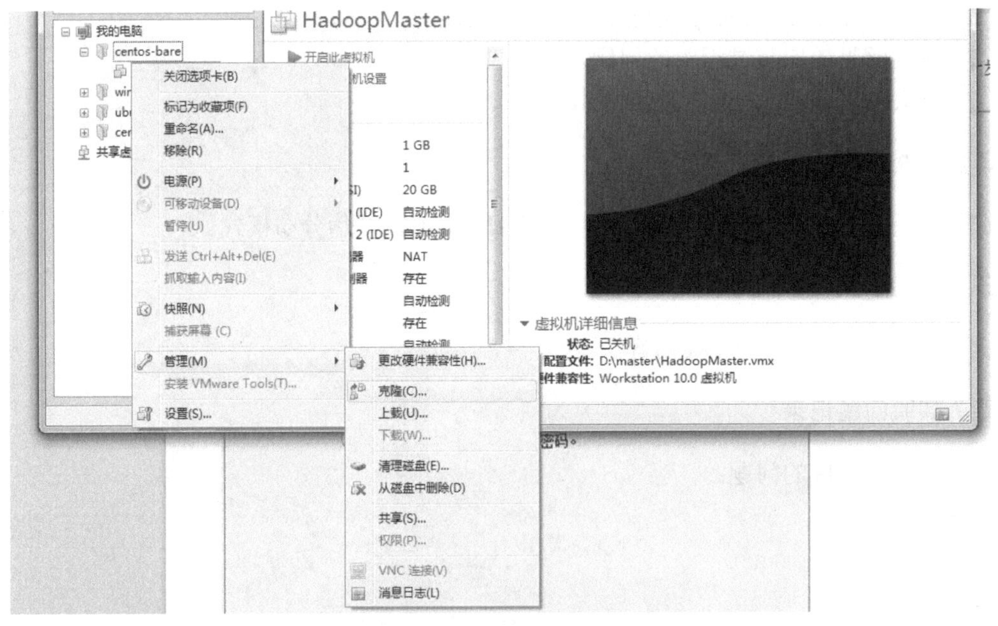

图 2.90 “克隆”选项

（2）单击“下一步”按钮，打开如图 2.91 所示的“克隆源”界面。

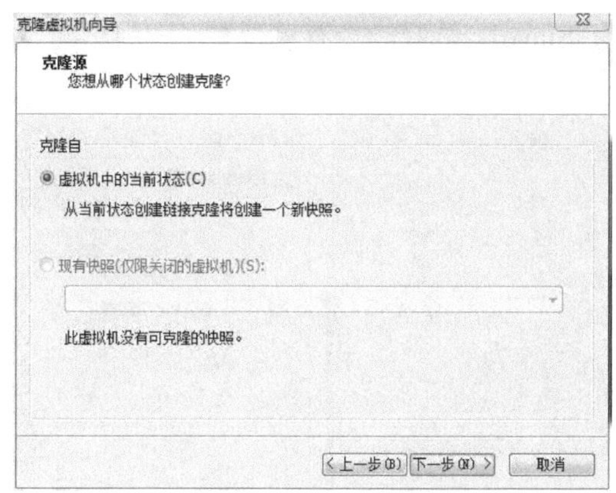

图 2.91　打开“克隆源”界面

（3）使用默认选项，单击“下一步”按钮，在“克隆类型”界面选择“创建完整克隆”，单击“下一步”按钮，进入“新虚拟机名称”界面，如图 2.92 和图 2.93 所示。

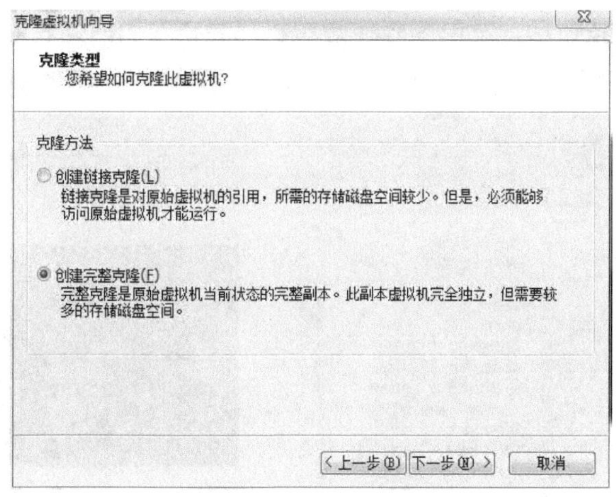

图 2.92　选择“创建完整克隆”

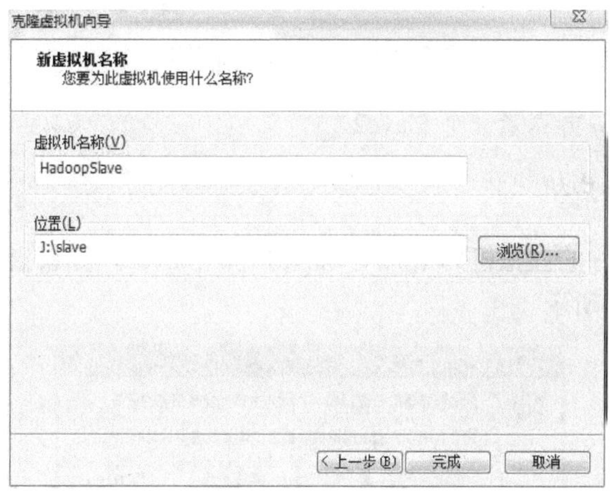

图 2.93　“新虚拟机名称”界面

（4）将虚拟机重命名为 Slave1，选择一个存储位置（占用空间 10GB 左右），单击“完成”按钮，如图 2.94 所示。

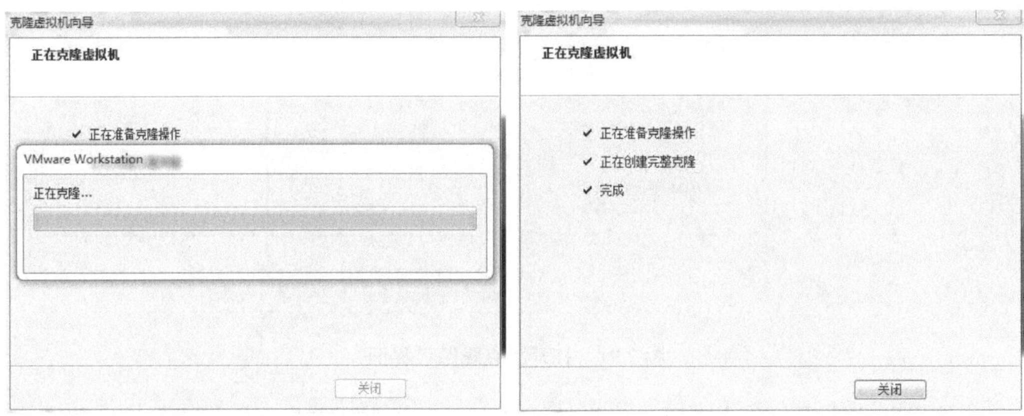

图 2.94　克隆完成

（5）单击“关闭”按钮后，发现 Slave1 虚拟机已经在左侧的列表栏中，如图 2.95 所示。

图 2.95　在左侧显示虚拟机

（6）用类似的方法，再克隆一个 Slave2。

2. 启动三台虚拟客户机

打开之前已经安装好的虚拟机 Master、Slave1 和 Slave2，如果出现异常，选择“否”进入，如图 2.96 和图 2.97 所示。

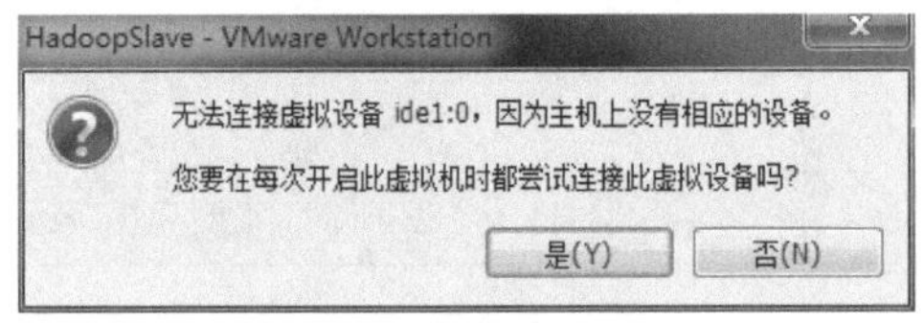

图 2.96　异常情况

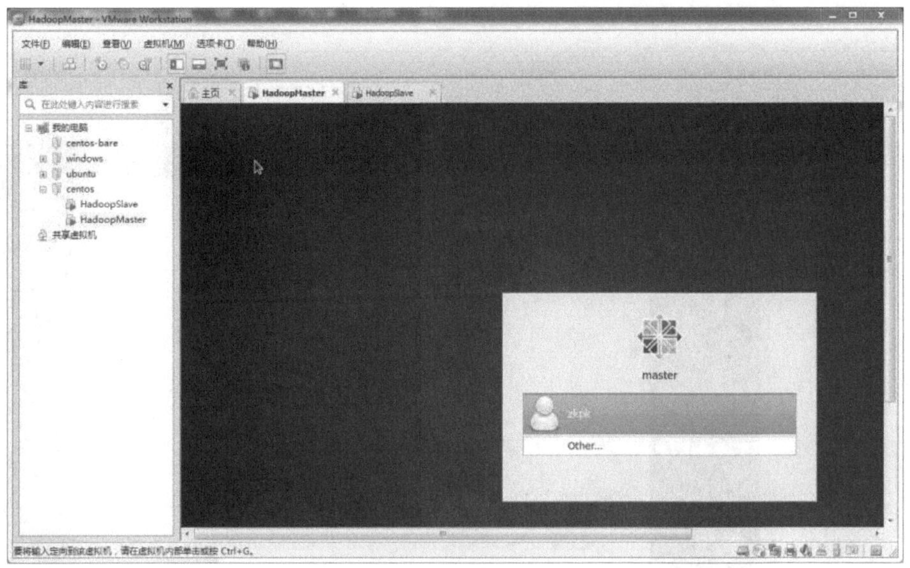

图 2.97　正常启动

以下操作步骤需要在 Master、Slave1 和 Slave2 节点上的 Linux 系统中分别进行，并且都使用 root 用户。从当前用户切换至 root 用户的命令如下：

```
[hadoop@master ~]$ su root
```

输入密码 hadoop。

本节所有的命令操作都在终端环境中，打开终端的菜单命令为“Applications”→“System Tools”→“Terminal”，如图 2.98 所示。

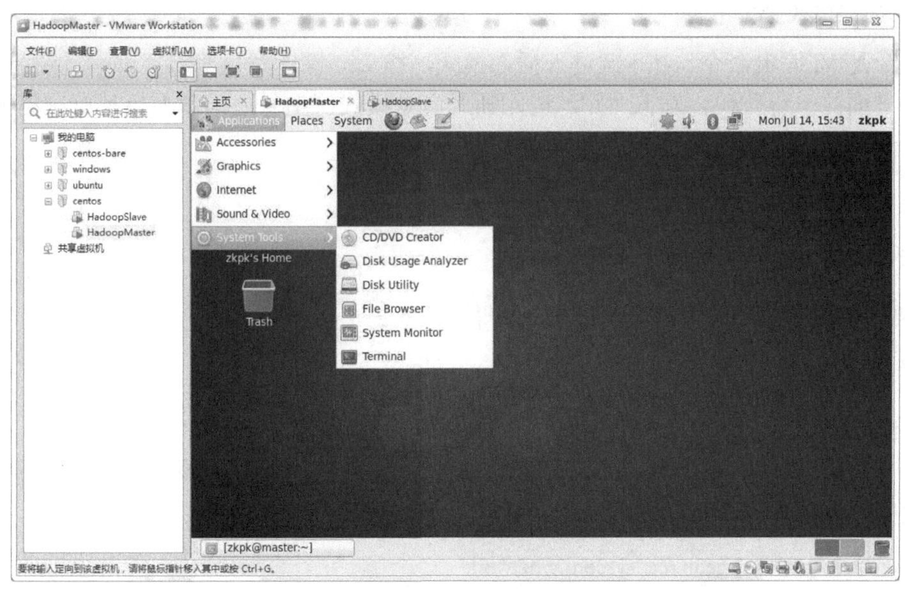

图 2.98　虚拟机菜单

终端打开后其命令行窗口如图 2.99 所示。

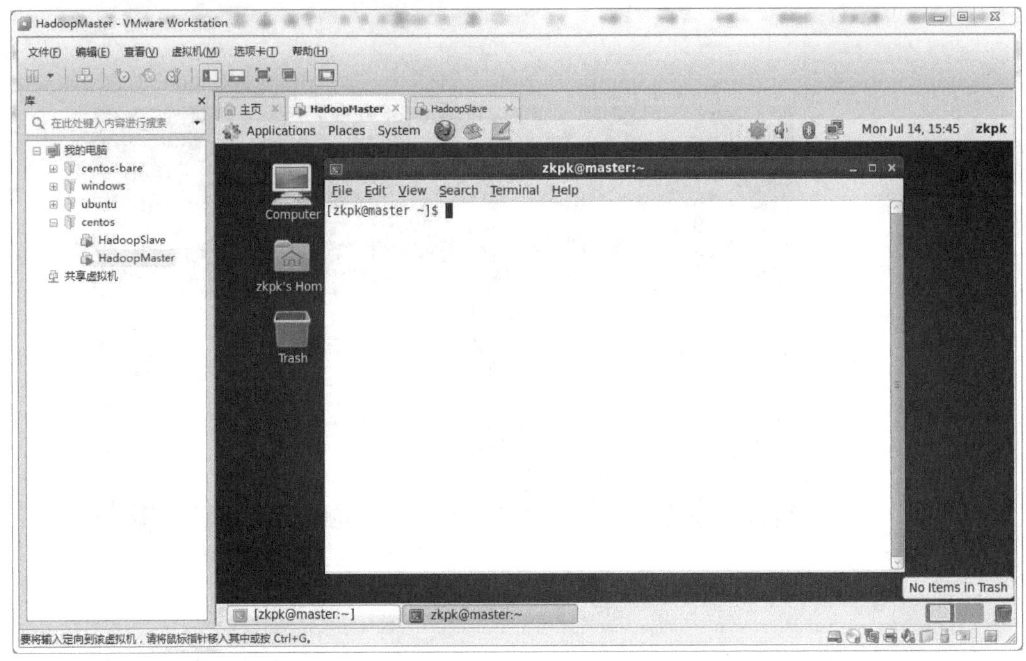

图 2.99 终端命令行窗口

3. 配置时钟同步

（1）配置自动时钟同步。

该项需要同时在 Slave1 和 Slave2 节点配置。

```
[root@master hadoop]$ crontab -e
```

该命令是 Vi 编辑命令，按 i 键进入插入模式，按 Esc 键，然后输入“:wq”保存退出。

输入下面的一行代码，输入“i”，进入插入命令模式（星号之间和前后都有空格）。

```
0 1 * * * /usr/sbin/ntpdate cn.pool.ntp.org
```

（2）手动同步时间。

直接在 Terminal 中运行下面的命令：

```
[root@master hadoop]$ /usr/sbin/ntpdate cn.pool.ntp.org
```

4. 配置主机名

（1）Master 节点。

使用 gedit 编辑主机名，如果不可以使用 gedit，请直接使用 Vi 编辑器（后面用到 gedit 的地方同此处，处理方法一致）。

```
[root@master hadoop]$ gedit /etc/sysconfig/network
```

配置信息如下（如果已经存在则不修改），将 Master 节点的主机名改为“master”：

```
NETWORKING=yes #启动网络
HOSTNAME=master   #主机名
```

确认修改生效命令：

```
[root@master hadoop]$ hostname master
```

检测主机名是否修改成功命令如下，在操作之前需要关闭当前终端，重新打开一个终端：

```
[root@master hadoop]$ hostname
```

执行完命令，会看到如图 2.100 所示的打印输出。

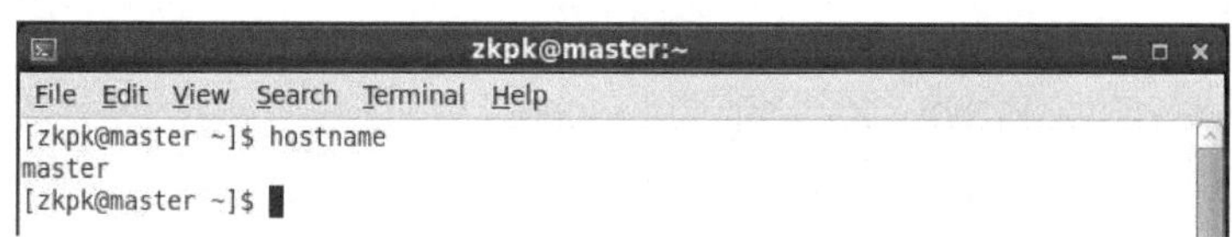

图 2.100 Master 节点的 hostname 命令

（2）Slave 节点。

注意：Slave1 与 Slave2 节点的配置相同。

使用 gedit 编辑主机名：

```
[root@slave hadoop]$ gedit /etc/sysconfig/network
```

配置信息如下（如果已经存在则不修改），将 Slave1 节点的主机名改为“slave1”：

```
NETWORKING=yes #启动网络
HOSTNAME=slave1    #主机名
```

确认修改生效命令：

```
[root@slave1 hadoop]$ hostname slave1
```

检测主机名是否修改成功命令如下，在操作之前需要关闭当前终端，重新打开一个终端：

```
[root@slave hadoop]$ hostname
```

执行完命令，会看到如图 2.101 所示的打印输出。

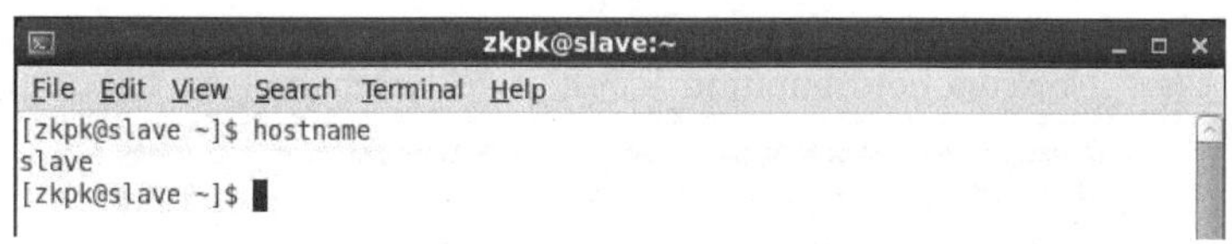

图 2.101 Slave 节点的 hostname 命令

5. 使用 setup 命令配置网络环境

该项也需要在 Slave 节点配置。在终端中执行下面的命令，结果如图 2.102 所示：

```
[hadoop@master ~]$ ifconfig
```

如果看到图 2.102 中有横线标注部分出现，即存在内网 IP、广播地址、子网掩码，说明该节点不需要配置网络，否则进行下面的步骤。

在终端中执行下列命令：

```
[hadoop@master ~]$ setup
```

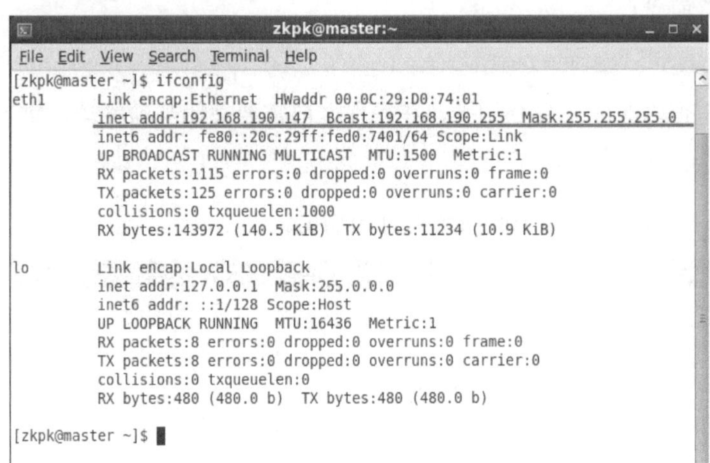

图 2.102 ifconfig 命令执行结果

会出现如图 2.103 所示内容。

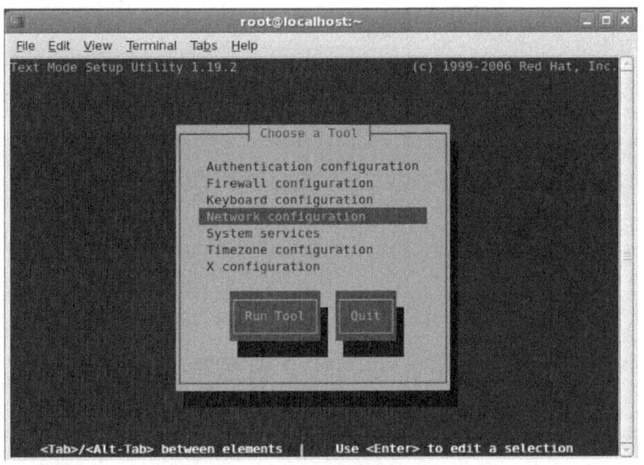

图 2.103 setup 命令执行结果

移动光标，选择“Network configuration”选项，按 Enter 键进入该项，如图 2.104 所示。

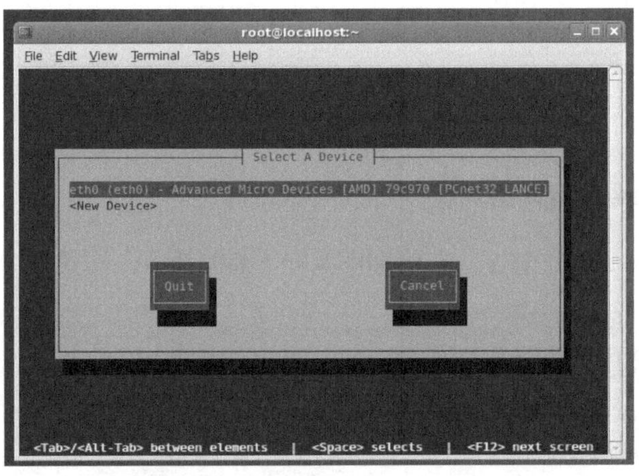

图 2.104 进入“Network configuration”选项

移动光标，选择“eth0”选项，按 Enter 键进入该项，如图 2.105 所示。

图 2.105 设置“eth0”

按照图 2.105 所示输入各项内容，然后重启网络服务：

```
[root@master hadoop]$ /sbin/service network restart
```

检查是否修改成功：

```
[hadoop@master ~]$ ifconfig
```

看到如图 2.106 所示内容（IP 不一定和图中相同，要根据之前的配置而定），说明配置成功。请特别关注画横线部分。

```
zkpk@master:~
File Edit View Search Terminal Help
[zkpk@master ~]$ ifconfig
eth1      Link encap:Ethernet  HWaddr 00:0C:29:D0:74:01
          inet addr:192.168.190.147  Bcast:192.168.190.255  Mask:255.255.255.0
          inet6 addr: fe80::20c:29ff:fed0:7401/64 Scope:Link
          UP BROADCAST RUNNING MULTICAST  MTU:1500  Metric:1
          RX packets:1115 errors:0 dropped:0 overruns:0 frame:0
          TX packets:125 errors:0 dropped:0 overruns:0 carrier:0
          collisions:0 txqueuelen:1000
          RX bytes:143972 (140.5 KiB)  TX bytes:11234 (10.9 KiB)

lo        Link encap:Local Loopback
          inet addr:127.0.0.1  Mask:255.0.0.0
          inet6 addr: ::1/128 Scope:Host
          UP LOOPBACK RUNNING  MTU:16436  Metric:1
          RX packets:8 errors:0 dropped:0 overruns:0 frame:0
          TX packets:8 errors:0 dropped:0 overruns:0 carrier:0
          collisions:0 txqueuelen:0
          RX bytes:480 (480.0 b)  TX bytes:480 (480.0 b)

[zkpk@master ~]$
```

图 2.106 ifconfig 命令执行结果

6. 关闭防火墙

该项也需要在 Slave 节点配置。
在终端中执行下列命令：

```
[hadoop@master ~]$ setup
```

会出现如图 2.107 所示内容。

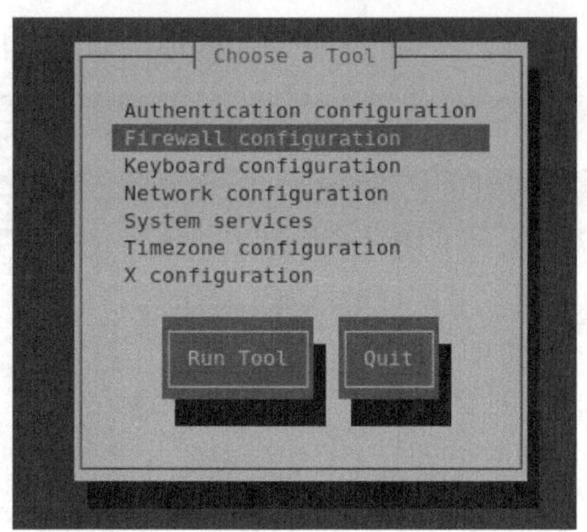

图 2.107　防火墙 setup 命令执行结果

移动光标，选择“Firewall configuration”选项，按 Enter 键进入该项。

如果该项前面有“*”标记，则按一下空格键关闭防火墙，如图 2.108 所示，然后移动光标选择“OK”按钮，保存修改内容。

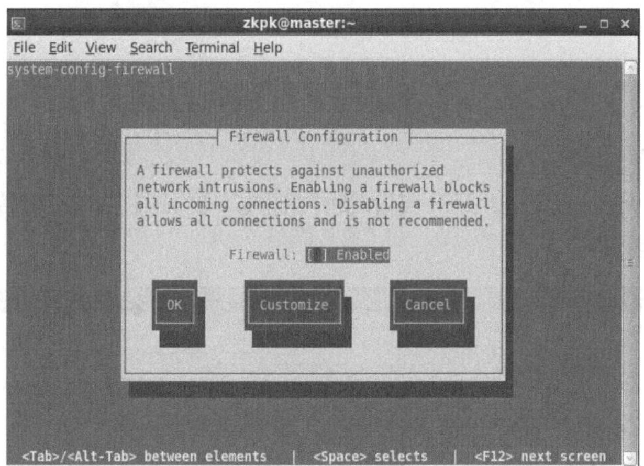

图 2.108　设置选项

选择“OK”按钮，如图 2.109 所示。

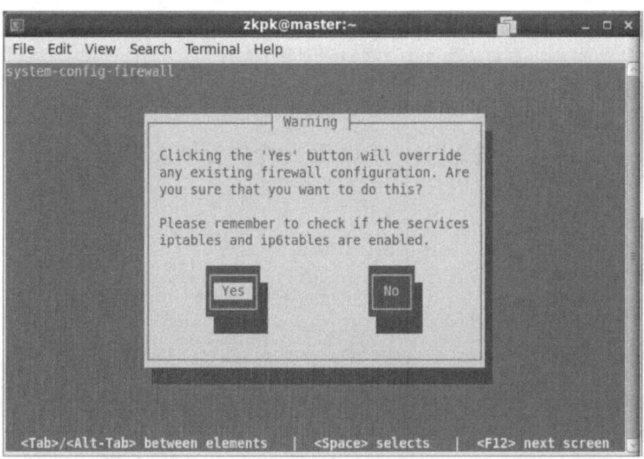

图 2.109　确认设置

7. 配置 hosts 列表

该项也需要在 Slave 节点配置。

需要在 root 用户下（使用 su 命令），编辑主机名列表：

```
[root@master hadoop]$ gedit /etc/hosts
```

将下面几行添加到 /etc/hosts 文件中：

```
192.168.1.100 master
192.168.1.101 slave1
192.168.1.102 slave2
```

注意：这里 Master 节点对应的 IP 地址是 192.168.1.100，Slave1 对应的 IP 地址是 192.168.1.101，Slave2 对应的 IP 地址是 192.168.1.102（读者在配置时，需要将这几个 IP 地址改为自己的 Master 和 Slave 对应的 IP 地址）。

查看 Master 的 IP 地址使用下面的命令：

```
[hadoop@master ~]$ ifconfig
```

Master 节点的 IP 地址是图 2.110 中横线标注的内容。

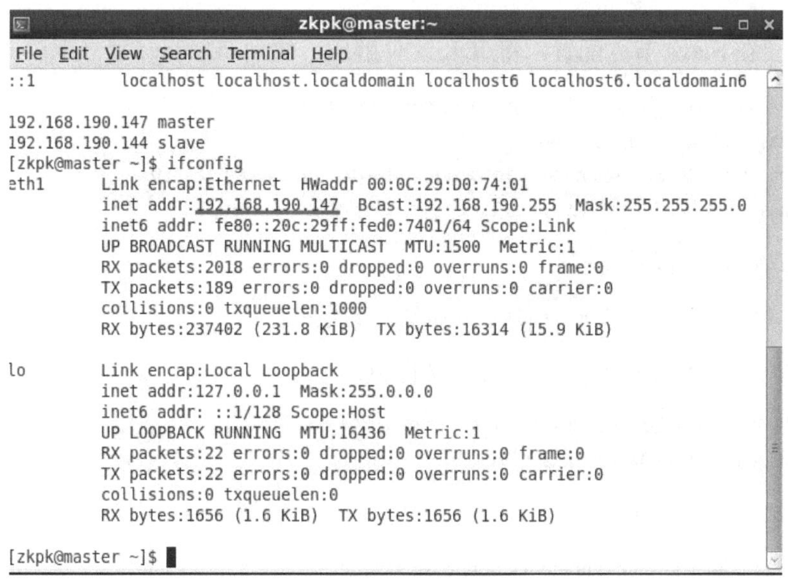

图 2.110 查看 IP 地址

Slave 的 IP 地址也是这样查看。验证网卡是否配置成功的命令如下：

```
[hadoop@master ~]$ ping master
[hadoop@master ~]$ ping slave1
[hadoop@master ~]$ ping slave2
```

如果出现图 2.111 所示信息，表示网卡配置成功。

如果出现图 2.112 所示内容，表示网卡配置失败。

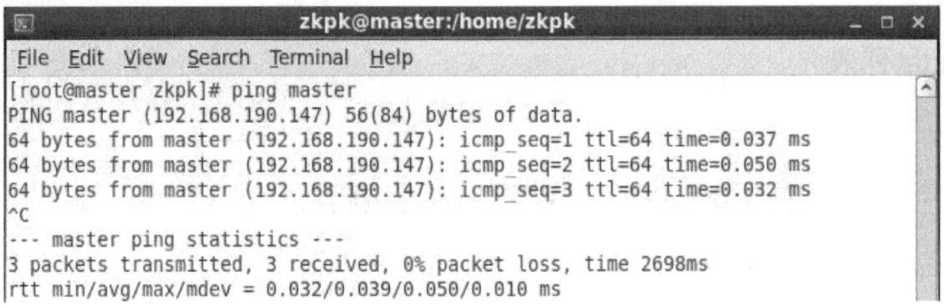

```
zkpk@master:/home/zkpk
File Edit View Search Terminal Help
[root@master zkpk]# ping master
PING master (192.168.190.147) 56(84) bytes of data.
64 bytes from master (192.168.190.147): icmp_seq=1 ttl=64 time=0.037 ms
64 bytes from master (192.168.190.147): icmp_seq=2 ttl=64 time=0.050 ms
64 bytes from master (192.168.190.147): icmp_seq=3 ttl=64 time=0.032 ms
^C
--- master ping statistics ---
3 packets transmitted, 3 received, 0% packet loss, time 2698ms
rtt min/avg/max/mdev = 0.032/0.039/0.050/0.010 ms
```

图 2.111　网卡配置成功

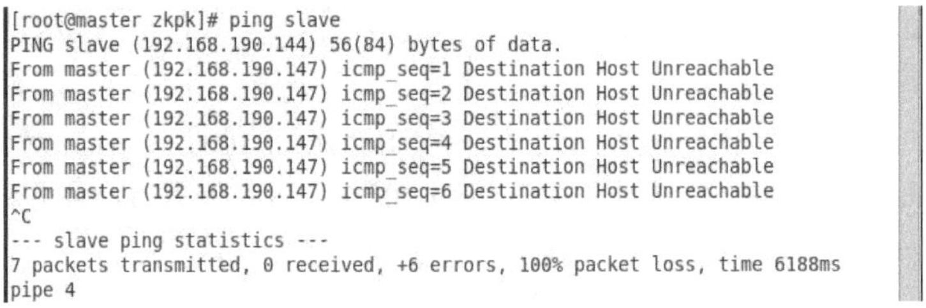

```
[root@master zkpk]# ping slave
PING slave (192.168.190.144) 56(84) bytes of data.
From master (192.168.190.147) icmp_seq=1 Destination Host Unreachable
From master (192.168.190.147) icmp_seq=2 Destination Host Unreachable
From master (192.168.190.147) icmp_seq=3 Destination Host Unreachable
From master (192.168.190.147) icmp_seq=4 Destination Host Unreachable
From master (192.168.190.147) icmp_seq=5 Destination Host Unreachable
From master (192.168.190.147) icmp_seq=6 Destination Host Unreachable
^C
--- slave ping statistics ---
7 packets transmitted, 0 received, +6 errors, 100% packet loss, time 6188ms
pipe 4
```

图 2.112　网卡配置失败

8. 安装 JDK

该项也需要在 Slave 节点配置。将 JDK 文件解压，放到 /usr/java 目录下：

```
[hadoop@master ~]$ cd /home/hadoop/resources/software/jdk
[hadoop@master jdk]$ mkdir /usr/java
[hadoop@master jdk]$ mv ~/resources/software/jdk/jdk-7u71-linux-x64.gz /usr/java/
[hadoop@master jdk]$ cd /usr/java
```

使用 gedit 命令配置环境变量：

```
[hadoop@master java]$ gedit /home/hadoop/.bash_profile
```

复制粘贴以下内容到上面 gedit 打开的文件中：

```
export JAVA_HOME=/usr/java/jdk1.7.0_71/
export PATH=$JAVA_HOME/bin:$PATH
```

输入使改动生效的命令：

```
[hadoop@master java]$ source /home/hadoop/.bash_profile
```

测试配置：

```
[hadoop@master ~]$ java -version
```

如果出现图 2.113 所示信息，表示 JDK 安装成功。

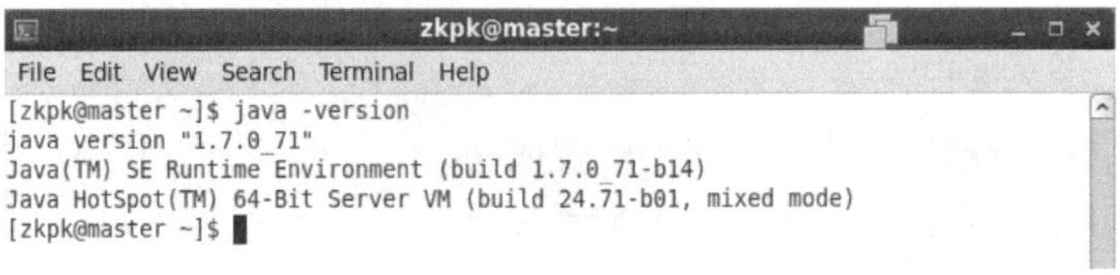

```
zkpk@master:~
File Edit View Search Terminal Help
[zkpk@master ~]$ java -version
java version "1.7.0_71"
Java(TM) SE Runtime Environment (build 1.7.0_71-b14)
Java HotSpot(TM) 64-Bit Server VM (build 24.71-b01, mixed mode)
[zkpk@master ~]$
```

图 2.113　JDK 安装成功

9. 免密钥登录配置

该部分所有的操作都要在 hadoop 用户下，切换 hadoop 用户的命令如下：

```
su -hadoop
```

密码是 hadoop。

（1）Master 节点。

在终端生成密钥，命令如下（一直按 Enter 键生成密钥）：

```
[hadoop@master ~]$ ssh-keygen -t rsa
```

生成的密钥在 .ssh 目录下，如图 2.114 所示。

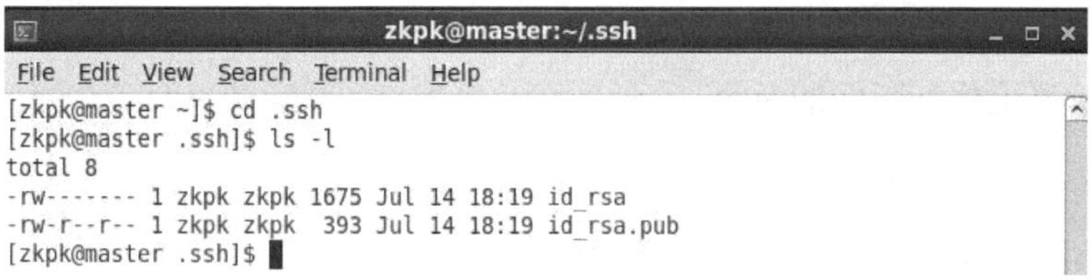

```
zkpk@master:~/.ssh
File Edit View Search Terminal Help
[zkpk@master ~]$ cd .ssh
[zkpk@master .ssh]$ ls -l
total 8
-rw------- 1 zkpk zkpk 1675 Jul 14 18:19 id_rsa
-rw-r--r-- 1 zkpk zkpk  393 Jul 14 18:19 id_rsa.pub
[zkpk@master .ssh]$
```

图 2.114 生成密钥

复制公钥文件：

```
[hadoop@master .ssh]$ cat ~/.ssh/id_rsa.pub >> ~/.ssh/authorized_keys
```

执行“ls -l”命令后会看到如图 2.115 所示的文件列表。

```
[zkpk@master .ssh]$ cat ~/.ssh/id_rsa.pub >> ~/.ssh/authorized_keys
[zkpk@master .ssh]$ ls -l
total 12
-rw-rw-r-- 1 zkpk zkpk  393 Jul 14 18:23 authorized_keys
-rw------- 1 zkpk zkpk 1675 Jul 14 18:19 id_rsa
-rw-r--r-- 1 zkpk zkpk  393 Jul 14 18:19 id_rsa.pub
```

图 2.115 文件列表

修改 authorized_keys 文件的权限，命令如下：

```
[hadoop@master .ssh]$ chmod 600 ~/.ssh/authorized_keys
```

修改完权限后，文件列表情况如图 2.116 所示。

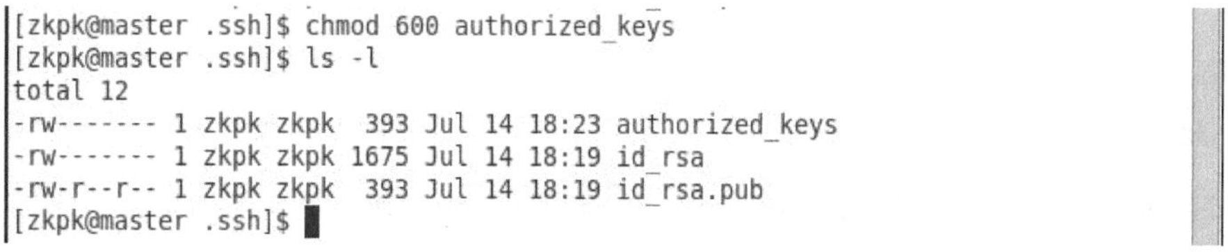

```
[zkpk@master .ssh]$ chmod 600 authorized_keys
[zkpk@master .ssh]$ ls -l
total 12
-rw------- 1 zkpk zkpk  393 Jul 14 18:23 authorized_keys
-rw------- 1 zkpk zkpk 1675 Jul 14 18:19 id_rsa
-rw-r--r-- 1 zkpk zkpk  393 Jul 14 18:19 id_rsa.pub
[zkpk@master .ssh]$
```

图 2.116 修改权限后的文件列表

将 authorized_keys 文件复制到 Slave 节点，命令如下：

```
[hadoop@master .ssh]$ scp ~/.ssh/authorized_keys hadoop@slave:~/
```

当提示输入 Yes/No 时，输入 Yes，按 Enter 键，密码是 Hadoop。

（2）Slave 节点。

注意：Slave1 和 Slave2 的配置相同。

在终端生成密钥，命令如下（一直按 Enter 键生成密钥）：

```
[hadoop@slave1 ~]$ ssh-keygen -t rsa
```

将 authorized_keys 文件移动到 .ssh 目录下：

```
[hadoop@slave1 ~]$ mv authorized_keys ~/.ssh/
```

修改 authorized_keys 文件的权限，命令如下：

```
[hadoop@slave1 ~]$ cd ~/.ssh
[hadoop@slave1 .ssh]$ chmod 600 authorized_keys
```

（3）验证免密钥登录。

在 Master 机器上执行下面的命令：

```
[hadoop@master ~]$ ssh slave
```

如果出现如图 2.117 所示内容，表示免密钥配置成功。

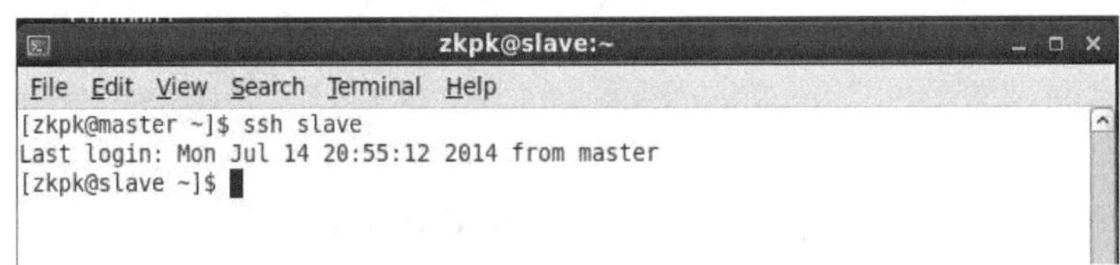

图 2.117　免密钥配置成功

10. Hadoop 配置部署

每个节点上的 Hadoop 配置基本相同，可以先在 Master 节点操作，完成后复制到另一个节点。

下面所有的操作都使用 hadoop 用户，切换 hadoop 用户的命令如下：

```
[root@master hadoop]$ su - hadoop
```

密码是 hadoop。

将软件包中的 Hadoop 生态系统包复制到相应 hadoop 用户的主目录下（直接采用拖曳方式即可）。

（1）解压 Hadoop 安装包。

进入 Hadoop 软件包，命令如下：

```
[hadoop@master ~]$ cd /home/hadoop/resources/software/hadoop/apache
```

复制并解压 Hadoop 安装包，命令如下：

```
[hadoop@master apache]$ cp ~//resources/software/hadoop/apache/hadoop-2.5.2.tar.gz ~/ [hadoop@master apache]$ cd
[hadoop@master ~]$ tar -xvf ~/hadoop-2.5.2.tar.gz
[hadoop@master ~]$ cd ~/hadoop-2.5.2
```

执行“ls -l”命令后看到如图 2.118 所示内容，表示解压成功。

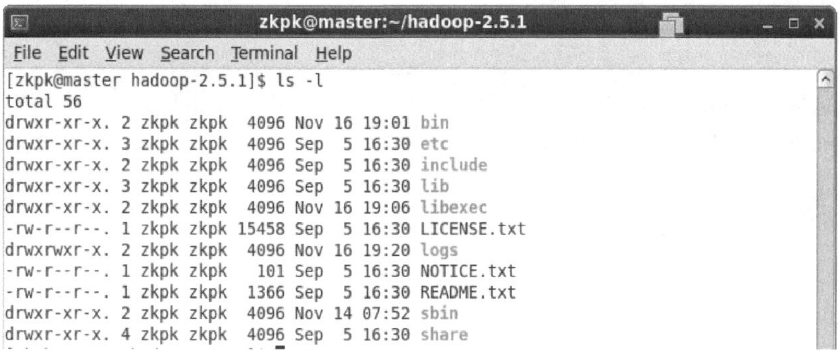

```
zkpk@master:~/hadoop-2.5.1
File Edit View Search Terminal Help
[zkpk@master hadoop-2.5.1]$ ls -l
total 56
drwxr-xr-x. 2 zkpk zkpk  4096 Nov 16 19:01 bin
drwxr-xr-x. 3 zkpk zkpk  4096 Sep  5 16:30 etc
drwxr-xr-x. 2 zkpk zkpk  4096 Sep  5 16:30 include
drwxr-xr-x. 3 zkpk zkpk  4096 Sep  5 16:30 lib
drwxr-xr-x. 2 zkpk zkpk  4096 Nov 16 19:06 libexec
-rw-r--r--. 1 zkpk zkpk 15458 Sep  5 16:30 LICENSE.txt
drwxrwxr-x. 2 zkpk zkpk  4096 Nov 16 19:20 logs
-rw-r--r--. 1 zkpk zkpk   101 Sep  5 16:30 NOTICE.txt
-rw-r--r--. 1 zkpk zkpk  1366 Sep  5 16:30 README.txt
drwxr-xr-x. 2 zkpk zkpk  4096 Nov 14 07:52 sbin
drwxr-xr-x. 4 zkpk zkpk  4096 Sep  5 16:30 share
```

图 2.118　解压成功

（2）配置环境变量 hadoop-env.sh。

在环境变量文件中，只需要配置 JDK 的路径。

```
[hadoop@master hadoop-2.5.2]$ gedit /home/hadoop/hadoop-2.5.2/etc/hadoop/hadoop-env.sh
```

在文件靠前的部分找到下面一行代码：

```
export JAVA_HOME=${JAVA_HOME}
```

将这行代码修改为下面的代码：

```
export JAVA_HOME=/usr/java/jdk1.7.0_71/
```

然后保存文件。

（3）配置环境变量 yarn-env.sh。

在环境变量文件中，只需要配置 JDK 的路径。

```
[hadoop@master hadoop-2.5.2]$ gedit ~/hadoop-2.5.2/etc/hadoop/yarn-env.sh
```

在文件靠前的部分找到下面一行代码：

```
# export JAVA_HOME=/home/y/libexec/jdk1.6.0/
```

将这行代码修改为下面的代码（将 # 去掉）：

```
export JAVA_HOME=/usr/java/jdk1.7.0_71/
```

然后保存文件。

（4）配置核心组件 core-site.xml。

使用 gedit 编辑：

```
[hadoop@master hadoop-2.5.2]$ gedit  ~/hadoop-2.5.2/etc/hadoop/core-site.xml
```

用下面的代码替换 core-site.xml 中的内容：

```
<?xml version="1.0" encoding="UTF-8"?>
<?xml-stylesheet type="text/xsl" href="configuration.xsl"?>
<!-- Put site-specific property overrides in this file. -→
<configuration>
<property>
```

```
<name>fs.defaultFS</name>
<value>hdfs://master:9000</value>
</property>
<property>
<name>hadoop.tmp.dir</name>
<value>/home/hadoop/hadoopdata</value>
</property>
</configuration>
```

（5）配置文件系统 hdfs-site.xml。

使用 gedit 编辑：

```
[hadoop@master hadoop-2.5.2]$ gedit   ~/hadoop-2.5.2/etc/hadoop/hdfs-site.xml
```

用下面的代码替换 hdfs-site.xml 中的内容：

```
<?xml version="1.0" encoding="UTF-8"?>
<?xml-stylesheet type="text/xsl" href="configuration.xsl"?>
<!-- Put site-specific property overrides in this file. -→
<configuration>
<property>
<name>dfs.replication</name>
<value>1</value>
</property>
</configuration>
```

（6）配置文件系统 yarn-site.xml。

使用 gedit 编辑：

```
[hadoop@master hadoop-2.5.2]$ gedit   ~/hadoop-2.5.2/etc/hadoop/yarn-site.xml
```

用下面的代码替换 yarn-site.xml 中的内容：

```
<?xml version="1.0"?>
<configuration>
<property>
<name>yarn.nodemanager.aux-services</name>
<value>MapReduce_shuffle</value>
</property>
<property>
<name>yarn.resourcemanager.address</name>
<value>master:18040</value>
</property>
<property>
<name>yarn.resourcemanager.scheduler.address</name>
<value>master:18030</value>
</property>
<property>
<name>yarn.resourcemanager.resource-tracker.address</name>
<value>master:18025</value>
</property>
```

```
<property>
<name>yarn.resourcemanager.admin.address</name>
<value>master:18141</value>
</property>
<property>
<name>yarn.resourcemanager.webapp.address</name>
<value>master:18088</value>
</property>
</configuration>
```

（7）配置计算框架 mapred-site.xml。

复制 mapred-site-template.xml 文件：

```
[hadoop@master hadoop-2.5.2]$ cp ~/hadoop-2.5.2/etc/hadoop/mapred-site.xml.template ~/hadoop-2.5.2/etc/hadoop/mapred-site.xml
```

使用 gedit 编辑：

```
[hadoop@master ~]$ gedit ~/hadoop-2.5.2/etc/hadoop/mapred-site.xml
```

用下面的代码替换 mapred-site.xml 中的内容：

```
<?xml version="1.0"?>
<?xml-stylesheet type="text/xsl" href="configuration.xsl"?>
<configuration>
<property>
<name>MapReduce.framework.name</name>
<value>yarn</value>
</property>
</configuration>
```

（8）在 Master 节点配置 slaves 文件。

使用 gedit 编辑：

```
[hadoop@master hadoop-2.5.2]$ gedit ~/hadoop-2.5.2/etc/hadoop/slaves
```

用下面的代码替换 slaves 中的内容：

```
slave1
slave2
```

（9）复制到从节点。

使用下面的命令将配置完成的 Hadoop 复制到从节点 HadoopSlave 上：

```
[hadoop@master hadoop-2.5.2]$ cd
[hadoop@master ~]$ scp -r hadoop-2.5.2 hadoop@slave:~/
```

注意：因为之前已经配置了免密钥登录，所以这里可以直接远程复制。

11. 启动 Hadoop 集群

下面所有的操作都使用 hadoop 用户，切换 hadoop 用户的命令如下：

```
su - hadoop
```

密码是 hadoop。

（1）配置 Hadoop 启动的系统环境变量。

该变量的配置需要同时在两个节点（Master 和 HadoopSlave）上进行，操作命令如下：

```
[hadoop@master hadoop-2.5.2]$ cd
[hadoop@master ~]$ gedit ~/.bash_profile
```

将下面的代码追加到 .bash_profile 末尾：

```
#HADOOP
export HADOOP_HOME=/home/hadoop/hadoop-2.5.2
export PATH=$HADOOP_HOME/bin:$HADOOP_HOME/sbin:$PATH
```

然后执行下列命令：

```
[hadoop@master ~]$ source ~/.bash_profile
```

（2）创建数据目录。

这一部分的配置需要同时在两个节点（Master 和 HadoopSlave）上进行。在 Hadoop 的用户主目录下创建数据目录，命令如下：

```
[hadoop@master ~]$ mkdir /home/hadoop/hadoopdata
```

（3）启动 Hadoop 集群。

格式化文件系统，格式化命令如下（该操作需要在 Master 节点上执行）：

```
[hadoop@master ~]$ hdfs namenode -format
```

看到如图 2.119 所示打印信息表示格式化成功，如果出现 Exception/Error，则表示出现问题。

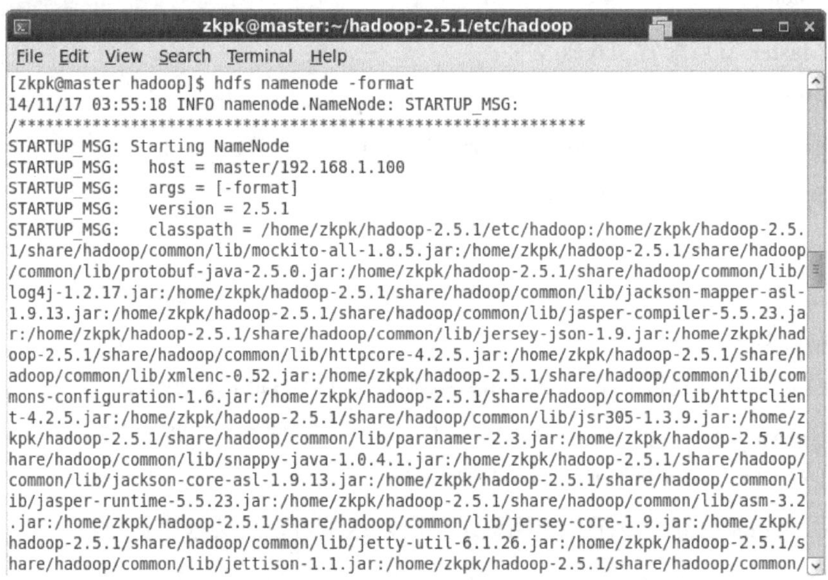

图 2.119 格式化成功

使用 start-all.sh 启动 Hadoop 集群，首先进入 Hadoop 安装主目录，然后执行启动命令：

```
[hadoop@master ~]$ cd ~/hadoop-2.5.2
[hadoop@master hadoop-2.5.2]$ sbin/start-all.sh
```

执行命令后，提示输入 Yes/No 时，输入 Yes。

接下来查看进程是否启动。在 Master 的终端执行 jps 命令，在打印结果中会看到 4 个进程，分别是 ResourceManager、Jps、NameNode 和 SecondaryNameNode，如图 2.120 所示，表示主节点进程启动成功。

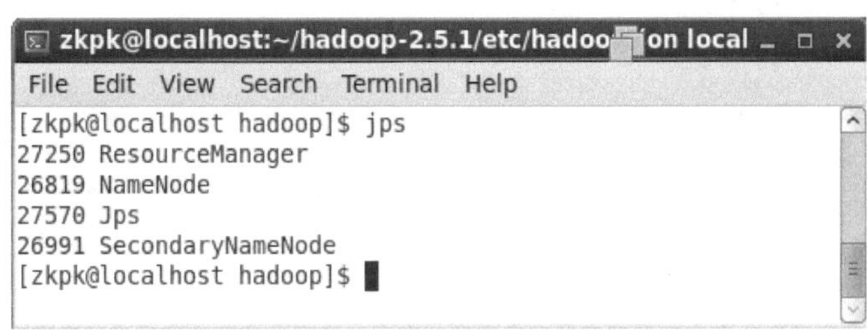

图 2.120　主节点进程启动成功

在 HadoopSlave 的终端执行 jps 命令，在打印结果中会看到 3 个进程，分别是 NodeManager、DataNode 和 Jps，如图 2.121 所示，表示从节点进程启动成功。

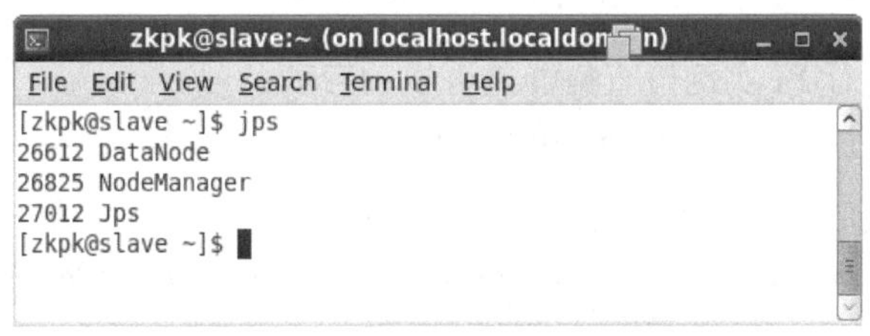

图 2.121　从节点进程启动成功

可以通过 Web UI 查看集群是否成功启动。在 HadoopMaster 上启动 Firefox 浏览器，在浏览器地址栏中输入 http://master:50070/，检查 NameNode 和 DataNode 是否正常。UI 页面如图 2.122 所示。

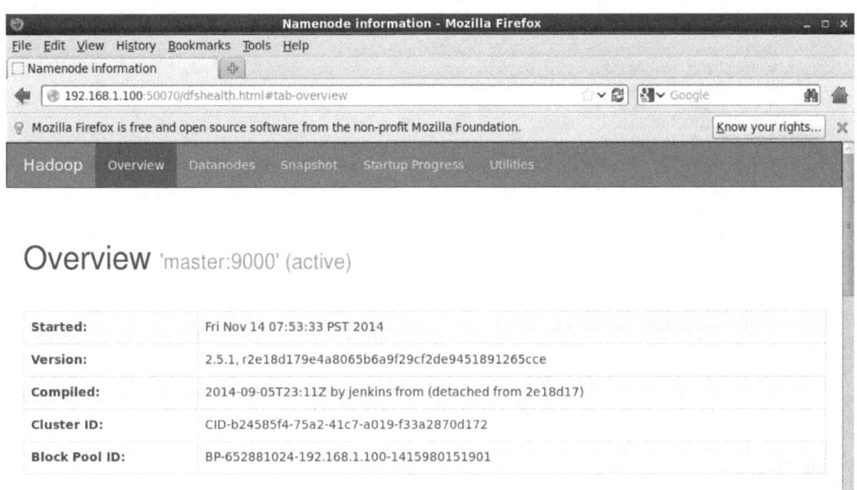

图 2.122　UI 界面

在 HadoopMaster 上启动 Firefox 浏览器，在浏览器地址栏中输入 http://master:18088/，检查 YARN 是否正常，页面如图 2.123 所示。

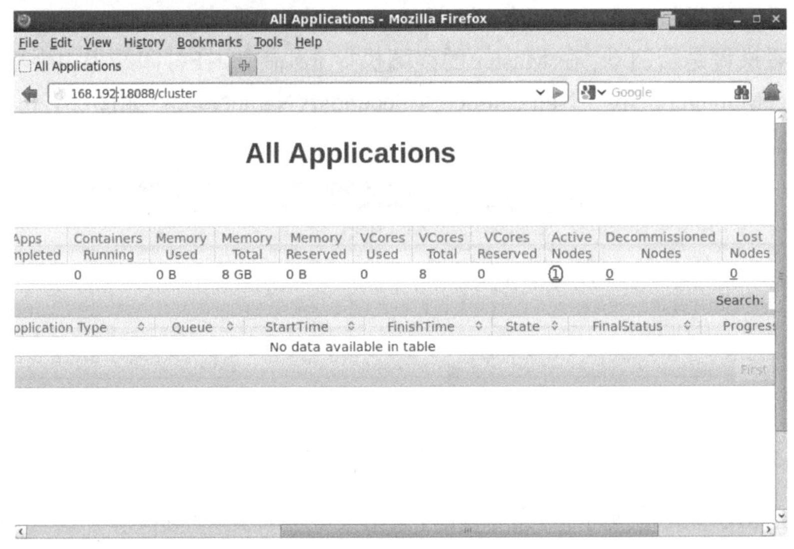

图 2.123　检查 YARN

最后，可以通过运行 PI 实例检查集群是否成功启动。

进入 Hadoop 安装主目录，执行下面的命令：

```
[Hadoop@master ~]$ cd ~/hadoop-2.5.2/share/hadoop/MapReduce/
[zkpk@master mapreduce]$ hadoop jar ~/hadoop-2.5.2/share/hadoop/MapReduce/hadoop-MapReduce-examples-2.5.1.jar pi 10 10
```

会看到如图 2.124 所示的执行结果。

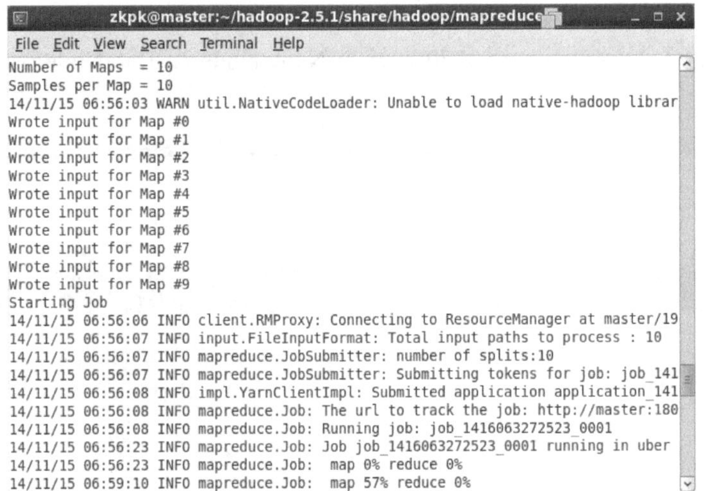

图 2.124　执行测试命令

最后输出如下：

```
Estimated value of Pi is 3.20000000000000000000
```

如果以上 3 个验证步骤都没有问题，说明集群正常启动。

四、实验问题记录

安装过程中出现的问题：
问题说明：
解决方法：
（1）方法 1：
（2）方法 2：

五、实验总结

对实验进行总结，总结内容包括：
（1）通过实验学会了什么？
（2）实验过程中出现了什么问题？针对这些问题是如何解决的？请写出解决步骤。
（3）在实验过程中发现自己哪方面有待进一步提高？

2.9.5 【实验 5】Hadoop 查看集群状态

一、实验目的

（1）熟练掌握查看 Hadoop 集群状态的相关指令；
（2）解决常见的安装过程中的问题；
（3）学会问题的记录与解决方法的使用。

二、实验内容

在 Hadoop 集群下进行各类指令的测试。

三、实验步骤

1. 测试集群工作状态的指令

测试集群工作状态的常用指令如表 2.3 所示。

表 2.3 测试集群工作状态的常用指令

描 述	指 令
查看 HDFS 各节点的状态信息	bin/hdfs dfsadmin -report
获取一个 NameNode 节点的 HA 状态	bin/hdfs haadmin -getServiceState nn1
单独启动一个 NameNode 进程	sbin/hadoop-daemon.sh start namenode
单独启动一个 zkfc 进程	./hadoop-daemon.sh start zkfc

2. 启动 ZooKeeper 集群（分两次启动 ZK）

命令如下：

```
cd /weekend/zookeeper-3.4.5/bin/
./zkServer.sh start
# 查看状态：一个 leader，两个 follower
./zkServer.sh status
```

3. 启动 JournalNode（分别执行）

命令如下：

```
cd /weekend/hadoop-2.4.1
sbin/hadoop-daemon.sh start journalnode
# 运行 jps 命令，检验出多了 JournalNode 进程
```

4. 启动 HDFS（主节点）

命令如下：

```
sbin/start-dfs.sh
```

5. 启动 YARN

注意：在 weekend03 上执行 start-yarn.sh，把 NameNode 和 ResourceManager 分开是因为性能问题，因为它们都要占用大量资源，所以需要分开，分开以后要分别在不同的机器上启动。

命令如下：

```
sbin/start-yarn.sh
```

6. 统计浏览器访问

命令如下：

```
http://192.168.1.201:50070
NameNode 'weekend01:9000' （Active）
http://192.168.1.202:50070
NameNode 'weekend02:9000' （Standby）
```

7. 验证 HDFS HA

首先向 HDFS 上传一个文件：

```
hadoop fs -put /etc/profile /profile
hadoop fs -ls /
```

其次去掉 Active 的 NameNode：

```
kill -9 <pid of NN>
```

通过浏览器访问 http://192.168.1.202:50070：

```
NameNode 'weekend02:9000' （Active）
```

这时 weekend02 上的 NameNode 变成了 Active，再执行下列命令：

```
hadoop fs -ls /
-rw-r--r--   3 root supergroup        1926 2014-02-06 15:36 /profile
```

发现刚才上传的文件依然存在。

手动启动刚才去掉的 NameNode：

```
sbin/hadoop-daemon.sh start namenode
```

通过浏览器访问 http://192.168.1.201:50070：

```
NameNode 'weekend01:9000' （Standby）
```

8. 验证 YARN

运行 Hadoop 提供的 demo 中的 WordCount 程序：

```
hadoop jar share/hadoop/MapReduce/hadoop-MapReduce-examples-2.4.1.jar wordcount /profile /out
```

9. 同步集群时间

如果集群节点的时间不同步，可能会出现节点宕机或引发其他异常问题，所以在生产环境中一般通过配置 NTP 服务器实现集群时间的同步。本集群在 hadoop-master1 节点设置 NTP 服务器，具体方法如下：

```
// 切换 root 用户
$ su root
// 查看是否安装 NTP
# rpm -qa | grep ntp
// 安装 NTP
# yum install -y ntp
// 配置时间服务器
# vim /etc/ntp.conf
# 禁止所有机器连接 NTP 服务器
restrict default ignore
# 允许局域网内的所有机器连接 NTP 服务器
restrict 172.16.20.0 mask 255.255.255.0 nomodify notrap
# 使用本机作为时间服务器
server 127.127.1.0
// 启动 NTP 服务器
# service ntpd start
// 设置 NTP 服务器开机自动启动
# chkconfig ntpd on
```

集群其他节点通过执行 crontab 定时任务，每天在指定时间向 NTP 服务器进行时间同步，方法如下：

```
// 切换 root 用户
$ su root
// 执行定时任务，每天 00:00 向服务器同步时间，并写入日志
# crontab -e
```

```
0    0    *    *    *    /usr/sbin/ntpdate hadoop-master1>> /home/hadoop/ntpd.log
// 查看任务
# crontab -l
```

四、实验问题记录

安装过程中出现的问题：
问题说明：
解决方法：
（1）方法 1：
（2）方法 2：

五、实验总结

对实验进行总结，总结内容包括：
（1）通过实验学会了什么？
（2）实验过程中出现了什么问题？针对这些问题是如何解决的？请写出解决步骤。
（3）在实验过程中发现自己哪方面有待进一步提高？

2.9.6 【实验 6】Hadoop 基础命令的使用

一、实验目的

（1）熟练掌握查看 Hadoop 基础命令的方法；
（2）解决常见的使用过程中的问题；
（3）学会问题的记录与解决方法的使用。

二、实验内容

在 Hadoop 集群下进行 Hadoop 基础命令的测试。

三、实验步骤

1. 创建用户并添加权限

命令如下：

```
// 切换 root 用户
$ su root
// 创建 Hadoop 用户组
# groupadd hadoop
// 在 Hadoop 用户组中创建 Hadoop 用户
# useradd -g hadoop hadoop
// 修改用户 Hadoop 密码
# passwd hadoop
// 修改 sudoers 配置文件，给 Hadoop 用户添加 sudo 权限
# vim /etc/sudoers
```

```
hadoop       ALL=(ALL)         ALL
// 测试添加权限是否成功
# exit
$ sudo ls /root
```

2. 修改 IP 地址和主机名

命令如下：

```
// 切换 root 用户
$ su root
// 修改本机 IP 地址
# vim /etc/sysconfig/network-scripts/ifcfg-eth0
// 重启网络服务
# service network restart
// 修改主机名
# hostnamectl set-hostname 主机名
// 查看主机名
# hostnamectl status
```

3. 设置 IP 地址与主机名映射

命令如下：

```
// 切换 root 用户
$ su root
// 编辑 hosts 文件
# vim /etc/hosts
172.16.20.81     hadoop-master1
172.16.20.82     hadoop-master2
172.16.20.83     hadoop-slave1
172.16.20.84     hadoop-slave2
172.16.20.85     hadoop-slave3
```

4. 关闭防火墙和 Selinux

命令如下：

```
// 切换 root 用户
$ su root
// 停止运行 firewall 防火墙
# systemctl stop firewalld.service
// 禁止 firewall 开机启动
# systemctl disable firewalld.service
// 开机关闭 Selinux
# vim /etc/selinux/config
SELINUX=disabled
// 重启机器后 root 用户查看 Selinux 状态
# getenforce
```

5. 配置 SSH 免密码登录

命令如下：

```
// 在 hadoop-master1 节点生成 SSH 密钥对
$ ssh-keygen -t rsa
// 将公钥复制到集群中的所有节点机器上
$ ssh-copy-id hadoop-master1
$ ssh-copy-id hadoop-master2
$ ssh-copy-id hadoop-slave1
$ ssh-copy-id hadoop-slave2
$ ssh-copy-id hadoop-slave3
// 通过 SSH 登录各节点，测试免密码登录是否成功
$ ssh hadoop-master2
```

备注：在其余节点上执行同样的操作，确保集群中的任意节点都能以 SSH 免密码登录到其他各节点。

6. 安装 JDK

命令如下：

```
// 卸载系统自带的 OpenJDK
$ suroot
# rpm-qa | grep java
# rpm-e --nodeps java-1.7.0-openjdk-1.7.0.75-2.5.4.2.el7_0.x86_64
# rpm-e --nodeps java-1.7.0-openjdk-headless-1.7.0.75-2.5.4.2.el7_0.x86_64
# rpm-e --nodeps tzdata-java-2015a-1.el7_0.noarch
# exit
// 解压 JDK 安装包
$ tar-xvf jdk-7u79-linux-x64.tar.gz
// 删除安装包
$ rmjdk-7u79-linux-x64.tar.gz
// 修改用户环境变量
$ cd ~
$ vim.bash_profile
exportJAVA_HOME=/home/hadoop/app/jdk1.7.0_79
exportPATH=$PATH:$JAVA_HOME/bin
// 使修改的环境变量生效
$ source.bash_profile
// 测试 JDk 是否安装成功
$ java-version
```

四、实验问题记录

安装过程中出现的问题：
问题说明：
解决方法：
（1）方法 1：
（2）方法 2：

五、实验总结

对实验进行总结，总结内容包括：

（1）通过实验学会了什么？
（2）实验过程中出现了什么问题？针对这些问题是如何解决的？请写出解决步骤。
（3）在实验过程中发现自己哪方面有待进一步提高？

2.9.7 【实验 7】Hadoop 示例程序 WordCount 的执行（Java）

一、实验目的

（1）准确理解 MapReduce 的设计原理；
（2）熟练掌握 WordCount 程序代码编写；
（3）学会自己编写 WordCount 程序，进行词频统计。

二、实验内容

在 Hadoop 集群下，在 Java 环境中进行 Hadoop 示例程序 WordCount 的执行。
实验环境要求如下：
Linux Ubuntu 14.0
jdk-7u75-linux-x64
hadoop-2.6.0-cdh5.4.5
hadoop-2.6.0-eclipse-cdh5.4.5.jar
eclipse-java-juno-SR2-linux-gtk-x86_64
实验背景如下：
现有某电商网站用户对商品的收藏数据，名为 buyer_favorite1，记录了用户收藏的商品 ID 及收藏日期。buyer_favorite1 包含买家 ID、商品 ID、收藏日期 3 个字段，数据以“\t”分割。样本数据及格式如下：

```
view plain copy
买家 ID  商品 ID  收藏日期
10181  1000481  2010-04-04 16:54:31
20001  1001597  2010-04-07 15:07:52
20001  1001560  2010-04-07 15:08:27
20042  1001368  2010-04-08 08:20:30
20067  1002061  2010-04-08 16:45:33
20056  1003289  2010-04-12 10:50:55
20056  1003290  2010-04-12 11:57:35
20056  1003292  2010-04-12 12:05:29
20054  1002420  2010-04-14 15:24:12
20055  1001679  2010-04-14 19:46:04
20054  1010675  2010-04-14 15:23:53
20054  1002429  2010-04-14 17:52:45
20076  1002427  2010-04-14 19:35:39
20054  1003326  2010-04-20 12:54:44
20056  1002420  2010-04-15 11:24:49
20064  1002422  2010-04-15 11:35:54
20056  1003066  2010-04-15 11:43:01
```

```
20056   1003055   2010-04-15 11:43:06
20056   1010183   2010-04-15 11:45:24
20056   1002422   2010-04-15 11:45:49
20056   1003100   2010-04-15 11:45:54
20056   1003094   2010-04-15 11:45:57
20056   1003064   2010-04-15 11:46:04
20056   1010178   2010-04-15 16:15:20
20076   1003101   2010-04-15 16:37:27
20076   1003103   2010-04-15 16:37:05
20076   1003100   2010-04-15 16:37:18
20076   1003066   2010-04-15 16:37:31
20054   1003103   2010-04-15 16:40:14
20054   1003100   2010-04-15 16:40:16
```

要求编写 MapReduce 程序，统计每个买家收藏的商品数量。

统计结果如下：

```
view plain copy
买家 ID    商品数量
10181       1
20001       2
20042       1
20054       6
20055       1
20056       12
20064       1
20067       1
20076       5
```

三、实验步骤

（1）切换到 /apps/hadoop/sbin 目录下，启动 Hadoop：

```
cd /apps/hadoop/sbin
./start-all.sh
```

（2）在 Linux 上，创建一个目录 /data/mapreduce1：

```
mkdir -p /data/mapreduce1
```

（3）下载文本文件。

切换到 /data/mapreduce1 目录下，使用 wget 命令，从网址 http://192.168.1.241:60000/allfiles/MapReduce1/buyer_favorite1 中下载文本文件 buyer_favorite1：

```
cd /data/mapreduce1
wget http://192.168.1.241:60000/allfiles/mapreduce1/buyer_favorite1
```

依然在 /data/mapreduce1 目录下，使用 wget 命令，从 http://192.168.1.241:60000/allfiles/MapReduce1/hadoop2lib.tar.gz 中下载项目用到的依赖包：

```
wget http://192.168.1.241:60000/allfiles/mapreduce1/hadoop2lib.tar.gz
```

将 hadoop2lib.tar.gz 解压到当前目录下：

```
tar -xzvf hadoop2lib.tar.gz
```

（4）上传到 HDFS 上。

将 Linux 本地的 /data/mapreduce1/buyer_favorite1，上传到 HDFS 上的 /mymapreduce1/in 目录下。若 HDFS 目录不存在，需提前创建。

```
hadoop fs -mkdir -p /mymapreduce1/in
hadoop fs -put /data/mapreduce1/buyer_favorite1 /mymapreduce1/in
```

（5）打开 Eclipse，新建 Java Project 项目。

新建项目，如图 2.125 所示。

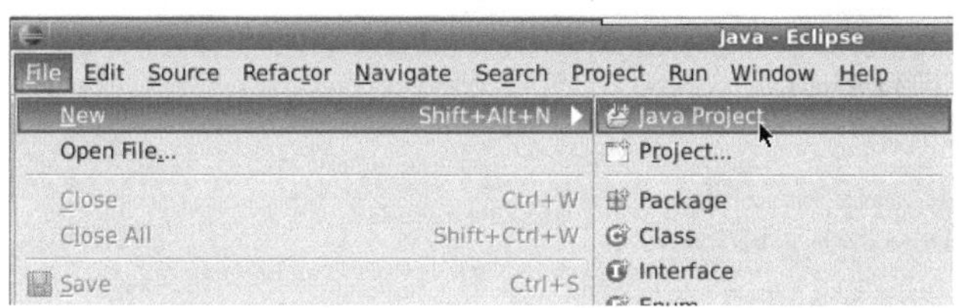

图 2.125　新建项目

将项目名称设置为 mapreduce1，如图 2.126 所示。

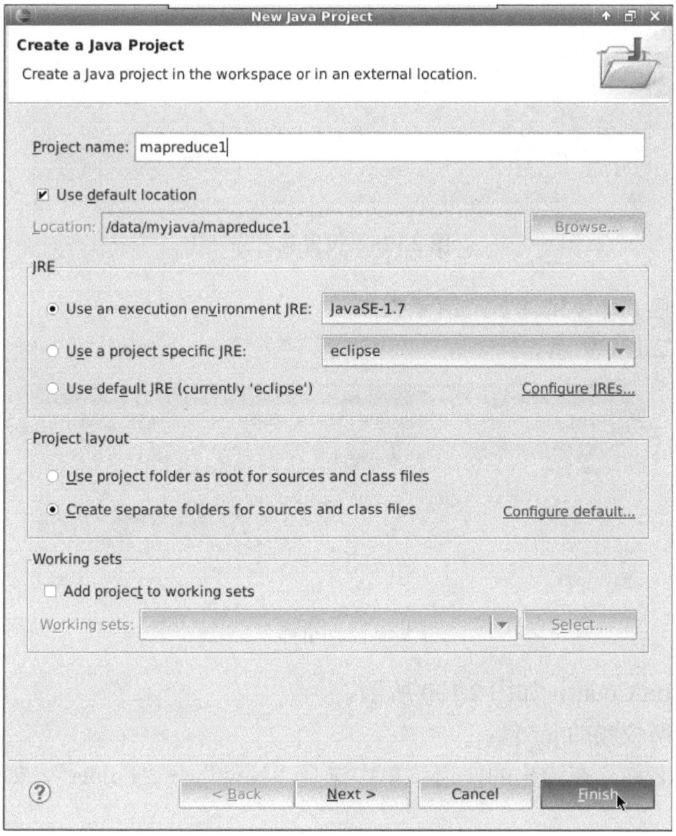

图 2.126　设置项目名称

（6）在项目 mapreduce1 下，新建包。

新建包，如图 2.127 所示。

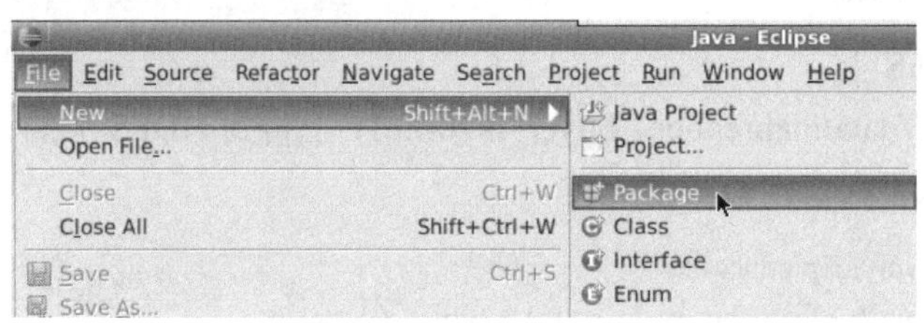

图 2.127　新建包

将包命名为 mapreduce，如图 2.128 所示。

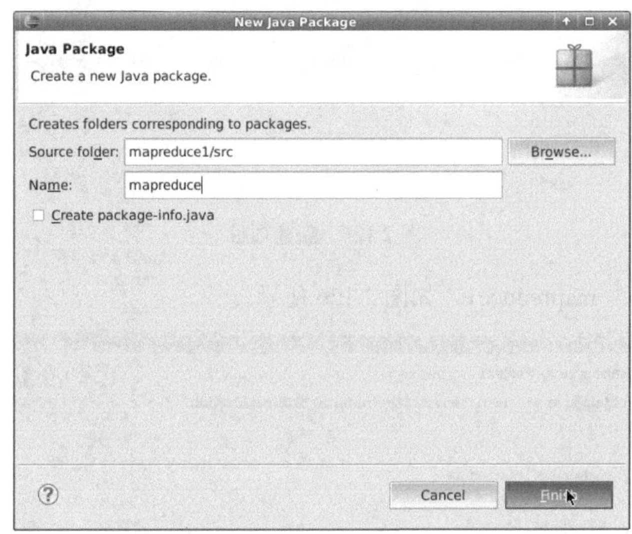

图 2.128　设置包名称

（7）在创建的包 mapreduce 下，新建类。

新建类，如图 2.129 所示。

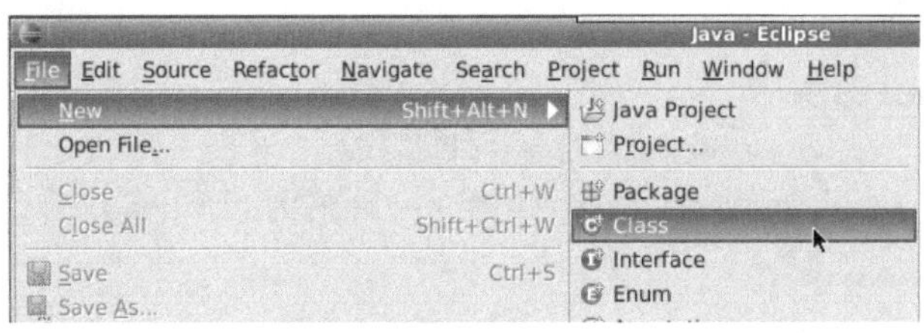

图 2.129　新建类

将类命名为 WordCount，如图 2.130 所示。

（8）添加项目所依赖的 jar 包。

右键单击项目名称，在弹出的快捷菜单中选择“New”→“Folder”，如图 2.131 所示，新建一个目录。

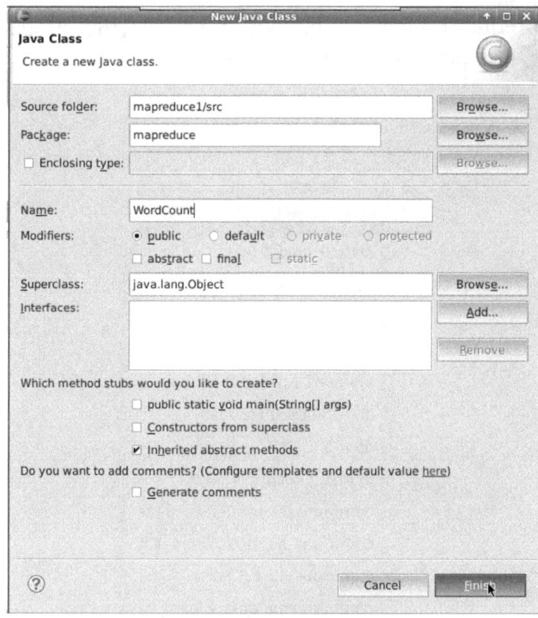

图 2.130　设置类名称

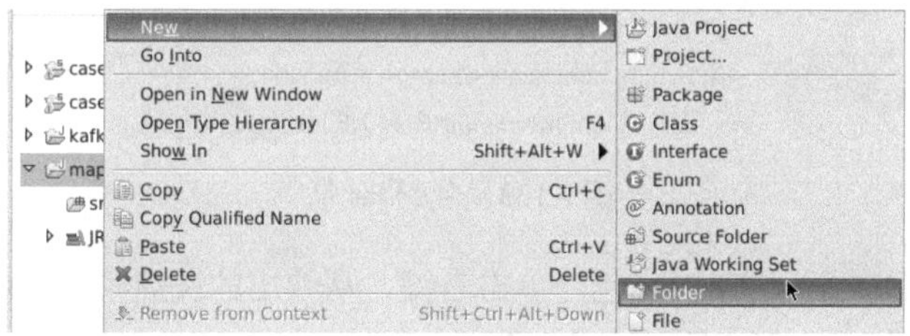

图 2.131　新建目录

将新建的目录命名为 hadoop2lib，如图 2.132 所示。

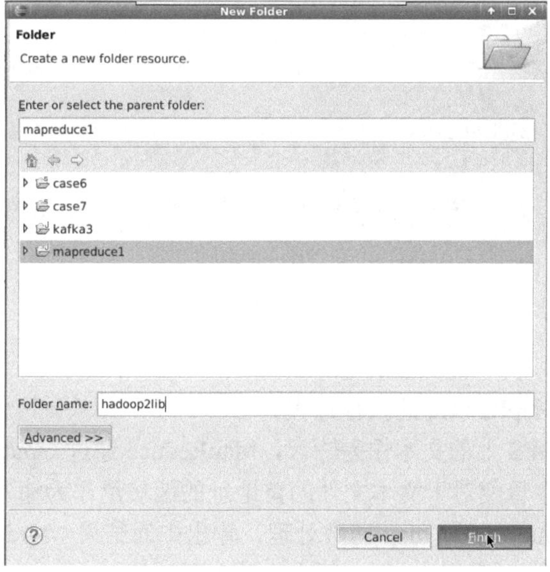

图 2.132　设置目录名称

将 Linux 上 /data/mapreduce1 目录下、hadoop2lib 目录中的 jar 包，全部复制到 Eclipse 中 mapreduce1 项目的 hadoop2lib 目录下，如图 2.133 所示。

图 2.133　复制 jar 包

选中 hadoop2lib 目录下所有的 jar 包，单击右键，从弹出的快捷菜单中选择“Build Path”→“Add to Build Path”，如图 2.134 所示。

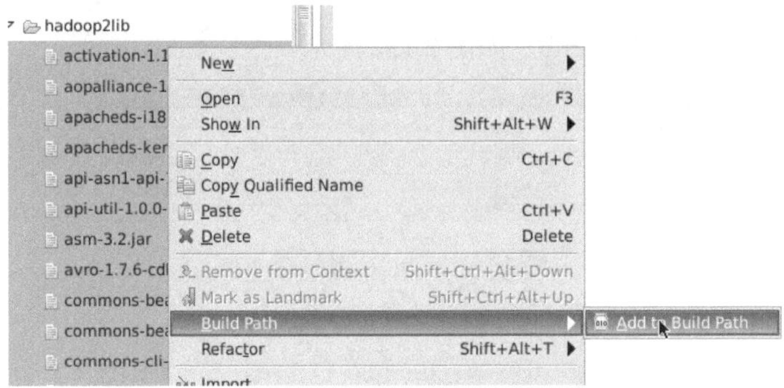

图 2.134　设置路径

（9）编写 Java 代码，并描述其设计思路。

图 2.135 描述了该 MapReduce 的执行过程。

大致思路是：将 HDFS 上的文本作为输入，MapReduce 通过 InputFormat 会将文本进行切片处理，并将每行的首字母相对于文本文件的首地址的偏移量作为输入键值对的 key，文本内容作为输入键值对的 value，经过 map 函数处理，输出中间结果<word,1>的形式，并在 reduce 函数中完成对每个单词的词频统计。整个程序代码主要包括 Mapper 和 Reducer 两部分。

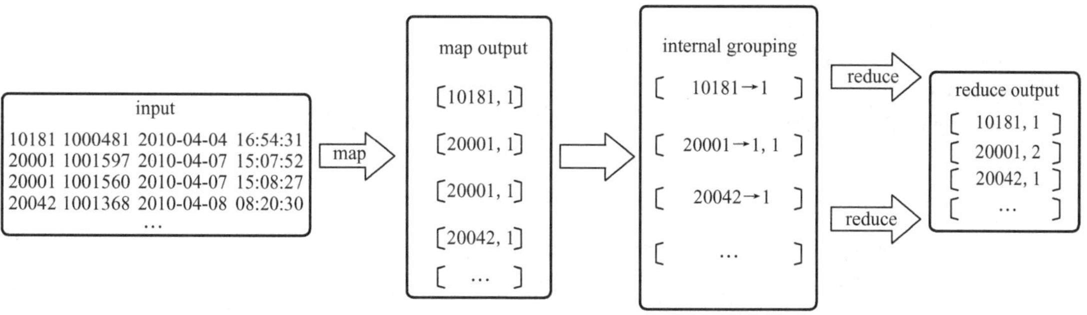

图 2.135　MapReduce 的执行过程

① Mapper 代码。

```
public static class doMapper extends Mapper<Object, Text, Text, IntWritable>{
//第一个参数 Object 表示输入键的类型；第二个参数 Text 表示输入值的类型；第三个参数 Text 表示输出键的类型；第四个参数 IntWritable 表示输出值的类型
public static final IntWritable one = new IntWritable(1);
    public static Text word = new Text();
    @Override
    protected void map(Object key, Text value, Context context)
            throws IOException, InterruptedException
              //抛出异常
{
      StringTokenizer tokenizer = new StringTokenizer(value.toString(),"\t");
    //StringTokenizer 是 Java 工具包中的一个类，用于将字符串进行拆分

        word.set(tokenizer.nextToken());
        //返回当前位置到下一个分隔符之间的字符串
        context.write(word, one);
        //将 word 存到容器中，记一个数
    }
```

在 map 函数里有 3 个参数，前两个参数 Object key 和 Text value 就是输入的 key 和 value，第三个参数 Context context 用于记录输入的 key 和 value，如 context.write(word,one)。此外，context 还会记录 map 的运算状态。map 阶段采用 Hadoop 默认的作业输入方式，将 value 变量的数据作为输入，用 StringTokenizer()方法截取其中的 ID 字段内容并作为 key 的键值，设置该键值对应的 value 字段内容为 1，然后直接输出<key,value>。

② Reducer 代码。

```
public static class doReducer extends Reducer<Text, IntWritable, Text, IntWritable>{
//参数与 map 一样、依次表示输入键类型、输入值类型、输出键类型、输出值类型
private IntWritable result = new IntWritable();
    @Override
    protected void reduce(Text key, Iterable<IntWritable> values, Context context)
  throws IOException, InterruptedException {
  int sum = 0;
  for (IntWritable value : values) {
```

```
        sum += value.get();
        }
        //for 循环遍历，将得到的 values 值累加
        result.set(sum);
        context.write(key, result);
        }
        }
```

map 输出的<key,value>要先经过 shuffle 过程，把相同 key 值的所有 value 聚集起来形成<key,values>，然后交给 reduce 端。reduce 端接收到<key,values>之后，将输入的 key 直接复制给输出的 key，用 for 循环遍历 values 并求和，求和结果就是 key 值代表的单词出现的总次数，将其设置为 value，直接输出<key,value>。

完整代码如下：

```
package MapReduce;
import java.io.IOException;
import java.util.StringTokenizer;
import org.apache.hadoop.fs.Path;
import org.apache.hadoop.io.IntWritable;
import org.apache.hadoop.io.Text;
import org.apache.hadoop.MapReduce.Job;
import org.apache.hadoop.MapReduce.Mapper;
import org.apache.hadoop.MapReduce.Reducer;
import org.apache.hadoop.MapReduce.lib.input.FileInputFormat;
import org.apache.hadoop.MapReduce.lib.output.FileOutputFormat;
public class WordCount {
  public static void main
(String[] args) throws IOException, ClassNotFoundException, InterruptedException {
    Job job = Job.getInstance();
    job.setJobName("WordCount");
    job.setJarByClass(WordCount.class);
    job.setMapperClass(doMapper.class);
    job.setReducerClass(doReducer.class);
    job.setOutputKeyClass(Text.class);
    job.setOutputValueClass(IntWritable.class);
    Path in = new Path("hdfs://localhost:9000/myMapReduce1/in/buyer_favorite1");
    Path out = new Path("hdfs://localhost:9000/myMapReduce1/out");
    FileInputFormat.addInputPath(job, in);
    FileOutputFormat.setOutputPath(job, out);
    System.exit(job.waitForCompletion(true) ? 0 : 1);
  }
  public static class doMapper extends Mapper<Object, Text, Text, IntWritable>{
    public static final IntWritable one = new IntWritable(1);
    public static Text word = new Text();
    @Override
    protected void map(Object key, Text value, Context context)
          throws IOException, InterruptedException {
      StringTokenizer tokenizer = new StringTokenizer(value.toString(), "\t");
```

```
                word.set(tokenizer.nextToken());
                context.write(word, one);
            }
        }
    public static class doReducer extends Reducer<Text, IntWritable, Text, IntWritable>{
        private IntWritable result = new IntWritable();
        @Override
        protected void reduce(Text key, Iterable<IntWritable> values, Context context)
        throws IOException, InterruptedException {
        int sum = 0;
        for (IntWritable value : values) {
        sum += value.get();
        }
        result.set(sum);
        context.write(key, result);
        }
    }
}
```

（10）在 WordCount 类文件中单击右键，从弹出的快捷菜单中选择“Run As”→“2 Run on Hadoop”选项，将 MapReduce 任务提交到 Hadoop 中，如图 2.136 所示。

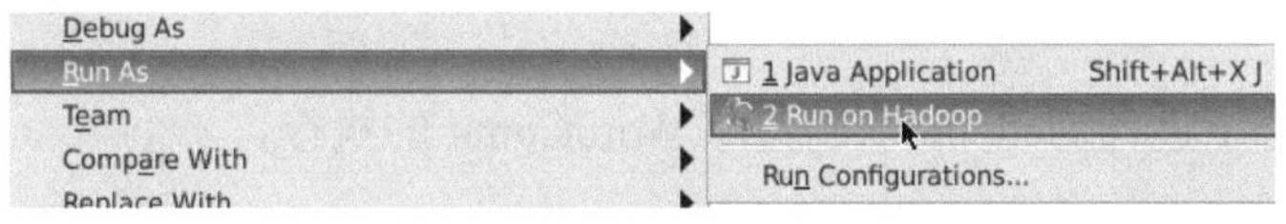

图 2.136　运行项目

（11）查看 HDFS。

执行完毕后，打开终端或使用 Hadoop Eclipse 插件，查看 HDFS 上程序输出的实验结果，如图 2.137 所示。

```
hadoop fs -ls /mymapreduce1/out
hadoop fs -cat /mymapreduce1/out/part-r-00000
```

```
zhangyu@a6a57a8dc3bf:/data/mapreduce1$ hadoop fs -ls /mymapreduce1/out
Found 2 items
-rw-r--r--   3 zhangyu supergroup          0 2017-01-05 07:35 /mymapreduce1/out/_SUCCESS
-rw-r--r--   3 zhangyu supergroup         73 2017-01-05 07:35 /mymapreduce1/out/part-r-00000
zhangyu@a6a57a8dc3bf:/data/mapreduce1$ hadoop fs -cat /mymapreduce1/out/part-r-00000
10181   1
20001   2
20042   1
20054   6
20055   1
20056   12
20064   1
20067   1
20076   5
```

图 2.137　实验结果

四、实验问题记录

安装过程中出现的问题：

问题说明：

解决方法：
（1）方法 1：
（2）方法 2：

五、实验总结

对实验进行总结，总结内容包括：
（1）通过实验学会了什么？
（2）实验过程中出现了什么问题？针对这些问题是如何解决的？请写出解决步骤。
（3）在实验过程中发现自己哪方面有待进一步提高？

2.9.8 【实验 8】Hadoop 示例程序 WordCount 的执行（Python）

一、实验目的

（1）准确理解 MapReduce 的设计原理；
（2）熟练掌握 WordCount 程序代码编写；
（3）学会自己编写 WordCount 程序进行词频统计。

二、实验内容

在 Hadoop 集群下进行 Hadoop 示例程序 WordCount 的执行。

三、实验步骤

利用网络资源，自行完成通过 Python 语言实现在 Hadoop 中执行 WordCount 程序。

四、实验问题记录

安装过程中出现的问题：
问题说明：
解决方法：
（1）方法 1：
（2）方法 2：

五、实验总结

对实验进行总结，总结内容包括：
（1）通过实验学会了什么？
（2）实验过程中出现了什么问题？针对这些问题是如何解决的？请写出解决步骤。
（3）在实验过程中发现自己哪方面有待进一步提高？

2.9.9 【实验 9】Hadoop HA 模式解析

Hadoop1 的核心组成是两部分，即 HDFS 和 MapReduce。在 Hadoop2 中变为 HDFS 和 YARN。

新的 HDFS 中的 NameNode 不再只有一个，而是可以有多个（目前支持两个）。每一个都有相同的职能。

这两个 NameNode 的地位如何？

解答：一个是 Active 状态的，一个是 Standby 状态的。当集群运行时，只有 Active 状态的 NameNode 是正常工作的，Standby 状态的 NameNode 处于待命状态，时刻同步 Active 状态的 NameNode 的数据。一旦 Active 状态的 NameNode 不能工作，通过手动或者自动切换，Standby 状态的 NameNode 可以转变为 Active 状态的，就可以继续工作了。这就是高可靠性。

当 NameNode 发生故障时，它们的数据如何保持一致？

解答：在这里，两个 NameNode 的数据其实是实时共享的。新 HDFS 采用了一种共享机制，即通过 JournalNode 集群或者 NFS 进行共享。NFS 是操作系统层面的，JournalNode 是 Hadoop 层面的，这里我们使用 JournalNode 集群进行数据共享。

如何实现 NameNode 的自动切换？

解答：这就需要使用 ZooKeeper 集群进行选择了。HDFS 集群中的两个 NameNode 都在 ZooKeeper 中注册，当 Active 状态的 NameNode 出现故障时，ZooKeeper 能检测到这种情况，它会自动把 Standby 状态的 NameNode 切换为 Active 状态。

HDFS Federation（HDFS 联盟）是怎么回事？

解答：联盟的出现是有原因的。我们知道 NameNode 是核心节点，维护着整个 HDFS 中的元数据信息，那么其容量是有限的，受制于服务器的内存空间。当 NameNode 服务器的内存装不下数据后，HDFS 集群就装不下数据了，寿命也就到头了。因此其扩展性是受限的。HDFS 联盟指的是有多个 HDFS 集群同时工作，这样其容量从理论上来说就不受限了，夸张一点说就是无限扩展。

第3章 Hive 环境搭建与基本操作

学习任务

对 Hive 环境有一个宏观的认识，同时学会 Hive 环境的搭建与基本操作。

☑ 了解 Hive 的基本原理。
☑ 掌握 Hive 的环境搭建过程。
☑ 掌握常用 Hive Shell 命令的使用。
☑ 掌握 Hive SQL 语句的使用。
☑ 掌握 Hive 函数的使用。
☑ 掌握 Hive 分区表和桶表的创建。

知识点

☑ Hive 概述。
☑ MySQL 安装。
☑ Hive 的环境搭建过程。
☑ Hive Shell 命令。
☑ Hive SQL 语句。
☑ Hive 函数。
☑ Hive 分区表和桶表。

3.1 Hive 概述

Hive 是基于 Hadoop（HDFS，MapReduce）的一个数据仓库工具，可以将结构化的数据文件映射为一张数据库表，并提供类 SQL 的查询功能。Hive 的本质是将 SQL 转换为 MapReduce 程序。

Hive 主要用来做批量数据统计分析，在提供快速开发能力的同时避免去编写复杂的 MapReduce

程序，从而减少开发人员的学习成本，功能扩展更加方便。比如，可以方便地使用 Hive 来计算网站被访问的浏览量、时间、资源和流量等关键指标，供运营者参考，基于数据做出合理的科学决策。

1. Hive 架构

Hive 的结构如图 3.1 所示，可以分为以下几部分。

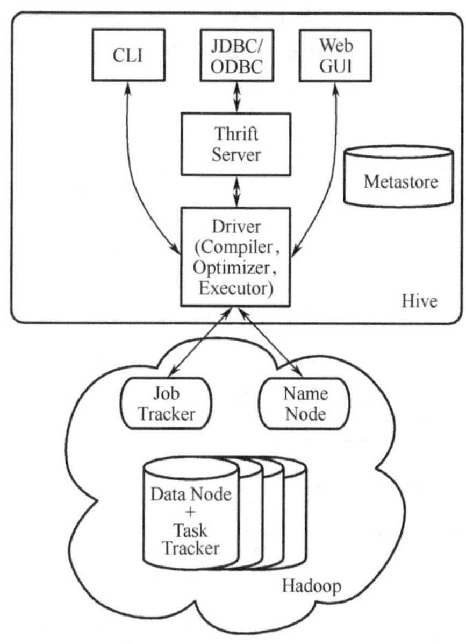

图 3.1　Hive 的结构

用户接口主要有 3 个：CLI、Client 和 WUI。其中最常用的是 CLI，CLI 启动时，会同时启动一个 Hive 副本。Client 是 Hive 的客户端，用户连接至 HiveServer。在启动 Client 模式时，需要指出 HiveServer 所在的节点，并且在该节点启动 HiveServer。WUI 是通过浏览器访问 Hive 的。

Hive 将元数据存储在数据库中，如 MySQL、Derby。Hive 中的元数据包括表的名字、表的列和分区及其属性、表的属性（是否为外部表等）、表的数据所在目录等。

解释器、编译器、优化器完成 HQL 查询语句从词法分析、语法分析、编译、优化到查询计划的生成。生成的查询计划存储在 HDFS 中，并在随后由 MapReduce 调用执行。

Hive 的数据存储在 HDFS 中，大部分的查询由 MapReduce 完成（包含 * 的查询，比如 select*fromtbl 不会生成 MapReduce 任务）。

2. Hive 和 Hadoop 的关系

Hive 构建在 Hadoop 之上，HQL 中对查询语句的解释、优化和生成查询计划是由 Hive 完成的，如图 3.2 所示。

所有的数据都存储在 Hadoop 中，查询计划被转化为 MapReduce 任务，在 Hadoop 中执行（有些查询没有 MapReduce 任务，如 select*fromtable）。Hadoop 和 Hive 都是用 UTF-8 编码的。

3. Hive 和关系数据库管理系统的区别

表 3.1 显示了 Hive 和关系数据库管理系统（Relational Database Management System, RDBMS）的区别。

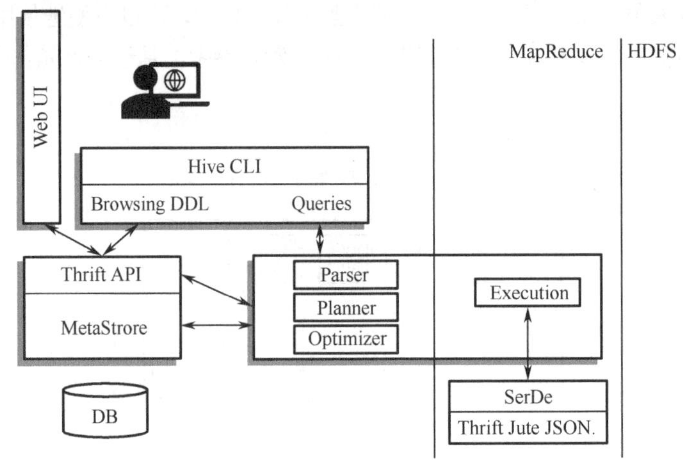

图 3.2　Hive 和 Hadoop 的关系

表 3.1　Hive 和关系数据库管理系统的区别

	Hive	RDBMS
查询语言	HQL	SQL
数据存储位置	HDFS	Raw Device or Local FS
索引	无	有
执行	MapReduce	Excutor
执行延迟	高	低
处理数据规模	大	小

1）查询语言

由于 SQL 被广泛地应用在数据库中，因此，专门针对 Hive 的特性设计了类 SQL 的查询语言 HQL。熟悉 SQL 开发的人员可以很方便地使用 Hive 进行开发工作。

2）数据存储位置

Hive 是建立在 Hadoop 之上的，所有 Hive 的数据都存储在 HDFS 中，而数据库则可以将数据保存在块设备或者本地文件系统中。

3）数据格式

Hive 中没有定义专门的数据格式，数据格式可以由用户指定，用户定义数据格式需要指定 3 个属性：列分隔符（通常为空格、“\t”“\x001”）、行分隔符（“\n”）和读取文件数据的方法（Hive 中默认有 3 个文件格式 TextFile、SequenceFile 和 RCFile）。由于在加载数据的过程中，不需要从用户数据格式到 Hive 定义的数据格式的转换，因此，Hive 在加载的过程中不会对数据本身进行任何修改，只是将数据内容复制或者移动到相应的 HDFS 目录中。而在数据库中，不同的数据库有不同的存储引擎，定义了自己的数据格式，所有数据都会按照一定的组织存储，因此，数据库加载数据的过程会比较耗时。

4）数据更新

由于 Hive 是针对数据库应用设计的，而数据库的内容是读多写少的，因此 Hive 中不支持对数据的改写和添加，所有的数据都是在加载的时候确定好的。而数据库中的数据通常是需要经常进行修改的，因此可以使用 INSERT INTO…VALUES 添加数据，使用 UPDATE…SET 修改数据。

5）索引

之前已经说过，Hive 在加载数据的过程中不会对数据进行任何处理，甚至不会对数据进行扫描，因此也没有对数据中的某些 Key 建立索引。Hive 要访问数据中满足条件的特定值时，需要暴力扫描整个数据，所以访问延迟较高。由于 MapReduce 的引入，Hive 可以并行访问数据，因此即使没有索引，对于大数据量的访问，Hive 仍然可以体现出优势。在数据库中，通常会针对一列或者几列建立索引，因此对于少量的特定条件的数据的访问，数据库可以有很高的效率，具有较低的延迟。由于数据的访问延迟较高，决定了 Hive 不适合在线查询数据。

6）执行

Hive 中大多数查询的执行是通过 Hadoop 提供的 MapReduce 来实现的(类似 select*fromtbl 的查询不需要 MapReduce)，而数据库通常有自己的执行引擎。

7）执行延迟

Hive 在查询数据的时候，由于没有索引，需要扫描整个表，因此延迟较高。另外一个导致 Hive 执行延迟高的因素是 MapReduce 框架。由于 MapReduce 本身具有较高的延迟，因此在利用 MapReduce 执行 Hive 查询时，也会有较高的延迟。相应地，数据库的执行延迟较低。当然，这个低是有条件的，即数据规模较小。当数据规模大到超过数据库的处理能力的时候，Hive 的并行计算显然能体现出优势。

8）可扩展性

由于 Hive 是建立在 Hadoop 之上的，因此 Hive 的可扩展性和 Hadoop 的可扩展性是一致的（世界上最大的 Hadoop 集群在 Yahoo!，其 2009 年的规模在 4000 台节点左右）。而数据库由于 ACID 语义的严格限制，扩展行非常有限。目前最先进的并行数据库 Oracle 在理论上的扩展能力也只有 100 台左右。

9）处理数据规模

由于 Hive 建立在集群上并可以利用 MapReduce 进行并行计算，因此可以支持很大规模的数据；相应地，数据库可以支持的数据规模较小。

3.2　基于 HDFS 和 MySQL 的 Hive 环境搭建

1. MySQL

MySQL 是一种关系型数据库管理系统，由瑞典 MySQL AB 公司开发，目前属于 Oracle 旗下产品。MySQL 是最流行的关系型数据库管理系统之一，在 Web 应用方面，MySQL 是最好的 RDBMS 应用软件。

MySQL 将数据保存在不同的表中，而不是将所有数据都放在一个大仓库内，这样就增加了速度并提高了灵活性。

MySQL 所使用的 SQL 语言是用于访问数据库的最常用标准化语言。MySQL 采用了双授权政策，分为社区版和商业版。由于其体积小、速度快、总体拥有成本低，尤其是开放源码这一特点，因此一般中小型网站的开发都选择 MySQL 作为网站数据库。

由于其社区版的性能卓越，搭配 PHP 和 Apache 可组成良好的开发环境。

1）与其他大型数据库的对比

例如，与 Oracle、DB2.SQL Server 等相比，MySQL 有其不足之处，但是这丝毫也没有降低它受欢迎的程度。对于一般的个人使用者和中小型企业来说，MySQL 提供的功能已经绰绰有余，而且由于 MySQL 是开放源码软件，因此可以大大降低总体拥有成本。

Linux 作为操作系统，Apache 或 Nginx 作为 Web 服务器，MySQL 作为数据库，PHP/Perl/Python 作为服务器脚本解释器——由于这 4 个软件都是免费的或开放源码软件（FLOSS），因此使用这种方式不用花一分钱（除去人工成本）就可以建立起一个稳定、免费的网站系统，被业界称为“LAMP”或“LNMP”组合。

2）MySQL 架构及应用

单点（Single）：适合小规模应用。

复制（Replication）：适合中小规模应用。

集群（Cluster）：适合大规模应用。

2. HDFS

Hadoop 分布式文件系统（HDFS）被设计成适合运行在通用硬件（Commodity Hardware）上的分布式文件系统。它和现有的分布式文件系统有很多共同点，但同时，它和其他的分布式文件系统的区别也很明显。HDFS 是一个高容错性的系统，适合部署在廉价的机器上；HDFS 能提供高吞吐量的数据访问，非常适合大规模数据集上的应用；HDFS 放宽了一部分 POSIX 约束，来实现流式读取文件系统数据的目的；HDFS 在最开始是作为 Apache Nutch 搜索引擎项目的基础架构而开发的，是 Apache Hadoop Core 项目的一部分。

下面具体介绍 HDFS 的一些特点。

1）硬件故障

硬件故障是常态，而不是异常。整个 HDFS 系统由数百或数千个存储着文件数据片段的服务器组成，也就是说它有非常多的组成部分，而每个组成部分都可能出现故障，这就意味着 HDFS 中总是有一些部件是失效的，因此，故障的检测和自动快速恢复是 HDFS 一个核心的设计目标。

2）数据访问

运行在 HDFS 之上的应用程序必须流式地访问它们的数据集，它们不是运行在普通文件系统之上的普通程序。HDFS 被设计成适合批量处理的，而不是用户交互式的。重点是数据吞吐量，而不是数据访问的反应时间，POSIX 的很多硬性需求对于 HDFS 应用都是非必要的，去掉 POSIX 一小部分关键语义可以获得更好的数据吞吐率。

3）大数据集

运行在 HDFS 之上的程序有很大量的数据集，典型的 HDFS 文件大小是 GB 到 TB 的级别。所以，HDFS 被调整为支持大文件。它应该提供很高的聚合数据带宽，一个集群中支持数百个节点，还应该支持千万级别的文件。

4）简单一致性模型

大部分的 HDFS 程序对文件操作需要的是一次写入多次读取的操作模式，一个文件一旦创建、写入、关闭之后就不需要修改了。这个假设简化了数据一致性的问题，并使高吞吐量的数据访问变得可能。一个 MapReduce 程序或者网络爬虫程序都可以完美地适应这个模型。

5）移动计算比移动数据更经济

在靠近计算数据所存储的位置来进行计算是最理想的状态，尤其是在数据集特别巨大的时候。这样可以消除网络的拥堵，提高系统的整体吞吐量。一个假设就是迁移计算到离数据更近的位置比将数据移动到离程序运行更近的位置要好。HDFS 提供了接口，来让程序将自己移动到离数据存储更近的位置。

6）异构软硬件平台间的可移植性

HDFS 被设计成可以便捷地实现平台间的迁移，这将推动需要大数据集的应用更广泛地采用 HDFS 作为平台。

7）名字节点和数据节点

HDFS 是一个主从结构，一个 HDFS 集群包含一个名字节点，它是一个管理文件命名空间和调节客户端访问文件的主服务器，当然还包含一些数据节点，通常是一个节点一个机器，用来管理对应节点的存储。HDFS 对外开放文件命名空间并允许用户数据以文件形式存储。

内部机制是将一个文件分割成一个或多个块，这些块被存储在一组数据节点中。名字节点用来执行文件命名空间的文件或目录操作，如打开、关闭、重命名等，同时它还要确定块与数据节点的映射。数据节点负责来自文件系统客户的读/写请求，同时还要执行块的创建、删除，以及来自名字节点的块复制指令。

名字节点和数据节点都是运行在普通机器上的软件，典型的操作系统都是 GNU/Linux。HDFS 是用 Java 编写的，任何支持 Java 的机器都可以运行名字节点和数据节点，利用 Java 语言的超轻便性，很容易将 HDFS 部署到大范围的机器上。典型的部署是由一台专门的机器来运行名字节点软件，集群中其他的每台机器运行一个数据节点的实例。体系结构不排斥在一台机器上运行多个数据节点的实例，但是实际的部署不会有这种情况。

集群中只有一个名字节点极大地简化了系统的体系结构。名字节点是仲裁者和所有 HDFS 元数据的仓库，用户的实际数据不经过名字节点。

HDFS 支持传统的继承式的文件组织结构。一个用户或一个程序可以创建目录，将文件存储到很多目录之中。文件系统的名字空间层次和其他的文件系统相似。可以创建、移动文件，将文件从一个目录移动到另一个目录，或者重命名。HDFS 还没有实现用户的配额和访问控制，同时还不支持硬链接和软链接。然而，HDFS 结构不排斥在将来实现这些功能。

名字节点负责维护文件系统的命名空间，任何文件命名空间的改变和属性都可以被名字节点记录。应用程序可以指定文件的副本数，文件的副本数被称作文件的复制因子，这些信息由命名空间负责存储。

8）数据复制

HDFS 被设计成能可靠地在集群中的大量机器之间存储大量的文件，它以块序列的形式存储文件。文件中除了最后一个块，其余块都有相同的大小。属于文件的块为了故障容错而被复制。块的大小和复制的数量是以文件为单位进行配置的，应用可以在文件创建时或者之后修改复制因子。HDFS 中的文件是一次性写入的，并且任何时候都只有一个写操作。

名字节点负责处理所有与块复制相关的决策。它周期性地接收集群中数据节点的心跳信息和块报告。一个心跳信息的到达表示这个数据节点是正常的，一个块报告包括该数据节点上所有块的列表。

块副本存放位置的选择严重影响着 HDFS 的可靠性和性能。副本存放位置的优化是 HDFS

区分于其他分布式文件系统的特征，这需要精心的调节和大量的经验。机架敏感的副本存放策略是为了提高数据的可靠性、可用性和网络带宽的利用率。副本存放策略的实现是这个方向上比较原始的方式。短期的实现目标是把这个策略放在生产环境下验证，了解更多它的行为，为以后测试研究更精致的策略打好基础。

HDFS 运行在跨越大量机架的集群之上。两个不同机架上的节点是通过交换机实现通信的，在大多数情况下，相同机架上机器间的网络带宽优于不同机架上的机器。

在开始的时候，每一个数据节点均自检其所属的机架 ID，然后在向名字节点注册的时候告知它的机架 ID。HDFS 提供接口以便很容易地挂载检测机架标示的模块。一个简单但不是最优的方式是将副本放置在不同的机架上，这样就防止了机架出现故障时导致的数据丢失，并且在读数据的时候可以充分利用不同机架的带宽。这个方式均匀地将复制分散在集群中，简单地实现了组建故障时的负载均衡。然而这种方式增加了写的成本，因为写的时候需要跨越多个机架传输文件块。

默认的 HDFS Block 放置策略在最小化写开销和最大化数据可靠性、可用性及总体读取带宽之间进行了一些折中。一般情况下复制因子为 3，HDFS 的副本放置策略是将第一个副本放在本地节点，将第二个副本放到本地机架上的另外一个节点，而将第三个副本放到不同机架上的节点。这种方式减少了机架间的写流量，从而提高了写的性能。机架故障的概率远小于节点故障。这种方式并不影响数据可靠性和可用性的限制，并且它确实减小了读操作的网络聚合带宽，因为文件块仅存放在两个不同的机架上，而不是三个。文件的副本不是均匀地分布在机架当中，而是 1/3 在同一个节点上，1/3 在同一个机架上，另外 1/3 均匀地分布在其他机架上。这种方式提高了写的性能，并且不影响数据的可靠性和读性能。

9）副本的选择

为了尽量减小全局的带宽消耗读延迟，HDFS 尝试返回一个读操作离它最近的副本。假如在读节点的同一个机架上就有这个副本，则直接读取该副本，如果 HDFS 集群是跨越多个数据中心的，那么本地数据中心的副本优先于远程的副本。

10）安全模式

在启动的时候，名字节点进入一个叫作安全模式的特殊状态。在安全模式中不允许发生文件块的复制。名字节点接收来自数据节点的心跳信息和块报告，一个块报告包含数据节点所拥有的数据块的列表。

每个块都有一个特定的最小复制数。当名字节点检查某个块已经大于最小的复制数时就被认为是安全的复制了，当达到配置的块安全复制比例时（加上额外的 30s），名字节点就退出安全模式。它会检测数据块的列表，将小于特定复制数的块复制到其他的数据节点。

11）文件系统的元数据的持久化

HDFS 的命名空间是由名字节点存储的。名字节点使用事务日志来持久记录每一次对文件系统元数据的改变，如在 HDFS 中创建一个新的文件，名字节点将在 EditLog 中插入一条信息来记录这个改变。类似地，改变文件的复制因子也会向 EditLog 中插入一条记录。名字节点在本地文件系统中用一个文件来存储这个 EditLog。整个文件系统命名空间，包括文件块的映射表和文件系统的配置，都存在一个叫 FsImage 的文件中，FsImage 也存放在名字节点的本地文件系统中。

名字节点在内存中保留一个完整的文件系统命名空间和文件块的映射表的镜像。这个元数据被设计成紧凑型的，这样 4GB 内存的名字节点就足以处理非常大的文件数和目录。名字节点启动时，它将从磁盘中读取 FsImage 和 EditLog，将 EditLog 中的所有事务应用到 FsImage 的仿内存空间，然后将新的 FsImage 刷新到本地磁盘中，因为事务已经被处理并持久化在 FsImage 中，所以就可以截去旧的 EditLog 了。这个过程叫作检查点。在现阶段，检查点仅在名字节点启动的时候发生，并且支持周期性运行。

数据节点将 HDFS 数据存储到本地的文件系统中。数据节点并不知道 HDFS 文件的存在，它在本地文件系统中以单独的文件存储每一个 HDFS 文件的数据块。数据节点不会将所有的数据块文件存放到同一个目录中，而是启发式地检测每一个目录的最优文件数，并在适当的时候创建子目录。在本地同一目录下创建所有的数据块文件不是最优的，因为本地文件系统可能不支持单个目录下大量文件的高效操作。当数据节点启动时，它将扫描本地文件系统，根据本地的文件产生一个所有 HDFS 数据块的列表并报告给名字节点，这个报告称作块报告。

12）通信协议

HDFS 的通信协议都是在 TCP/IP 协议之上构建的。一个客户端和指定 TCP 配置端口的名字节点建立连接之后，它和名字节点之间的通信协议是 Client Protocol。数据节点和名字节点之间通过 DataNode Protocol 通信。

RPC（Remote Procedure Call，远程过程调用）抽象地封装了 Client Protocol 和 DataNode Protocol 协议。按照设计，名字节点不会主动发起一个 RPC，它只是被动地对数据节点和客户端发起的 RPC 做出反馈。

3. 安装 MySQL

（1）下载并解压 MySQL。

（2）采用 apt-get 安装 MySQL。

（3）启动 MySQL 服务。

（4）进入 MySQL 命令行。

（5）创建一个名为 hive 的数据库，用于 Hive 数据文件的存储。

（6）给当前用户授权。

命令如下：

```
mkdir /home/hadoop/Software/mysql      //建立下载目录
cd /home/hadoop/Software/ mysql        //进入下载目录
wget http://dev.MySQL.com/get/Downloads/MySQL-5.7/mysql-5.7.11-Linux-glibc2.5-x86_64.tar.gz
//下载 MySQL 文件
mkdir /opt/mysql                       //建立安装目录
tar zxf mysql-5.7.11-Linux-glibc2.5-x86_64.tar.gz -C /opt/ mysql    //解压到安装目录
（进入 system setting，切换到 other software 页，把打钩的全部取消掉）
sudo apt-get update（更新安装源列表）
（如果有报 lock 等错误信息，则运行 ps-ef | grep apt 或者 dpkg，将显示出来的相关进程去掉）
sudo apt-get install mysql-server    //采用 apt-get 安装 MySQL，会提示设置 MySQL 的用户名和密码，设用户名为 zhangyu，密码为 strongs
service mysql start      //启动 MySQL 服务
mysql -uroot -p          //进入 MySQL 命令行，输入用户名之后会提示输入密码，输入密码 strongs
mysql> create user hive identified by 'hive';    //创建一个用户名为 hive、密码为 hive 的数据库用户
mysql> create database hive;                     //创建一个名为 hive 的数据库
```

```
mysql> grant all on hive.* to 'hive'@'%' identified by 'hive';          //给 hive 用户授权
mysql> grant all on hive.* to 'hive'@'localhost' identified by 'hive';    //给 hive 用户授权
mysql> flush privileges;
mysql> exit;                                        //退出 MySQL
```

添加之后，可以查询用户信息，如图 3.3 所示。

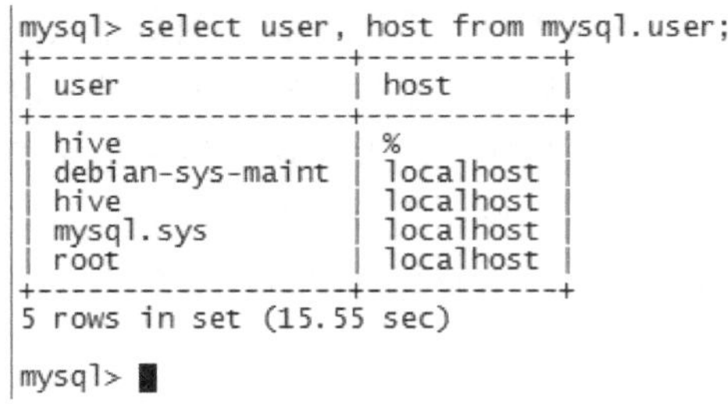

图 3.3　查询用户信息

4. Hive 的安装

（1）下载。

下载地址：Hive 官方网站。

下载版本：hive-2.1.1。

压缩包名称：apache-hive-2.1.1-bin.tar.gz。

压缩包存放目录：/home/lina/Software/Hadoop/apache-hive-2.1.1-bin.tar.gz。

（2）解压。

将解压目录（安装目录）设置为 /home/hadoop/，使用下面的命令进行解压，并创建软链接：

```
cd / home/hadoop/Software/Hadoop          //将当前目录切换至压缩包所在目录
tar zxf apache-hive-2.1.1-bin.tar.gz -C /home/hadoop      //解压到安装目录，解压之后的名字是apache-hive-2.1.1-bin
mv apache-hive-2.1.1-bin hive      //将文件夹的名字由 apache-hive-2.1.1-bin 改为 hive
```

（3）添加环境变量。

因为之前已经配置过 JDK、Hadoop、ZooKeeper、HBase 和 Pig 的环境变量，所以这里只需要添加 Hive 的环境变量，添加内容在图 3.4 中使用矩形框圈起来了（没圈的地方是之前已经配置过的环境变量，这里不需要变动）。使用命令 sudo vi ~/.bashrc 打开配置文件，添加如下两行命令，结果如图 3.4 所示。

```
export HIVE_HOME=/home/hadoop/hive
export PATH=$PATH:$HIVE_HOME/bin:$HIVE_HOME/conf
```

使用命令 source ~/.bashrc 使更改的环境变量立即生效。

（4）修改 Hive 配置文件。

① 复制初始文件作为配置文件。

进入 ${HIVE_HOME}\conf 即 /home/hadoop/hive/conf 目录下，执行下面的命令：

```
cp hive-env.sh.template hive-env.sh
cp hive-default.xml.template hive-site.xml
cp hive-log4j2.properties.template hive-log4j2.properties
cp hive-exec-log4j2.properties.template hive-exec-log4j2.properties
```

```
export JAVA_HOME=/opt/Java/jdk1.8
export CLASSPATH=${JAVA_HOME}/lib:.
export PATH=${JAVA_HOME}/bin:$PATH

export HADOOP_HOME=/opt/Hadoop/hadoop-2.7.3
export ZOOKEEPER_HOME=/opt/Hadoop/zookeeper-3.4.9
export HBASE_HOME=/opt/Hadoop/hbase-1.3.1
export PIG_HOME=/opt/Hadoop/pig-0.16.0
export HIVE_HOME=/opt/Hadoop/apache-hive-2.1.1
export PIG_CLASSPATH=${HADOOP_HOME}/etc/hadoop
export HADOOP_CONF_DIR=${HADOOP_HOME}/etc/hadoop
export PATH=.:${HADOOP_HOME}/bin:$HADOOP_HOME/sbin:$ZOOKEEPER_HOME/bin:$HBASE_HOME/bin:$PIG_HOME/bin:$
HIVE_HOME/bin:$HIVE_HOME/conf:$JAVA_HOME/bin:$PATH

                                                    131,1          Bot
```

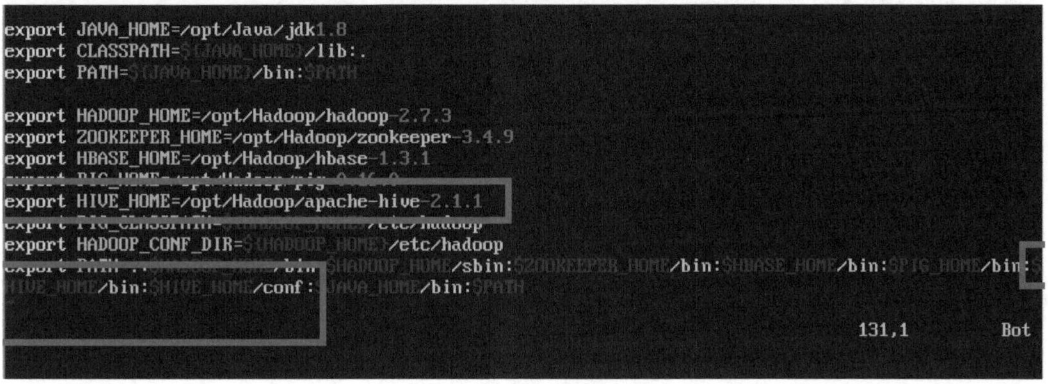

图 3.4　添加环境变量

② 修改 hive-env.sh。

进入 ${HIVE_HOME}\conf 即 /home/hadoop/hive/conf 目录下，使用 vi hive-en.sh 打开文件，在 hive-env.sh 中添加以下路径：

```
export JAVA_HOME=/home/hadoop/jdk1.8        //Java 路径
export HADOOP_HOME=/home/hadoop/hadoop-2.7.3      //Hadoop 安装路径
export HIVE_HOME=/home/hadoop/hive       //Hive 安装路径
export HIVE_CONF_DIR=/home/hadoop/hive/conf      //Hive 配置文件路径
```

③ 创建 hdfs 目录，用于配置 hive-site.xml。

以 hadoop 用户执行以下命令：

```
hdfs dfs -mkdir -p /user/hive/warehouse
hdfs dfs -mkdir -p /user/hive/tmp
hdfs dfs -mkdir -p /user/hive/log
hdfs dfs -chmod -R 777 /user/hive/warehouse
hdfs dfs -chmod -R 777 /user/hive/tmp
hdfs dfs -chmod -R 777 /user/hive/log
```

④ 在 apache-2.1.1 安装目录下创建一个 tmp 文件夹，用于存储临时文件，命令如下：

```
cd /home/hadoop/hive/
mkdir tmp
或者：mkdir –p /home/hadoop/hive/tmp
```

⑤ 修改 hive-site.xml。

将 hive-site.xml 文件中以下几个配置项的值设置成上一步中创建的几个路径：

```
<property>
    <name>hive.exec.scratchdir</name>
    <value>/user/hive/tmp</value>
</property>
```

```
<property>
    <name>hive.exec.local.scratchdir</name>
    <value>/home/hadoop/hive/tmp/hadoop</value>
</property>
<property>
    <name>hive.metastore.warehouse.dir</name>
    <value>/user/hive/warehouse</value>
</property>
<property>
    <name>hive.downloaded.resources.dir</name>
    <value>/home/hadoop/hive/tmp/${hive.session.id}_resources</value>
</property>
<property>
    <name>hive.querylog.location</name>
    <value>/user/hive/log/hadoop</value>
</property>
<property>
    <name>hive.server2.logging.operation.log.location</name>
    <value>/home/hadoop/hive/tmp/hadoop/operation_logs</value>
    <description>Top level directory where operation logs are stored if logging functionality is enabled</description>
  </property>
```

在 hive-site.xml 文件中配置 MySQL 数据库连接信息：

```
<property>
    <name>javax.jdo.option.ConnectionURL</name>
<value>jdbc:mysql://localhost:3306/hive?createDatabaseIfNotExist=true&amp;characterEncoding=UTF-8&amp;useSSL=false</value>
  </property>
  <property>
    <name>javax.jdo.option.ConnectionDriverName</name>
    <value>com.mysql.jdbc.Driver</value>
  </property>
  <property>
    <name>javax.jdo.option.ConnectionUserName</name>
    <value>hive</value>
  </property>
  <property>
    <name>javax.jdo.option.ConnectionPassword</name>
    <value>hive</value>
  </property>
```

注意：上述 ConnectionUserName 和 ConnectionPassword 这两个参数的 value 值，按 MySQL 数据库中实际对应的用户名和密码做相应的修改。

⑥ 更改{system:java.io.tmpdir}和{system:user.name}。

```
在配置文件 hive-site.xml 中：
将{system:java.io.tmpdir} 改成 /home/hadoop/hive/tmp/
将{system:user.name} 改成 hadoop
```

⑦ 修改 core-site.xml 文件。

修改 hadoop 安装目录下的 core-site.xml 文件。若不修改，在执行 Hive 的时候，会提示"xx is not allowed to impersonate hive"的错误信息。进入 /home/hadoop/hadoop-2.7.3/etc/hadoop/，打开 core-site.xml，添加如下内容：

```
<property>
    <name>hadoop.proxyuser.hive.groups</name>
    <value>*</value>
  </property>
  <property>
    <name>hadoop.proxyuser.hive.hosts</name>
    <value>*</value>
  </property>
 <property>
    <name>hadoop.proxyuser.hadoop.groups</name>
    <value>*</value>
  </property>
  <property>
    <name>hadoop.proxyuser.hadoop.hosts</name>
    <value>*</value>
  </property>
```

（5）配置 JDBC 驱动包。

从 MySQL 官方网站下载数据库 JDBC 驱动压缩包。

下载之后将文件夹解压，得到 mysql-connector-java-5.1.42-bin.jar，将此 jar 包放在 ${HIVE_HOME}/lib 目录即 /home/hadoop/hive/lib 下。

（6）初始化并启动 Hive。

重新启动 Hadoop 服务。

① 从 Hive 2.1 版本开始，需要先运行 schematool 命令来执行初始化操作。

```
schematool -dbType mysql -initSchema
```

看到 schematool completed 语句表示初始化完成。

② 可以使用 schematool -dbType mysql -info 语句查看数据库初始化信息。

③ 进入 MySQL 中，查看 Hive 中的表格信息，可看到如图 3.5 所示内容。

```
mysql -uroot -p   //进入 MySQL 的命令行，输入之后会提示输入密码，输入密码 root
use hive;
show tables;
```

④ 检测 Hive 是否启动成功，直接在命令行输入 hive 即可，结果如图 3.6 所示。

```
hive
```

```
mysql> show tables;
+---------------------------+
| Tables_in_hive            |
+---------------------------+
| AUX_TABLE                 |
| BUCKETING_COLS            |
| CDS                       |
| COLUMNS_V2                |
| COMPACTION_QUEUE          |
| COMPLETED_COMPACTIONS     |
| COMPLETED_TXN_COMPONENTS  |
| DATABASE_PARAMS           |
| DBS                       |
| DB_PRIVS                  |
| DELEGATION_TOKENS         |
| FUNCS                     |
| FUNC_RU                   |
| GLOBAL_PRIVS              |
| HIVE_LOCKS                |
| IDXS                      |
| INDEX_PARAMS              |
| KEY_CONSTRAINTS           |
| MASTER_KEYS               |
| NEXT_COMPACTION_QUEUE_ID  |
| NEXT_LOCK_ID              |
| NEXT_TXN_ID               |
| NOTIFICATION_LOG          |
| NOTIFICATION_SEQUENCE     |
| NUCLEUS_TABLES            |
| PARTITIONS                |
| PARTITION_EVENTS          |
| PARTITION_KEYS            |
| PARTITION_KEY_VALS        |
| PARTITION_PARAMS          |
| PART_COL_PRIVS            |
| PART_COL_STATS            |
| PART_PRIVS                |
| ROLES                     |
| ROLE_MAP                  |
| SDS                       |
| SD_PARAMS                 |
| SEQUENCE_TABLE            |
| SERDES                    |
| SERDE_PARAMS              |
| SKEWED_COL_NAMES          |
| SKEWED_COL_VALUE_LOC_MAP  |
| SKEWED_STRING_LIST        |
| SKEWED_STRING_LIST_VALUES |
| SKEWED_VALUES             |
| SORT_COLS                 |
| TABLE_PARAMS              |
| TAB_COL_STATS             |
| TBLS                      |
| TBL_COL_PRIVS             |
| TBL_PRIVS                 |
| TXNS                      |
| TXN_COMPONENTS            |
| TYPES                     |
| TYPE_FIELDS               |
| VERSION                   |
| WRITE_SET                 |
+---------------------------+
57 rows in set (0.00 sec)

mysql>
```

图 3.5　查看 Hive 中的表格信息

```
lina@hadoop2m:~$ hive
SLF4J: Class path contains multiple SLF4J bindings.
SLF4J: Found binding in [jar:file:/opt/Hadoop/apache-hive-2.1.1/lib/log4j-slf4j-impl-2.4.1.jar!/org/slf4j/impl/StaticLoggerBinder.class]
SLF4J: Found binding in [jar:file:/opt/Hadoop/hadoop-2.7.3/share/hadoop/common/lib/slf4j-log4j12-1.7.10.jar!/org/slf4j/impl/StaticLoggerBinder.class]
SLF4J: See http://www.slf4j.org/codes.html#multiple_bindings for an explanation.
SLF4J: Actual binding is of type [org.apache.logging.slf4j.Log4jLoggerFactory]

Logging initialized using configuration in jar:file:/opt/Hadoop/apache-hive-2.1.1/lib/hive-common-2.1.1.jar!/hive-log4j2.properties Async: true
Hive-on-MR is deprecated in Hive 2 and may not be available in the future versions. Consider using a different execution engine (i.e. spark, tez) or using Hive 1.X releases.
hive>
```

图 3.6　Hive 启动结果

注意：启动 Hive 时可能出现以下错误信息。

若提示 jdbc.mysql.Connection was not found，可能是 mysql-connector-java-5.1.42-bin.jar 放错了位置。

若提示关于 schema init 的错误信息，则可能是数据库初始化未成功，如图 3.7 所示，需要再次尝试初始化。

```
        at org.apache.hadoop.hive.metastore.ObjectStore.checkSchema(ObjectStore.java:7753)
        at org.apache.hadoop.hive.metastore.ObjectStore.verifySchema(ObjectStore.java:7731)
        at sun.reflect.NativeMethodAccessorImpl.invoke0(Native Method)
        at sun.reflect.NativeMethodAccessorImpl.invoke(NativeMethodAccessorImpl.java:62)
        at sun.reflect.DelegatingMethodAccessorImpl.invoke(DelegatingMethodAccessorImpl.java:43)
        at java.lang.reflect.Method.invoke(Method.java:498)
        at org.apache.hadoop.hive.metastore.RawStoreProxy.invoke(RawStoreProxy.java:101)
        at com.sun.proxy.$Proxy21.verifySchema(Unknown Source)
        at org.apache.hadoop.hive.metastore.HiveMetaStore$HMSHandler.getMS(HiveMetaStore.java:565)
        at org.apache.hadoop.hive.metastore.HiveMetaStore$HMSHandler.createDefaultDB(HiveMetaStore.j
ava:626)
        at org.apache.hadoop.hive.metastore.HiveMetaStore$HMSHandler.init(HiveMetaStore.java:416)
        at org.apache.hadoop.hive.metastore.RetryingHMSHandler.<init>(RetryingHMSHandler.java:78)
        at org.apache.hadoop.hive.metastore.RetryingHMSHandler.getProxy(RetryingHMSHandler.java:84)
        at org.apache.hadoop.hive.metastore.HiveMetaStore.newRetryingHMSHandler(HiveMetaStore.java:6
890)
        at org.apache.hadoop.hive.metastore.HiveMetaStoreClient.<init>(HiveMetaStoreClient.java:238)
        at org.apache.hadoop.hive.ql.metadata.SessionHiveMetaStoreClient.<init>(SessionHiveMetaStore
Client.java:70)
        ... 28 more
lina@hadoop2m:~$ schematool -dbType mysql -initSchema
SLF4J: Class path contains multiple SLF4J bindings.
SLF4J: Found binding in [jar:file:/opt/Hadoop/apache-hive-2.1.1/lib/log4j-slf4j-impl-2.4.1.jar!/org/
slf4j/impl/StaticLoggerBinder.class]
SLF4J: Found binding in [jar:file:/opt/Hadoop/hadoop-2.7.3/share/hadoop/common/lib/slf4j-log4j12-1.7
.10.jar!/org/slf4j/impl/StaticLoggerBinder.class]
SLF4J: See http://www.slf4j.org/codes.html#multiple_bindings for an explanation.
SLF4J: Actual binding is of type [org.apache.logging.slf4j.Log4jLoggerFactory]
Metastore connection URL:        jdbc:mysql://localhost:3306/hive?createDatabaseIfNotExist=true&char
acterEncoding=UTF-8&useSSL=false
Metastore Connection Driver :    com.mysql.jdbc.Driver
Metastore connection User:       root
Starting metastore schema initialization to 2.1.0
Initialization script hive-schema-2.1.0.mysql.sql
Initialization script completed
schemaTool completed
```

未初始化成功的错误信息

初始化成功标志

图 3.7　数据库初始化未成功

（7）在 Hive 中创建一个表格。

Hive 启动成功后，使用下面的语句验证 Hive 是否可用，结果如图 3.8 所示。

```
create table testHive (
id int,
name string
);
show tables;
```

```
hive> create table testHive(
    > id int,
    > name string);
OK
Time taken: 1.509 seconds
hive> show tables;
OK
testhive
Time taken: 0.252 seconds, Fetched: 1 row(s)
hive> _
```

图 3.8　验证 Hive 是否可用

3.3　Hive Shell

1. Hive 的执行方式

Hive 的 HQL 命令有 3 种执行方式：

- CLI 方式直接执行；

- 作为字符串通过 Shell 调用 Hive-e 执行（-S 开启静默模式，去掉“OK”“Time taken”）；
- 作为独立文件，通过 Shell 调用 Hive-f 或 hive-i 执行。

（1）方式 1。

输入“hive”，启动 Hive 的 CLI 交互模式。set 命令可以查看所有的环境设置参数，并可以重置参数。其他命令如下。

- Use database：选择库。
- quit/exit：退出 Hive 的交互模式。
- set –v：显示 Hive 中的所有变量。
- set <key>=<value>：设置参数。
- 执行本地 shell：!<cmd>，交互模式下可执行 Shell 命令，如查看 Linux 根目录下的文件列表："!ls -l /;"。
- 操作云命令：dfs <command>，交互模式下直接操作 Hadoop 命令，如"dfs fs –ls"。
- HQL 语句：执行查询并输出到标准输出。
- add [FILE|JAR|ARCHIVE] <value> [<value>]*：增加一个文件到资源列表。
- list FILE：列出所有已经添加的资源。

（2）方式 2。

- HQL 作为字符串在 Shell 脚本中执行，如

```
hive -e "use ${database};select * from tb"
```

- 查询结果可以直接导出到本地文件（默认分隔符为\t）：

```
hive -e "select * from tb" > tb.txt
```

- 如果需要查看执行步骤，则在命令前面添加

```
set -x
```

（3）方式 3。

- 将 HQL 语句保存为独立文件，后缀名不限制，可以用 .q 或者 .hql 作为标识：
  ★ 这个文件在 CLI 模式下，用 source 命令执行，如"source ./mytest.hql"。
  ★ 在 Shell 中执行命令，如"hive -f　mytest.sql"。
- Hive 指定预执行文件命令“hive -i”（或叫初始化文件）：

```
hive -i hive-script.sql
```

- 在 Hive 启动 CLI 之前，先执行指定文件（hive-script.sql）中的命令。也就是说，允许用户在 CLI 启动时预先执行一个指定文件。例如，有一些常用的环境参数设置，频繁执行的命令、可以添加在初始化文件中的。
  ★ 某些参数设置：

```
set mapred.queue.names=queue3;
SET mapred.reduce.tasks=14;
```

  ★ 添加 udf 文件：

```
add JAR ./playdata-hive-udf.jar;
```

★ 设置 Hive 的日志级别：

```
hive -hiveconf hive.root.logger=INFO;
```

2. Hive 非交互模式常用命令

- hive -e：从命令行执行指定的 HQL 命令，不需要分号。

```
hive -e 'select * from dummy' > a.txt
```

- hive -f：执行 HQL 脚本。

```
% hive -f /home/my/hive-script.sql    //hive-script.sql 是 HQL 脚本文件
```

- hive -i：进入 Hive 交互 Shell 时先执行脚本中的 HQL 语句。

```
% hive -i /home/my/hive-init.sql
```

- hive -v：冗余 verbose 模式，额外打印出执行的 HQL 语句。
- hive -S：静默（Slient）模式，不显示转化 MR-Job 的信息，只显示最终结果。

```
% hive -S -e 'select * from student'
```

- hive --hiveconf <property=value>：使用给定属性的值。

```
$HIVE_HOME/bin/hive --hiveconf mapred.reduce.tasks=2    //启动时，配置 reduce 个数为 2（只在此 session 中有效）
```

- hive --service serviceName：启动服务。
- hive [--database test]：进入 CLI 交互界面，默认进入 default 数据库。加上[ ]内容直接进入 test 数据库。

```
% hive --database test
```

3. Hive 交互模式下的命令

- quit/exit：退出 CLI。
- reset：重置所有的配置参数，初始化为 hive-site.xml 中的配置。如之前使用 set 命令设置了 reduce 数量。
- set <key>=<value>：设置 Hive 运行时的配置参数，优先级最高。相同的 key，后面的设置会覆盖前面的设置。
- set -v：打印出所有 Hive 的配置参数和 Hadoop 的配置参数。

```
hive -e 'set -v;' | grep mapred.reduce.tasks    //找出和“mapred.reduce.tasks”相关的设置
```

- add 命令：包括 add File[S]/Jar[S]/Archive[S] <filepath> *，向 DistributeCache 中添加一个或多个文件、jar 包或者归档，添加之后，可以在 Map 和 Reduce task 中使用。比如，自定义一个 udf 函数，打包成 jar 包，在创建函数之前，必须使用 add jar 命令添加该 jar 包，否则会报错找不到类。

```
add file /root/test/sql;    //将 file 加入缓冲区
```

- list 命令：包括 list File[S]/Jar[S]/Archive[S]，列出当前 DistributeCache 中的文件、jar 包或者归档。

```
list file;    //列出当前缓冲区内的文件
```

- delete 命令：包括 delete File[S]/Jar[S]/Archive[S] <filepath>*，从 DistributeCache 中删除文件。

```
delete file /root/test/sql;    //删除缓存区内的指定 file
```

- create 命令：创建自定义函数，如"hive> create temporary function udfTest as 'com.cstore.udfExample'; "。
- source <filepath>：在 CLI 中执行脚本文件。

```
hive> source /root/test/sql;    //相当于[root@ncst test]# hive -S -f /root/test/sql
```

- ! <command>：在 CLI 中执行 Linux 命令。
- dfs <dfs command>：在 CLI 中执行 DFS 命令。

4. 保存查询结果的 3 种方式

```
% hive -S -e 'select * from dummy' > a.txt        //分隔符和 Hive 数据文件的分隔符相同
 [root@hadoop01 ~]# hive -S -e "insert overwrite local directory '/root/hive/a'\
>    row format delimited fields terminated by '\t' --分隔符\t
>    select * from logs sort by te"
```

使用 HDFS 命令导出整个表数据：

```
hdfs dfs -get /hive/warehouse/hive01 /root/test/hive01
```

5. Hive 集群间的导入和导出

（1）使用 Export 命令会导出 Hive 的数据表数据及数据表对应的元数据。

- 导出命令：

```
EXPORT TABLE test TO '/hive/test_export'
```

- DFS 命令查看：

```
hdfs dfs -ls /hive/test_export
```

- 结果显示：

```
/hive/test_export/_metadata
/hive/test_export/data
```

（2）使用 Import 命令将导出的数据重新导入 Hive 中（必须将新导入的表重命名）。

- 导入到内部表的命令：

```
IMPORT TABLE data_managed FROM '/hive/test_export'
```

- 导入到外部表的命令：

```
Import External Table data_external From '/hive/test_export' Location '/hive/external/data'
```

- 验证是否为外部表：

```
desc formatted data_external
```

6. Hive - JDBC/ODBC

在 Hive 的 jar 包中，“org.apache.hadoop.hive.jdbc.HiveDriver”负责提供 JDBC 接口，客户端程序有了这个包，就可以把 Hive 当成一个数据库来使用，大部分的操作与对传统数据库的操作相同，Hive 允许支持 JDBC 协议的应用程序连接到 Hive。当 Hive 在指定端口启动 hiveserver 服务后，客户端通过 Java 的 Thrift 和 Hive 服务器进行通信，过程如下。

（1）开启 hiveserver 服务：$ hive -service hiveserver 50000(50000)。

（2）建立与 Hive 的连接：Class.forName("org.apache.hadoop.hive.jdbc.HiveDriver"); Connection con= DriverManager.getConnection("jdbc:hive://ip:50000/default", "hive", "Hadoop")。

默认只能连接到 default 数据库，通过上面的代码建立连接后，其他的操作与传统数据库无太大差别。

7. Hive 创建数据库

Hive 启动后默认有一个 default 数据库，也可以人为创建数据库，命令如表 3.2 所示。

- 手动指定存储位置：

```
create database hive02 location '/hive/hive02';
```

- 添加其他信息（创建时间及数据库备注）：

```
create database hive03 comment 'it is my first database' with dbproperties('creator'='kafka','date'= '2017-08-08');
```

- 查看数据库的详细信息：

```
describe database hive03;
```

- 更详细地查看：

```
describe database extended hive03;
```

- 最优的查看数据库结构的命令：

```
describe database formatted hive03;
```

- database 只能修改 dbproperties 中的内容：

```
alter database hive03 set dbproperties('edited-by'='hanmeimei');
```

表 3.2　Hive Shell 命令

命　令	命令描述
quit	退出命令行
set <key>=<value>	设置参数
set -v	打印出所有 Hive 支持的命令
add FILE <value> <value>*	增加一个文件到资源列表
list FILE	列出所有已经添加的资源
list FILE <value>*	根据 value 来查看添加的资源
! <cmd>	在 Hive 环境下执行一个命令

续表

命　　令	命令描述
dfs <dfs command>	执行 DFS 的命令
<query string>	执行查询并输出到标准输出

3.4 Hive SQL 语句的使用

Hive 的数据表分为内部表和外部表两种。

Hive 创建内部表时，会将数据移动到数据仓库指向的路径；若创建外部表，则只记录数据所在的路径，不对数据的位置做任何改变。在删除表的时候，内部表的元数据和数据会被一起删除，而外部表只删除元数据，不删除数据。这样外部表相对来说更加安全一些，数据组织也更加灵活，方便共享数据，生产中常使用外部表。

Hive 定义了一套自己的 SQL，简称 HQL，它与关系型数据库的 SQL 略有不同，但支持绝大多数的语句，如 DDL、DML 及常见的聚合函数、连接查询、条件查询。Hive SQL 语句严格遵守 Hadoop MapReduce 的作业执行模型，Hive 将用户的 HQL 语句通过解释器转换为 MapReduce 作业提交到 Hadoop 集群上，Hadoop 监控作业执行过程，然后返回作业执行结果给用户。

如图 3.9 所示，Hive HQL 的执行流程大致如下。

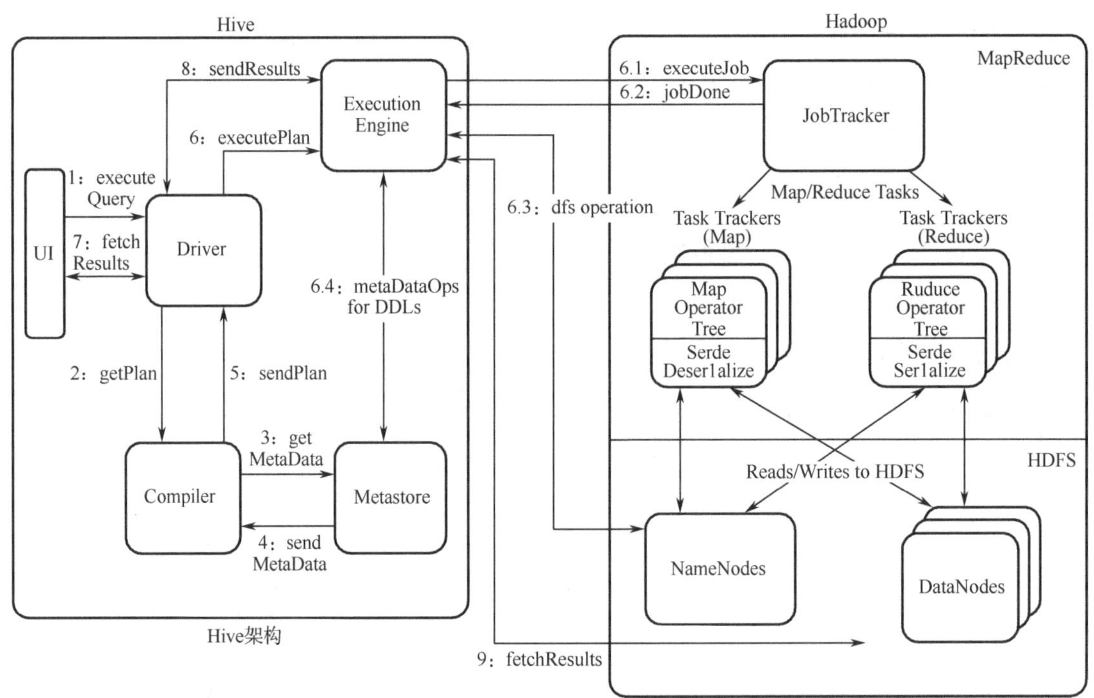

图 3.9　Hive HQL 的执行流程

（1）用户提交查询等任务给 Driver；

（2）编译器获得该用户的任务 Plan；

（3）编译器 Compiler 根据用户任务去 MetaStore 中获取需要的 Hive 的元数据信息；

（4）编译器 Compiler 得到元数据信息，对任务进行编译，先将 Hive SQL 转换为抽象语法树，然后将抽象语法树转换成查询块，将查询块转换为逻辑的查询计划，重写逻辑查询计划，再将逻辑查询计划转换为物理的计划（MapReduce），最后选择最佳的策略；

（5）将最终的计划提交给 Driver；

（6）Driver 将计划（Plan）转交给 Execution Engine 去执行，获取元数据信息，提交给 JobTracker 或者 SourceManager 执行该任务，任务会直接读取 HDFS 中的文件进行相应的操作；

（7）获取执行的结果；

（8）取得并返回执行结果。

Hive 的入口是 Driver，执行的 SQL 语句首先提交到 Driver 驱动，然后调用 Compiler 解释驱动，最终解释成 MapReduce 任务执行，将结果返回。

一条 SQL 进入 Hive 经过如图 3.10 所示过程，使得一个编译过程变成一个作业。

图 3.10 SQL 进入 Hive 经过的过程

（1）Driver 输入一个字符串 SQL，经过 Parser 变成 AST，这个变成 AST 的过程是通过 ANTLR 来完成的，也就是说 ANTLR 根据语法文件将 SQL 变成 AST。

（2）AST 进入 Semantic Analyzer（核心）变成 QB（QueryBlock）——一个最简的查询块。通常来讲，一个 From 子句会生成一个 QB（生成 QB 是一个递归过程），生成的 QB 经过 Logical Plan Gen 过程，变成一个有向无环图。

（3）OP DAG 经过逻辑优化器，对这个图上的边或者节点进行调整，按顺序修订，使其变成一个优化后的有向无环图。这些优化过程包括谓词下推（Predicate Push Down）、分区剪裁（Partition Prunner）、关联排序（Join Reorder）等。

（4）经过了逻辑优化，这个有向无环图还要能够执行，所以就有了生成物理执行计划的过程。Hive 的做法通常是碰到需要分发的地方“切上一刀”，生成一道 MapReduce 作业。例如，Group By 切一刀，Join 切一刀，Distribute By 切一刀，Distinct 切一刀。这么多刀切下去之后，这个逻辑有向无环图就被切成了很多个子图，每个子图各构成一个节点。这些节点又连成一个执行计划图，也就是 Task Tree。

（5）对于 Task Tree 的优化，比如基于输入选择执行路径、增加备份作业等，可以由 Physical Optimizer 来完成。经过 Physical Optimizer，每个节点就是一个 MapReduce 作业或者本地作业，就可以执行了。

这就是一个 SQL 变成 MapReduce 作业的过程。

Hive HQL 包含 DDL 和 DML。

DDL（数据定义语言）操作包括 create、alter、show、drop 等。

- Create Database：创建新数据库。
- Alter Database：修改数据库。
- Drop Database：删除数据库。
- Create Table：创建新表。
- Alter Table：变更（改变）数据库表。

- Drop Table：删除表。
- Create Index：创建索引（搜索键）。
- Drop Index：删除索引。
- Show Table：查看表。

DML（数据操作语言）操作包括 load、insert、update、delete、merge 等。

- load data：加载数据。
- Insert Into：插入数据
- Insert overwrite：覆盖数据（Insert ... values 从 Hive 0.14 开始可用）。
- Update Table：更新表（Update 在 Hive 0.14 开始可用，并且只能在支持 ACID 的表上执行）。
- Delete from table where id = 1：删除表中 ID 等于 1 的数据（Delete 在 Hive 0.14 开始可用，并且只能在支持 ACID 的表上执行）。
- Merge：合并（Merge 在 Hive 2.2 开始可用，并且只能在支持 ACID 的表上执行）。

注意：频繁的 Update 和 Delete 操作已经违背了 Hive 的初衷。不到万不得已的情况，最好还是使用增量添加的方式。

CREATE TABLE 表示创建一个指定名字的表。如果相同名字的表已经存在，则抛出异常，用户可以用 IF NOT EXIST 选项来忽略这个异常。

EXTERNAL 关键字可以让用户创建一个外部表，在建表的同时指定一个指向实际数据的路径（LOCATION），有分区的表可以在创建的时候使用 PARTITIONED BY 语句。一个表可以拥有一个或者多个分区，每个分区单独存在一个目录下。

表和分区都可以对某个列进行 CLUSTERED BY 操作，将若干列放入一个桶（bucket）中。可以利用 SORTED BY 对数据进行排序，这样可以为特定应用提高性能。

默认的字段分隔符为 ASCII 码的控制符 \001(^A)，Tab 分隔符为“\t”。只支持单个字符的分隔符。

如果文件数据是纯文本的，可以使用 STORED AS TEXTFILE；如果数据需要压缩，则使用 STORED AS SEQUENCE。建表语句如下。

```
CREATE [EXTERNAL] TABLE [IF NOT EXISTS] table_name
  [(col_name data_type [COMMENT col_comment], ...)]
  [COMMENT table_comment]
  [PARTITIONED BY (col_name data_type [COMMENT col_comment], ...)]
  [CLUSTERED BY (col_name, col_name, ...)
  [SORTED BY (col_name [ASC|DESC], ...)] INTO num_buckets BUCKETS]
  [ROW FORMAT row_format]
  [STORED AS file_format]
  [LOCATION hdfs_path]
```

建立内部表，例如：创建人员信息表 person_inside，列以符号“\t”分隔。建表资料如下。

person 表				
字　段	id	name	sex	age
类　型	string	string	string	int

建表示例：

```
create table person_inside (id string,name string,sex string,age int) row format delimited fields terminated by '\t' stored as textfile;
```

加载数据：假设本地数据位置是/tmp/person.txt。

```
load data local  inpath 'file:///tmp/person.txt' into table person_inside;
```

建立外部表，例如：创建人员信息表 person_ext，列以符号“\t”分隔。

外部表对应路径：hdfs:// /user/hive/warehouse/person.txt。

建表示例：

```
create external table person_ext (id string,name string,sex string,age int) row format delimited fields terminated by '\t' stored as textfile location '/user/hive/warehouse/person_ext';
```

注意：location 后面跟的是目录，不是文件，Hive 将依据默认配置的 HDFS 路径，自动将整个目录下的文件都加载到表中。

删除表的命令如下。

```
drop table table_name;
```

3.5　Hive 函数的使用

1. 关系运算符

表 3.3 所示为关系运算符。

表 3.3　关系运算符

运　算　符	类　　型	说　　明
A=B	原始类型	如果 A 与 B 相等，返回 TRUE，否则返回 FALSE
A==B	无	失败，因为是无效的语法。SQL 使用“=”，不使用“==”
A<>B	原始类型	如果 A 不等于 B，返回 TRUE，否则返回 FALSE。如果 A 或 B 的值为“NULL”，则返回“NULL”
A<B	原始类型	如果 A 小于 B，返回 TRUE，否则返回 FALSE。如果 A 或 B 的值为“NULL”，则返回“NULL”
A<=B	原始类型	如果 A 小于或等于 B，返回 TRUE，否则返回 FALSE。如果 A 或 B 的值为“NULL”，则返回“NULL”
A>B	原始类型	如果 A 大于 B，返回 TRUE，否则返回 FALSE。如果 A 或 B 的值为“NULL”，则返回“NULL”
A>=B	原始类型	如果 A 大于或等于 B，返回 TRUE，否则返回 FALSE。如果 A 或 B 的值为“NULL”，则返回“NULL”
AISNULL	所有类型	如果 A 的值为“NULL”，返回 TRUE，否则返回 FALSE
AISNOTNULL	所有类型	如果 A 的值不为“NULL”，返回 TRUE，否则返回 FALSE
ALIKEB	字符串	如果 A 或 B 的值为“NULL”，结果返回“NULL”。字符串 A 与 B 通过 SQL 进行匹配，如果相符返回 TRUE，否则返回 FALSE。 B 字符串中的“_”代表任一字符，“%”则代表多个任意字符。 例如：'foobar'like'foo'返回 FALSE，'foobar'like'foo___'或者'foobar'like'foo%'则返回 TURE

续表

运算符	类型	说明
ARLIKEB	字符串	如果A或B的值为“NULL”，结果返回“NULL”。字符串A与B通过Java进行匹配，如果相符返回TRUE，否则返回FALSE。 例如：'foobar'rlike'foo'返回FALSE，'foobar'rlike'^f.*r$'返回TRUE
AREGEXPB	字符串	与RLIKE相同

2. 算术运算符

表3.4所示为算术运算符。

表3.4 算术运算符

运算符	类型	说明
A+B	数字类型	A和B相加，结果与操作数有共同类型。例如，一个整数是一个浮点数，浮点数包含整数。所以，一个浮点数和一个整数相加，结果也是一个浮点数
A–B	数字类型	A和B相减，结果与操作数有共同类型
A*B	数字类型	A和B相乘，结果与操作数有共同类型。需要说明的是，如果乘法造成溢出，将选择更高的类型
A/B	数字类型	A和B相除，结果是一个double（双精度）类型的值
A%B	数字类型	A除以B，余数与操作数有共同类型
A&B	数字类型	查看两个参数的二进制表示法的值，并执行按位“与”操作。两个表达式的一位均为1时，则结果的该位为1；否则，结果的该位为0
A|B	数字类型	查看两个参数的二进制表示法的值，并执行按位“或”操作。只要任一表达式的一位为1，则结果的该位为1；否则，结果的该位为0
A^B	数字类型	查看两个参数的二进制表示法的值，并执行按位“异或”操作。当且仅当只有一个表达式的某位为1时，结果的该位才为1；否则，结果的该位为0
~A	数字类型	对一个表达式执行按位“非”操作（取反）

3. 逻辑运算符

表3.5所示为逻辑运算符。

表3.5 逻辑运算符

运算符	类型	说明
AANDB	布尔值	A和B同时正确时，返回TRUE，否则返回FALSE。如果A或B的值为“NULL”，返回“NULL”
A&&B	布尔值	与AANDB相同
AORB	布尔值	A或B正确，或两者同时正确，返回TRUE，否则返回FALSE。如果A和B的值同时为“NULL”，返回“NULL”
A|B	布尔值	与AORB相同
NOTA	布尔值	如果A为“NULL”或错误，返回TRUE，否则返回FALSE
!A	布尔值	与NOTA相同

4. 复杂类型函数

表3.6所示为复杂类型函数。

表 3.6　复杂类型函数

函　数	参　数	说　明
map	(key1,value1,key2,value2,…)	通过指定的键/值对，创建一个 map
struct	(val1,val2,val3,…)	通过指定的字段值，创建一个结构，结构字段名将以 COL1, COL2, …对应命名
array	(val1,val2,…)	通过指定的元素，创建一个数组

5. 对复杂类型函数的操作

表 3.7 所示为对复杂类型函数的操作。

表 3.7　对复杂类型函数的操作

函数举例	类 型 说 明	应 用 说 明
A[n]	A 是一个数组，n 为 int 型	返回数组 A 的第 *n* 个元素，第一个元素的索引为 0。如果 A 数组为 ['foo','bar']，则 A[0]返回“foo”，A[1]返回“bar”
M[key]	M 是 Map<K,V>	返回关键值对应的值，例如，map M 为\{'f'→'foo','b'→'bar','all'→'foobar'\}，则 M['all'] 返回“foobar”
S.x	S 为 struct	返回结构 x 字符串在结构 S 中的存储数据，如 foobar\{int foo,int bar\}，foobar.foo 返回 foobar 的 foo 中存储的整数

6. 数学函数

表 3.8 所示为数学函数。

表 3.8　数学函数

函　数	返 回 类 型	说　明
round(doublea)	bigint	四舍五入
round(doublea,intd)	double	小数部分 d 位之后数字四舍五入，例如 round(21.263,2)，返回 21.26
floor(doublea)	bigint	对给定数据向下舍入最接近的整数，例如 floor(21.2)，返回 21
ceil(doublea) ceiling(doublea)	bigint	对给定数据向上舍入为最接近的整数，例如 ceil(21.2)，返回 22
rand(),rand(intseed)	double	返回大于或等于 0 且小于 1 的平均分布随机数（依重新计算而变）
exp(doublea)	double	返回 e 的 *n* 次方
ln(doublea)	double	返回给定数值的自然对数
log10(doublea)	double	返回给定数值的以 10 为底的自然对数
log2(doublea)	double	返回给定数值的以 2 为底的自然对数
log(doublebase,doublea)	double	返回给定底数及指数的自然对数
pow(doublea,doublep) power(doublea,doublep)	double	返回某数的乘幂
sqrt(doublea)	double	返回数值的平方根
bin(BIGINTa)	string	返回二进制格式
hex(BIGINTa) hex(stringa)	string	将整数或字符转换为十六进制格式

续表

函　数	返回类型	说　明
unhex(stringa)	string	hex 的逆函数，将以十六进制表示的参数 a 进行 ASCII 码转换，返回对应的字符
conv(BIGINTnum,intfrom_base,intto_base)	string	将指定数值由原来的度量体系转换为指定的度量体系。例如 conv（'a',16,2），将十六进制的“a”转换成二进制的结果输出
abs(doublea)	double	取绝对值
pmod(inta,intb) pmod(doublea,doubleb)	intdouble	返回 a 除以 b 的余数的绝对值
sin(doublea)	double	返回给定角度的正弦值
asin(doublea)	double	返回 a 的反正弦，定义域为[-1,1]，如果 a 在其他区间，则返回“NULL”
cos(doublea)	double	返回给定角度的余弦值
acos(doublea)	double	返回 a 的反余弦，定义域为[-1,1]，如果 a 在其他区间，则返回“NULL”
positive(inta) positive(doublea)	intdouble	返回 a 的值，例如 positive(2)，返回 2
negative(inta) negative(doublea)	intdouble	返回 a 的相反数，例如 negative(2)，返回-2

7. 收集函数

表 3.9 所示为收集函数。

表 3.9　收集函数

函　数	返回类型	说　明
size(map<K.V>)	int	返回 map 类型的元素的数量
size(array<T>)	int	返回数组类型的元素的数量

8. 类型转换函数

表 3.10 所示为类型转换函数。

表 3.10　类型转换函数

函　数	返回类型	说　明
cast(expras<type>)	指定“type”	类型转换。例如 cast（'1'asbigint），将字符“1”转换为整数。如果转换失败返回“NULL”

9. 日期函数

表 3.11 所示为日期函数。

表 3.11　日期函数

函　数	返回类型	说　明
from_unixtime(bigintunixtime,string format])	string	将时间戳秒数转换为 UTC 时间，并用字符串表示。可通过 format 规定的时间格式指定输出的时间格式，其中 unixtime 是 10 位的时间戳值

续表

函　　数	返回类型	说　　明
unix_timestamp()	bigint	获取当前时间戳
unix_timestamp(stringdate)	bigint	指定日期参数调用 unix_timestamp()，它返回参数值“1970-01-01 00:00:00”到指定日期的秒数
unix_timestamp(stringdate,stringpattern)	bigint	指定时间输入格式，返回指定日期到 1970 年的秒数：unix_timestamp('2009-03-20','yyyy-MM-dd')=1237532400
to_date(stringtimestamp)	string	返回给定时间中的年月日：to_date("1970-01-01 00:00:00")= "1970-01-01"
year(stringdate)	int	返回指定时间的年份，范围为 1000～9999，或为“零”日期的 0
month(stringdate)	int	返回指定时间的月份，范围为 1～12 月，如果日期为“0000-00-00”这种数据，则返回 0
day(stringdate) dayofmonth(date)	int	返回指定时间的日期
hour(stringdate)	int	返回指定时间的小时，范围为 0～23
minute(stringdate)	int	返回指定时间的分钟，范围为 0～59
second(stringdate)	int	返回指定时间的秒，范围为 0～59
weekofyear(stringdate)	int	返回指定日期所在一年中的星期数，范围为 0～53
datediff(stringenddate,stringstartdate)	int	返回两个时间参数的日期之差
date_add(stringstartdate,intdays)	int	给定时间，在此基础上加上指定的时间段
date_sub(stringstartdate,intdays)	int	给定时间，在此基础上减去指定的时间段

10. 条件函数

表 3.12 所示为条件函数。

表 3.12　条件函数

函　　数	返回类型	说　　明
if(booleantestCondition,TvalueTrue,TvalueFalseOrNull)	T	判断是否满足条件，如果满足返回一个值，否则返回另一个值
COALESCE(Tv1,Tv2,…)	T	返回一组数据中第一个不为“NULL”的值，如果均为“NULL”，则返回“NULL”
CASEaWHENbTHENc[WHENdTHENe]*[ELSEf]END	T	当 a=b 时，返回 c；当 a=d 时，返回 e，否则返回 f
CASEWHENaTHENb[WHENcTHENd]*[ELSEe]END	T	当值为 a 时返回 b，当值为 c 时返回 d，否则返回 e

11. 字符函数

表 3.13 所示为字符函数。

表 3.13　字符函数

函　　数	返回类型	说　　明
length(stringa)	int	返回字符串的长度
reverse(stringa)	string	返回字符串的倒序排列
concat(stringa,stringb…)	string	连接多个字符串，合并为一个字符串，可以接收任意数量的输入字符串

续表

函　　数	返回类型	说　　明
concat_ws(stringSEP,stringa,stringb…)	string	连接多个字符串，字符串之间以指定的分隔符分开
substr(stringa,intstart)　substring(stringa,intstart)	string	返回从文本字符串中指定的起始位置后的字符
substr(stringa,intstart,intlen) substring(stringa,intstart,intlen)	string	返回从文本字符串中指定的位置指定长度的字符
upper(stringa)　ucase(stringa)	string	将文本字符串转换成字母全部大写的形式
lower(stringa)　lcase(stringa)	string	将文本字符串转换成字母全部小写的形式
trim(stringa)	string	删除字符串两端的空格，字符之间的空格保留
ltrim(stringa)	string	删除字符串左边的空格，其他的空格保留
rtrim(stringa)	string	删除字符串右边的空格，其他的空格保留
regexp_replace(stringa,stringb,stringc)	string	字符串 a 中的 b 字符被 c 字符替代
regexp_extract(stringsubject,stringpattern,intindex)	string	通过下标返回正则表达式指定的部分，例如 regexp_extract('foothebar', foo(.*?) (bar)',2)返回“bar”
parse_url(stringurlString,stringpartToExtract[,stringkeyToExtract])	string	返回 URL 指定的部分，例如 parse_url('http://facebook.com/path1/p.php?k1=v1&k2=v2#Ref1','HOST') 返回“facebook.com”
get_json_object(stringjson_string,stringpath)	string	Select a.timestamp, get_json_object(a.appevents,'$.eventid'), get_json_object(a.appevents,'$.eventname') from loga; 从 loga 表中返回字段 timestamp、appevents 中 eventid 和 eventname 的内容
space(intn)	string	返回指定数量的空格
repeat(stringstr,intn)	string	重复 *n* 次字符串
ascii(stringstr)	int	返回字符串中首字符的数字值
lpad(stringstr,intlen,stringpad)	string	返回指定长度的字符串，给定字符串长度小于指定长度时，由指定字符从左侧填补
rpad(stringstr,intlen,stringpad)	string	返回指定长度的字符串，给定字符串长度小于指定长度时，由指定字符从右侧填补
split(stringstr,stringpat)	array	将字符串转换为数组
find_in_set(stringstr,stringstrList)	int	返回字符串 str 第一次在 strlist 中出现的位置。如果任一参数为“NULL”，返回“NULL”；如果第一个参数包含逗号，返回 0
sentences(stringstr,stringlang,stringlocale)	array<array<string>>	将字符串中内容按语句分组，每个单词间以逗号分隔，最后返回数组。例如：entences('Hellothere!Howareyou?') 返回(("Hello","there"),　("How","are","you"))
ngrams(array<array<string>>,intN,intK,intpf)	array<struct<string,double>>	SELECT ngrams(sentences(lower(tweet)),2,100[,1000]) FROM twitter; 上面的命令将从一个名为 tweet 的表返回前 100 个二元组。可选的第四个参数是控制内存使用和频率估计精度之间权衡的精度因子。更高的值将更准确，但可能会导致 JVM 崩溃，并出现 OutOfMemory 错误。如果省略，则使用合理的默认值

续表

函　数	返 回 类 型	说　明
context_ngrams(array<array<string>>,array<string>,intK,intpf)	array<struct<string,double>>	SELECT context_ngrams(sentences(lower(tweet)), array (null, null),100,[,1000]) FROM twitter; 上面的命令将从名为 tweet 的表中返回前 100 个二元组。每个 null 值指定要估计的 ngram 组件的位置。可选的第四个参数是控制内存使用和频率估计精度之间权衡的精度因子。更高的值会更准确，但可能会导致 JVM 因 OutOfMemory 错误而崩溃。如果省略，则使用合理的默认值

12. 内置的聚合函数

表 3.14 所示为内置的聚合函数。

表 3.14　内置的聚合函数

函　数	返 回 类 型	说　明
count(*)　count(expr) count(DISTINCTexpr[,expr_.,expr_.])	bigint	返回记录条数
sum(col)　sum(DISTINCTcol)	double	求和
avg(col)　avg(DISTINCTcol)	double	求平均值
min(col)	double	返回指定列中的最小值
max(col)	double	返回指定列中的最大值
var_pop(col)	double	返回指定列的方差
var_samp(col)	double	返回指定列的样本方差
stddev_pop(col)	double	返回指定列的偏差
stddev_samp(col)	double	返回指定列的样本偏差
covar_pop(col1,col2)	double	返回两列数值的协方差
covar_samp(col1,col2)	double	返回两列数值的样本协方差
corr(col1,col2)	double	返回两列数值的相关系数
percentile(col,p)	double	返回数值区域的百分比数值点。$0 \leqslant p \leqslant 1$，否则返回“NULL”。不支持浮点型数值
percentile(col,array(p~1,,\[,p,,2,,]…))	array<double>	返回数值区域的一组百分比值分别对应的数值点。$0 \leqslant p \leqslant 1$，否则返回 “NULL”。不支持浮点型数值
percentile_approx(col,p[,B])	double	近似于中位数函数，取得排位在倒数第 100×(1−p)%的数，p 必须介于 0 和 1 之间。参数 B 控制内存消耗的近似精度，B 越大，结果的准确度越高，默认为 10000。当 col 字段中的 distinct 值的个数小于 B 时，结果为准确的百分位数
percentile_approx(col,array(p~1,,[,p,,2_] …) [,B])	array<double>	功能和上述函数类似，其后面可以输入多个百分位数，返回类型也为 array<double>，其中数据为对应的百分位数
histogram_numeric(col,b)	array<struct\{'x', 'y'\}>	以 b 为基准，计算 col 的直方图信息
collect_set(col)	array	返回无重复记录

3.6 Hive 分区表和桶表的创建

1. Hive 分区表

在 Hive Select 查询中一般会扫描整个表内容，会消耗很多时间做没必要的工作。有时候只需要扫描表中关心的一部分数据，因此建表时引入了 Partition 概念。分区表指的是在创建表时指定的 Partition 的分区空间。

Hive 可以对数据按照某列或者某些列进行分区管理，所谓分区可以通过下面的例子进行解释。

当前互联网应用每天都要存储大量的日志文件，几 GB、几十 GB 甚至更大都是有可能的。存储日志，其中必然有一个属性是日志产生的日期。在产生分区时，就可以按照日志产生的日期列进行划分，把每一天的日志都当作一个分区。

将数据组织成分区，主要可以提高数据的查询速度。至于用户存储的每一条记录到底放到哪个分区，由用户决定，即用户在加载数据时必须指定该部分数据放到哪个分区。

一个表可以拥有一个或者多个分区，每个分区以文件夹的形式单独存放在表文件夹的目录下。

表和列名不区分大小写。

分区以字段的形式存在于表结构中，通过 describe table 命令可以查看到字段存在，但是该字段不存放实际的数据内容，仅仅是分区的表示（伪列）。

（1）创建分区。

Hive 的分区通过在创建表时启用 partitioned by 实现，用来分区的维度并不是实际数据的某一列，具体分区的标志是在插入内容时给定的。当要查询某一分区的内容时可以采用 where 语句，以类似 where tablename.partition_key > a 的形式来实现。语法如下：

```
create table tablename(
        name string
)partitioned by(key,type... );
```

举例说明：

```
drop table if exists employees;
create table  if not exists employees(
    name string,
    salary float,
    subordinate array<string>,
    deductions map<string,float>,
    address struct<street:string,city:string,num:int>
) partitioned by (date_time string,type string)
row format delimited fields terminated by '\t'
collection items terminated by ','
map keys terminated by ':'
lines terminated by '\n'
```

```
stored as textfile
location '/hive/inner';
```

上述语句表示在建表时划分了 date_time 和 type 两个分区，也叫双分区，一个分区就叫单分区。上述语句执行完以后查看表的结果，会发现多了分区的两个字段。

```
desc employees;
```

结果如图 3.11 所示。

```
hive> desc employees;
OK
name    string
salary  float
subordinate     array<string>
deductions      map<string,float>
address struct<street:string,city:string,num:int>
date_time       string
type    string
Time taken: 0.048 seconds
hive>
```

图 3.11　desc 命令结果

注意：在文件系统中的表现为 date_time 为一个文件夹，type 为 date_time 的子文件夹。

（2）向分区表中插入与导出数据（要指定分区）。

```
hive> load data local inpath '/usr/local/src/employee_data' into table employees partition(date_time=
'2015-01_24',type='userInfo');
Copying data from file:/usr/local/src/employee_data
Copying file: file:/usr/local/src/employee_data
Loading data to table default.employees partition (date_time=2015-01_24, type=userInfo)
OK
Time taken: 0.22 seconds
hive>
```

数据插入后文件系统中的显示如图 3.12 所示。

注意：从图 3.12 中可以发现 type 分区是作为子文件夹的形式存在的。

导出数据到本地文件系统的命令如下：

```
insert overwrite local directory '/tmp/exporttest/' row format delimited fields terminated by '\t' select * from
person_inside;
```

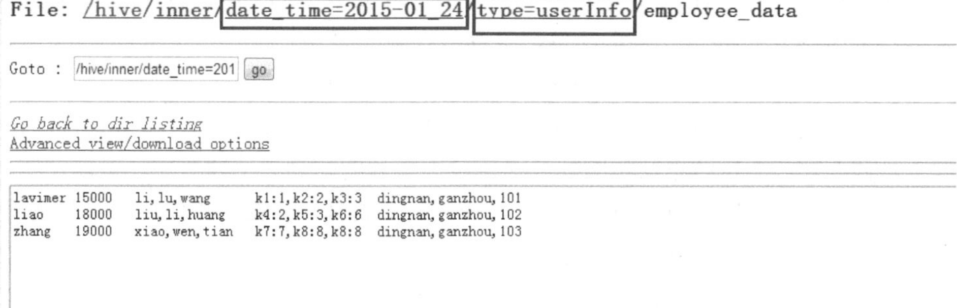

图 3.12　数据插入后文件系统中的显示

导出数据到 HDFS 的命令如下：

```
insert overwrite directory '/hivedb' row format delimited fields terminated by '\t'   select * from person_inside;
```

注意：导出路径为文件夹路径，不必指定文件名。执行语句后，会在对应目录下生成一个 000000_0 结果集数据文件。

（3）查看分区。

查看分区的命令如下：

```
show partitions employees;
```

"employees" 在这里表示表名。

执行结果如图 3.13 所示。

```
hive> show partitions employees;
OK
date_time=2015-01-8/type=boss_info
date_time=2015-01_24/type=userInfo
date_time=2088-08-18/type=liaozhongmin
Time taken: 0.055 seconds
hive>
```

图 3.13　显示分区信息

（4）删除不想要的分区。

删除分区的命令如下：

```
alter table employees drop if exists partition (date_time='2015-01_24',type='userInfo');
```

删除后再次查看分区，如图 3.14 所示。

```
hive> show partitions employees;
OK
date_time=2015-01-8/type=boss_info
date_time=2088-08-18/type=liaozhongmin
Time taken: 0.049 seconds
hive>
```

图 3.14　再次查看分区

2. Hive 桶表

对于每一个表（Table）或者分区，Hive 都可以进一步组织成桶（Bucket），也就是说桶是粒度更细的数据范围划分。Hive 也是针对某一列进行桶的组织的。Hive 采用对列值进行哈希，然后以除以桶的个数求余的方式决定该条记录存放在哪个桶中。

把表（或者分区）组织成桶有两个理由：

（1）获得更高的查询处理效率。桶为表加上了额外的结构，Hive 在处理有些查询时能利用这个结构。具体而言，连接两个在相同列上（包含连接列的）划分了桶的表，可以使用 Map 端连接（Map-side Join）高效地实现。对于 Join 操作，两个表有一个相同的列，如果对这两个表都进行桶操作，那么将保存相同列值的桶进行 Join 操作就可以了，能够大大减少 Join 的数据量。

（2）使取样（Sampling）更高效。在处理大规模数据集时，在开发和修改查询的阶段，如果能在数据集的一小部分数据上试运行查询，会带来很大的方便。分桶的好处是可以获得更高的查询处理效率，使取样更高效。

举例说明：

```
create table bucketed_user(
  id int,
  name string
)
clustered by(id) sorted by(name) into 4 buckets
row format delimited fields terminated by '\t'
stored as textfile;
```

上述语句中，使用用户 id 来确定如何划分桶。

另外一个要注意的问题是使用桶表的时候要开启桶表：

```
set hive.enforce.bucketing = true;
```

现在将表 employees 中的 name 和 salary 查询出来再插入表中：

```
insert overwrite table bucketed_user select salary,name from employees;
```

通过查询语句可以查看插入的数据，如图 3.15 所示。

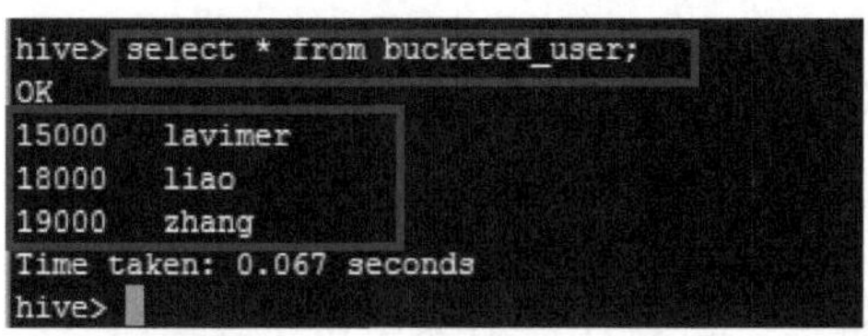
hive> select * from bucketed_user;
OK
15000 lavimer
18000 liao
19000 zhang
Time taken: 0.067 seconds
hive>

图 3.15　查看插入的数据

数据在文件中的表现形式如图 3.16 所示，分成了 4 个桶。

Contents of directory /hive/hive.db/bucketed_user

Goto : /hive/hive.db/bucketed_us go

Go to parent directory

Name	Type	Size	Replication	Block Size	Modification Time	Permission	Owner	Group
000000_0	file	0.04 KB	1	64 MB	2015-01-24 20:05	rw-r--r--	root	supergroup
000001_0	file	0 KB	1	64 MB	2015-01-24 20:05	rw-r--r--	root	supergroup
000002_0	file	0 KB	1	64 MB	2015-01-24 20:05	rw-r--r--	root	supergroup
000003_0	file	0 KB	1	64 MB	2015-01-24 20:05	rw-r--r--	root	supergroup

图 3.16　分成了 4 个桶

当从桶中进行查询时，Hive 会根据分桶的字段进行计算，分析出数据存放的桶，然后直接到对应的桶中取数据，这样做就很好地提高了效率。

3.7　实验

3.7.1 【实验 10】Hive 环境搭建

一、实验目的

（1）了解 Hive 的安装部署；

（2）掌握 MySQL 的安装搭建；
（3）掌握 Hive 的环境搭建。

二、实验步骤

根据实验内容，按如下步骤完成 Hive 的环境搭建，并截图保存。
（1）复制安装包，解压、安装，设置 Hadoop、MySQL 环境变量；
（2）进入 conf 目录，复制 4 个文件；
（3）修改 hive-env.sh；
（4）创建 hdfs 目录，用于配置 hive-site.xml 文件；
（5）创建一个 tmp 文件夹，用于存储临时文件；
（6）修改 hive-site.xml 文件；
（7）在 hive-site.xml 中配置 MySQL 连接信息；
（8）更改配置文件 hive-site.xml；
（9）修改 hadoop 安装目录下的 core-site.xml 文件；
（10）配置 JDBC 驱动包；
（11）初始化并启动 Hive，重新启动 Hadoop 服务；
（12）检测 Hive 是否启动成功；
（13）在 Hive 中执行 SQL 命令。
输入 HQL 语句查询数据库，测试 Hive 是否可以正常使用。

```
show databases;
1.
```

三、实验问题记录

安装过程中出现的问题：
问题说明：
解决方法：
（1）方法 1：
（2）方法 2：

四、实验总结

对实验进行总结，总结内容包括：
（1）通过实验学会了什么？
（2）实验过程中出现了什么问题？针对这些问题是如何解决的？请写出解决步骤。
（3）在实验过程中发现自己哪方面有待进一步提高？

3.7.2 【实验 11】Hive SQL 语句操作

一、实验目的

（1）了解 Hive 的 SQL 语句基本语法；

（2）掌握 Hive 的多种查询方式。

二、实验步骤

以下步骤要分别保存运行命令和结果的截图。

（1）以管理员身份登录，检查 MySQL 是否已经启动，如果服务还没有启动则启动服务。

（2）切换到 master 账号，检查 Hadoop 服务是否已经启动，如果服务还没有启动则启动服务。

（3）在 master 账号下启动 Hive。

（4）在 Hive 中创建一个内部表，结构如下。

表名：person，字段：id（字符型），name（字符型），sex（字符型），age（整型），city（字符型）。

（5）在本地新建一个目录，将 hivedata1.txt 文件复制到其中，把该指定文件数据导入上面的表中，并查看数据结果。

（6）将 hivedata2.txt 文件复制到 hivedata1.txt 文件所在目录，并创建一个和步骤（4）中相同结构的表，加载指定目录，查看结果。

（7）在 HDFS 文件系统中新建一个目录，将 hivedata1.txt 文件复制到其中，并查看数据结果。

（8）在 Hive 中创建一个外部表，指向步骤（7）的目录，结构如下。

表名：person2，字段：id（字符型），name（字符型），sex（字符型），age（整型），city（字符型）。

将 hivedata2.txt 文件复制到步骤（7）的目录中，并创建一个和步骤（8）中相同结构的表，加载指定目录，查看结果。

三、实验问题记录

安装过程中出现的问题：

问题说明：

解决方法：

（1）方法 1：

（2）方法 2：

四、实验总结

对实验进行总结，总结内容包括：

（1）通过实验学会了什么？

（2）实验过程中出现了什么问题？针对这些问题是如何解决的？请写出解决步骤。

（3）在实验过程中发现自己哪方面有待进一步提高？

3.7.3 【实验 12】Hive 函数的使用

一、实验目的

（1）掌握 Hive 函数的使用；

（2）学会问题的记录与解决方法的使用。

二、实验步骤

（1）使用 jps 命令查看 Hadoop 相关进程是否已经启动，如果没有启动则启动该服务；
（2）检查 MySQL 服务是否启动，如果还未启动则启动该服务；
（3）在当前用户的主目录里创建名为 data 的目录，并将两个测试文件复制到其中；
（4）删除两个测试文件的第一行字段名，删除之前要先记下名称，后面创建表格时使用（如果测试文件已经删除第一行字段名则忽略本操作）；
（5）执行命令，启动 Hive，在 Hive 中创建 edu 数据仓库，并切换到 edu 数据库下；
（6）在 Hive 中创建两个内部表，创建成功后，查看这两个表的表结构；
（7）表设计好以后，在 Hive 端使用 load 命令，将之前准备的两个数据文件导入对应的 Hive 表中。
在 Hive 中执行查询操作，验证数据是否导入成功。
查看数据条数。
需求 1：统计每个地方的人数。
需求 2：统计每个地方不同年龄的人数。
参考字符函数、聚合函数等知识，以及关系数据库中相关函数的用法，自行扩展练习。

三、实验问题记录

安装过程中出现的问题：
问题说明：
解决方法：
（1）方法 1：
（2）方法 2：

四、实验总结

对实验进行总结，总结内容包括：
（1）通过实验学会了什么？
（2）实验过程中出现了什么问题？针对这些问题是如何解决的？请写出解决步骤。
（3）在实验过程中发现自己哪方面有待进一步提高？

3.7.4 【实验 13】Hive 分区表的创建

一、实验目的

（1）掌握 Hive 分区表的创建方法；
（2）掌握 Hive 桶表的创建方法；
（3）学会问题的记录与解决方法的使用。

二、实验步骤

Hive 分区表的操作：

（1）使用 jps 命令查看 Hadoop 相关进程是否已经启动，如果没有启动则启动该服务；

（2）检查 MySQL 服务是否启动，如果还未启动则启动该服务；

（3）在当前用户的主目录里创建名为 data 的目录，并将两个测试文件复制到其中；

（4）删除两个测试文件的第一行字段名，删除之前要先记下名称，后面创建表格时使用；

（5）执行命令，启动 Hive，在 Hive 中创建 edu 数据仓库，并切换到 edu 数据库下；

（6）在 Hive 中创建两个内部表，创建成功后，查看这两个表的表结构；

（7）表设计好以后，在 Hive 端使用 load 命令，将之前准备的两个数据文件导入对应的 Hive 表中；

（8）在 Hive 中执行查询操作，验证数据是否导入成功；

（9）执行数据导出操作，将 city 为 wenzhou 的数据导出到本地某个目录下；

（10）执行数据导出操作，将 city 为 shanghai 的数据导出到本地某个目录下；

（11）创建分区表，分区字段为 city；

（12）以 load data 方式加载刚才导出的某个地区的数据；

（13）以 insert select 方式加载某个指定地区的数据；

（14）查看加载数据后的分区表目录结构情况。

提高篇：

（1）创建一个表，带两个分区字段：地区字段和年龄字段。

（2）导入（1）中的两个分区字段的数据。

思考题：

自测：如何创建桶表？

三、实验问题记录

安装过程中出现的问题：

问题说明：

解决方法：

（1）方法 1：

（2）方法 2：

四、实验总结

对实验进行总结，总结内容包括：

（1）通过实验学会了什么？

（2）实验过程中出现了什么问题？针对这些问题是如何解决的？请写出解决步骤。

（3）在实验过程中发现自己哪方面有待进一步提高？

第4章 HBase环境搭建与运维

学习任务

对 HBase 环境有一个宏观的认识，同时学会 HBase 环境的搭建与运维。

☑ 了解 HBase 的基本原理。
☑ 了解 HBase 的环境搭建过程。
☑ 掌握 HBase 集群运行状态的查看。
☑ 掌握常用的 HBase 基本命令的使用。
☑ 掌握在 HBase 环境下数据操作的常用命令。

知识点

☑ HBase 概述。
☑ HBase 单机模式和伪分布模式部署。
☑ HBase 完全分布模式部署。
☑ HBase 查看集群运行状态。
☑ HBase Shell 的使用。
☑ HBase 实验。

4.1 HBase 概述

在线广告是互联网产品的一项主要收入来源，企业可使用精细的用户交互数据建立更优的模型，进而获得更好的广告投放效果和更多的收入。

HBase 非常适合收集用户交互数据，并已经成功地应用在相关领域。它可以增量捕获第一手点击流和用户交互数据，然后用不同的处理方式来处理数据，电商和广告监控行业都已经非常熟练地使用了类似的技术。

例如，淘宝网的实时个性化推荐服务，中间推荐结果存储在 HBase 中，广告相关的用户建模数据也存储在 HBase 中，针对特定用户投放什么广告，用户在电商门户网站上购物时是否实时报价等。

HBase 是一个分布式的、面向列的开源数据库，该技术来源于 Fay Chang 所撰写的 Google 论文《Bigtable：一个结构化数据的分布式存储系统》。就像 Bigtable 利用了 Google 文件系统（File System）所提供的分布式数据存储一样，HBase 在 Hadoop 之上提供了类似于 Bigtable 的能力。HBase 是 Apache 的 Hadoop 项目的子项目。HBase 不同于一般的关系数据库，它是一个适用于非结构化数据存储的数据库；另外，HBase 采用基于列而不是基于行的模式。

HBase 即 Hadoop Database，是一个高可靠性、高性能、面向列、可伸缩的分布式存储系统，利用 HBase 技术可在廉价 PC Server 上搭建起大规模结构化存储集群。

此外，Pig 和 Hive 还为 HBase 提供了高层语言支持，使在 HBase 上进行数据统计处理变得非常简单。Sqoop 则为 HBase 提供了方便的 RDBMS 数据导入功能，使传统数据库数据向 HBase 中迁移变得非常方便。

HBase 的运行模式分为 3 种：本地模式、伪分布模式、完全分布模式。

1. 本地模式（Local Mode）

这种运行模式在一台单机上运行（也叫单机模式），不需要 HDFS 分布式文件系统，而是直接读/写本地操作系统中的文件系统，启动服务后 Master 进程在后台运行。

2. 伪分布模式

这种运行模式是在单台服务器 HDFS 的基础上模拟分布模式，单机上的分布模式并不是真正的分布模式，而是使用线程模拟的分布模式。在这种模式中，主要是文件存储路径要指向 HDFS。

3. 完全分布模式

这种运行模式通常被用于生产环境，使用若干台主机组成一个 Hadoop 集群，HBase 架构于其上。除了文件存储路径要指向 HDFS，还要配置主从节点。在完全分布式环境下，主节点和从节点会分开。

接下来将具体介绍这 3 种模式的环境搭建。

4.2 HBase 单机模式和伪分布模式部署

在本节中，我们将介绍 HBase 的单机模式和伪分布模式的安装，以及通过浏览器查看 HBase 的用户界面。搭建 HBase 伪分布式环境的前提是已经搭建好 Hadoop 完全分布式环境。

首先，在各相关服务器上安装 JDK1.8 和 Hadoop 环境，然后，按以下步骤进行。

1. 安装 HBase

1）下载安装包

hbase-1.2.0.tar.gz 版本与 hadoop-2.6.0 有良好的兼容性，从官网下载对应的安装包，复制到 /home/hadoop 目录下。先找到 HBase 官网下载地址，然后选择 hbase-1.2.0 版本，下载 HBase Releases。

2）解压安装包

解压下载的安装包：

```
[hadoop@K-Master ~]$ cd /usr
[hadoop@K-Master usr]$ sudo tar -xvf /home/hadoop/hbase-1.2.0.tar.gz    #解压安装源码包
```

```
[hadoop@K-Master usr]$ mv hbase-1.2.0    hbase       #重命名
[hadoop@K-Master usr]$ cd hbase
[hadoop@K-Master hbase]$ sudo chown -R hadoop:hadoop hbase #赋予 hbase 安装目录下所有文件 hadoop 权限
```

3）配置安装路径

将 hbase 下的 bin 目录添加到系统的 path 中，在文件最后一行添加如下内容：

```
[hadoop@K-Master usr]$ sudo vim ~/.bashrc
export    PATH=$PATH:/home/hadoop/hbase/bin
```

执行 source 命令使上述配置在当前终端立即生效：

```
[hadoop@K-Master usr]$ source ~/.bashrc
```

4）验证安装是否成功

```
[hadoop@K-Master usr]$ hbase version
14/07/21 18:01:57 INFO util.VersionInfo: HBase 1.2.0
14/07/21    18:01:57    INFO    util.VersionInfo:    Subversion    git://newbunny/home/lars/dev/hbase-0.94    -r 09c60d770f2869ca315910ba0f9a5ee9797b1edc
14/07/21 18:01:57 INFO util.VersionInfo: Compiled by lars on Fri May 23 22:00:41 PDT 2014
```

看到以上类似的打印消息表示 HBase 已经安装成功。

2. 配置 HBase 单机模式

1）配置 hbase/conf/hbase-env.sh

将 JAVA_HOME 变量设置为 Java 安装的根目录，配置如下所示：

```
[hadoop@K-Master hbase]$ vim hbase/conf/hbase-env.sh
```

对 hbase-env.sh 文件做如下修改：

```
export JAVA_HOME=/home/hadoop/jdk1.8    #配置本机的 Java 安装根目录
export HBASE_CLASSPATH=/home/hadoop/hadoop-2.7.3/etc/hadoop
export HBASE_MANAGES_ZK=true    #配置由 HBase 自己管理 ZooKeeper，不需要单独的 ZooKeeper
```

2）配置 hbase/conf/hbase-site.xml

在启动 HBase 前需要设置属性 hbase.rootdir，用于指定 HBase 数据的存储位置。此处设置为 HBase 安装目录下的 hbase-tmp 文件夹（file:///home/hadoop/hbase /hbase-tmp），配置如下：

```
[hadoop@K-Master hbase]$ vim hbase/conf/hbase-site.xml
<configuration>
    <property>
        <name>hbase.rootdir</name>
        <value>file:///home/hadoop/hbase /hbase-tmp</value>
    </property>
</configuration>
```

特别要注意：hbase.rootdir 默认为 /tmp/hbase-${user.name}，这意味着每次重启系统都会丢失数据。

3）启动 HBase

```
[hadoop@K-Master hbase]$ start-hbase.sh
starting master, logging to /usr/hbase/bin/../logs/hbase-hadoop-master-K-Master.localdomain.out
```

4）进入 Shell 模式

进入 Shell 模式之后，通过 status 命令查看 HBase 的运行状态，通过 exit 命令退出 Shell。

```
[hadoop@K-Master hbase]$ hbase shell
HBase Shell; enter 'help<RETURN>' for list of supported commands.
Type "exit<RETURN>" to leave the HBase Shell
Version 0.94.20, r09c60d770f2869ca315910ba0f9a5ee9797b1edc, Fri May 23 22:00:41 PDT 2014
hbase(main):001:0> status
1 servers, 0 dead, 2.0000 average load
hbase(main):002:0> exit
```

5）停止 HBase

```
[hadoop@K-Master hbase]$ stop-hbase.sh
stopping hbase...
```

注意：如果在操作 HBase 的过程中发生错误，可以通过{HBASE_HOME}目录（/usr/hbase）下的 logs 子目录中的日志文件查看错误原因。

3. 配置 HBase 伪分布模式

1）配置 hbase/conf/hbase-env.sh

添加变量 HBASE_CLASSPATH，并将路径设置为本机 Hadoop 安装目录下的 conf 目录（即{HADOOP_HOME}/conf）。修改完成后，hbase-env.sh 的配置如下：

```
[hadoop@K-Master hbase]$ vim conf/hbase-env.sh
export JAVA_HOME=/home/hadoop/jdk1.8
export HBASE_CLASSPATH=/home/hadoop/hadoop-2.7.3/etc/hadoop
export HBASE_MANAGES_ZK=true
```

2）配置 hbase/conf/hbase-site.xml

修改 hbase.rootdir，将其指向 K-Master（与 HDFS 的端口保持一致），并指定 HBase 在 HDFS 上的存储路径。将属性 hbase.cluter.distributed 设置为 true。假设当前 Hadoop 集群运行在伪分布模式下，且 NameNode 运行在 9000 端口。

```
[hadoop@K-Master hbase]$ vim hbase-site.xml
<configuration>
    <property>
        <name>hbase.rootdir</name>
        <value>hdfs://localhost:9000/hbase</value>
    </property>
    <property>
        <name>hbase.cluster.distributed</name>
        <value>true</value>
    </property>
</configuration>
```

3）启动 HBase

完成以上操作后启动 HBase，启动顺序：先启动 Hadoop，再启动 HBase。关闭顺序：先关闭 HBase，再关闭 Hadoop。

第一步：启动 Hadoop 集群。

```
[hadoop@K-Master hbase]$ start-all.sh          #启动 Hadoop
[hadoop@K-Master hbase]$ jps                   #查看进程
9040 DataNode
18205 Jps
9196 SecondaryNameNode
10485 ResourceManager
8902 NameNode
```

注意：读者可先通过 jps 命令查看 Hadoop 集群是否启动，如果 Hadoop 集群已经启动，则不需要执行 Hadoop 集群启动操作。

第二步：启动 HBase。

```
[hadoop@K-Master lib]$ start-hbase.sh             #启动 HBase
K-Master: starting zookeeper, logging to /usr/hbase/bin/../logs/hbase-hadoop-zookeeper-K-Master.localdomain.out
starting master, logging to /usr/hbase/bin/../logs/hbase-hadoop-master-K-Master.localdomain.out
K-Master: starting regionserver, logging to /usr/hbase/bin/../logs/hbase-hadoop-regionserver-K-Master.localdomain.out
[hadoop@K-Master lib]$ jps                        #查看进程
3616 NodeManager
3008 NameNode
6945 HQuorumPeer
7010 HMaster
3302 SecondaryNameNode
3128 DataNode
7128 HRegionServer
3496 ResourceManager
7209 Jps
```

4）进入 Shell 模式

进入 Shell 模式之后，通过 list 命令查看当前数据库所有表信息，通过 create 命令创建一个 member 表，其拥有 member_id、address、info 三个列族，通过 describe 命令查看 member 表结构，通过 exit 命令退出 HBase Shell 模式。

```
[hadoop@K-Master hadoop]$ hbase shell
HBase Shell; enter 'help<RETURN>' for list of supported commands.
Type "exit<RETURN>" to leave the HBase Shell
Version 0.94.20, r09c60d770f2869ca315910ba0f9a5ee9797b1edc, Fri May 23 22:00:41 PDT 2014
hbase(main):001:0> create 'member','member_id','address','info'
0 row(s) in 2.7170 seconds
hbase(main):002:0> list
TABLE
member
1 row(s) in 0.0550 seconds
hbase(main):003:0> describe 'member'
DESCRIPTION   ENABLED   'member', {NAME => 'address', DATA_BLOCK_ENCODING = true >
'NONE', BLOOMFILTER => 'NONE', REPLICATION_SCOPE  => '0', VERSIONS => '3', COMPRESSION =>
'NONE', MIN _VERSIONS => '0', TTL => '2147483647', KEEP_DELETED _CELLS => 'false', BLOCKSIZE =>
'65536', IN_MEMORY   => 'false', ENCODE_ON_DISK => 'true', BLOCKCACHE =>   'true'}, {NAME => 'info',
```

```
DATA_BLOCK_ENCODING => ' NONE', BLOOMFILTER => 'NONE', REPLICATION_SCOPE => '0', VERSIONS => '3', COMPRESSION => 'NONE', MIN_VE RSIONS => '0', TTL => '2147483647', KEEP_DELETED_CE LLS => 'false', BLOCKSIZE => '65536', IN_MEMORY => 'false', ENCODE_ON_DISK => 'true', BLOCKCACHE => 't rue'}, {NAME => 'member_id', DATA_BLOCK_ENCODING => 'NONE', BLOOMFILTER => 'NONE', REPLICATION_SCOPE = > '0', VERSIONS => '3', COMPRESSION => 'NONE', MIN_ VERSIONS => '0', TTL => '2147483647', KEEP_DELETED_ CELLS => 'false', BLOCKSIZE => '65536', IN_MEMORY = > 'false', ENCODE_ON_DISK => 'true', BLOCKCACHE => 'true'}
    1 row(s) in 0.1040 seconds
    hbase(main):004:0> exit
```

5）查看 HDFS 的 HBase 数据库文件

通过 hadoop fs －ls /hbase 命令查看 HBase 分布式数据库在 HDFS 上是否创建成功，/hbase/member 文件夹即为上一步我们所建立的 member 数据库在 HDFS 上的存储位置。

```
[hadoop@K-Master conf]$ hadoop fs -ls /hbase
Found 8 items
drwxr-xr-x   - hadoop supergroup   0 2014-07-21 19:46 /hbase/-ROOT-
drwxr-xr-x   - hadoop supergroup   0 2014-07-21 19:46 /hbase/.META.
drwxr-xr-x   - hadoop supergroup   0 2014-07-22 11:38 /hbase/.logs
drwxr-xr-x   - hadoop supergroup   0 2014-07-22 11:39 /hbase/.oldlogs
drwxr-xr-x   - hadoop supergroup   0 2014-07-22 11:40 /hbase/.tmp
-rw-r--r--   1 hadoop supergroup 38 2014-07-21 19:46 /hbase/hbase.id
-rw-r--r--   1 hadoop supergroup   3 2014-07-21 19:46 /hbase/hbase.version
drwxr-xr-x   - hadoop supergroup   0 2014-07-22 11:40 /hbase/member
```

6）停止 HBase

完成上述操作后，执行关闭 HBase 的操作，关闭顺序：先关闭 HBase，再关闭 Hadoop。

```
[hadoop@K-Master hadoop]$ stop-hbase.sh          #停止 HBase
stopping hbase...
K-Master: stopping zookeeper.
[hadoop@K-Master hadoop]$ stop-all.sh            #停止 Hadoop
stopping jobtracker
K-Master: stopping tasktracker
stopping namenode
K-Master: stopping datanode
K-Master: stopping secondarynamenode
```

4.3　HBase 完全分布模式部署

本节内容对应的系统环境，可参考如下。

硬件环境：CentOS 6.8 服务器 4 台（1 台为 Master 节点，3 台为 Slave 节点）。

软件环境：Java 1.8.0、hadoop-2.6.0、hbase-1.2.0。

1. HBase 集群分布表

Hadoop 完全分布式环境和 HBase 完全分布式集群分别搭建成功后，Hadoop 集群中每个节点的角色如表 4.1 所示。

表 4.1　集群节点角色分配情况

主 机 名	角 色	IP	jps 命令结果	HBase 安装目录用户属组	HBase 安装目录
K-Master	NameNode	192.168.100.147	NameNode JobTracker SecondaryNameNode HMaster	hadoop:hadoop	/usr/hbase
KVMSlave1	DataNode	192.168.100.146	DataNode TaskTracker HRegionServer HQuorumPeer		
KVMSlave2	DataNode	192.168.100.144	DataNode TaskTracker HRegionServer HquorumPeer		
KVMSlave3	DataNode	192.168.100.148	DataNode TaskTracker HRegionServer HQuorumPeer		

2. HBase 集群安装

参照 4.2 节内容，完成集群中所有机器 HBase 的安装。

3. 配置 hbase-env.sh

编辑集群中所有机器的 conf/hbase-env.sh，命令如下：

```
[hadoop@K-Master hbase]$ vi /usr/hbase/conf/hbase-env.sh
export JAVA_HOME=/usr/java/jdk1.8.0
export HBASE_CLASSPATH=/home/hadoop/hadoop-2.7.3/etc/hadoop     #指向 Hadoop 配置目录
export HBASE_MANAGES_ZK=true   #此配置信息，设置由 HBase 自己管理 ZooKeeper，不需要单独的
ZooKeeper
export HBASE_HOME=/usr/hbase
export HADOOP_HOME=/home/hadoop
export HBASE_LOG_DIR=/usr/hbase/logs     #HBase 日志目录
```

4. 配置 hbase-site.xml

编辑所有机器上的 hbase-site.xml 文件，命令如下：

```
[hadoop@K-Master hbase]$ vi /usr/hbase/conf/hbase-site.sh
<configuration>
    <property>
     <name>hbase.rootdir</name>
     <value>hdfs://K-Master:9000/hbase</value>
    </property>
    <property>
```

```
      <name>hbase.cluster.distributed</name>
      <value>true</value>
    </property>
    <property>
    <name>hbase.master</name>
    <value>K-Master:60000</value>
    </property>
    <property>
      <name>hbase.zookeeper.quorum</name>
      <value>KVMSlave1,KVMSlave2,KVMSlave3</value>
    </property>
</configuration>
```

hbase-site.xml 配置文件中属性的详细说明如表 4.2 所示。

表 4.2　hbase-site.xml 配置文件中的属性说明

属　性　名	说　　明
hbase.rootdir	指定 HBase 数据存储目录
hbase.cluster.distributed	指定是否是完全分布模式，单机模式和伪分布模式需要将该值设为 False
hbase.master	指定 Master 的位置
hbase.zookeeper.quorum	指定 ZooKeeper 的集群，多台机器以逗号分隔

注意：

（1）hbase.rootdir 属性值的 HDFS 路径必须与 Hadoop 集群的 core-site.xml 文件配置保持完全一致。

（2）hbase.zookeeper.quorum 的个数必须是奇数。

（3）hbase.rootdir 默认为 /tmp/hbase-${user.name}，这意味着每次重启系统都会丢失数据。

5. 配置 regionservers

编辑所有 HRegionServers 节点的 regionservers 文件。修改 /home/hbase/conf 文件夹下的 regionservers 文件，添加 DataNode 节点的 hostname，命令如下：

```
[hadoop@K-Master hbase]$ vi /usr/hbase/conf/regionservers
KVMSlave1
KVMSlave2
KVMSlave3
```

6. 启动 HBase

集群中所有节点完成上述 HBase 部署之后，即可启动 HBase 集群。启动顺序：Hadoop→Hbase。如果使用自己安装的 ZooKeeper，则启动顺序是 Hadoop→ZooKeeper→HBase。

停止顺序：HBase→ZooKeeper→Hadoop。

```
[hadoop@K-Master lib]$ start-hbase.sh   #启动 HBase
#查看 K-Master 机器运行进程
[hadoop@K-Master ~]$ jps
```

```
24330 HMaster
4726 NameNode
4880 SecondaryNameNode
4998 ResourceManager
3616 NodeManager
24476 Jps
#查看 KVMSlave1 机器运行进程
[hadoop@KVMSlave1 usr]$ jps
10712 Jps
1429 DataNode
10573 HQuorumPeer
10642 HRegionServer
#查看 KVMSlave2 机器运行进程
[hadoop@KVMSlave2 usr]$ jps
9955 HRegionServer
1409 DataNode
9888 HQuorumPeer
10018 Jps
#查看 KVMSlave3 机器运行进程
[hadoop@KVMSlave3 usr]$ jps
11790 HRegionServer
1411 DataNode
11873 Jps
11723 HQuorumPeer
```

如果系统出现对应的类似进程，说明系统安装完成。

4.4 HBase 查看集群运行状态

HBase 集群运行状态的查看主要有两种方式：命令方式查看和 Web 方式查看。

命令方式可参考前面几节的内容，在命令行模式下，输入 jps 命令，即可查看 HBase 集群环境下的进程运行方式，如果某些进程没有在后台运行，则要仔细排查具体原因。

通过下面的链接可以访问 HBase 的一些相关信息，链接说明如表 4.3 所示。

表 4.3 访问 HBase 的链接说明

链　接	说　明
http://(主机名):50070/dfshealth.jsp	HBase 在 HDFS 上生成的 /hbase 目录，用于存放数据
http://(主机名):60010/master-status	Master 主页面
http://(主机名):60010/zk.jsp	ZooKeeper 页面
http://(主机名):60010/table.jsp?name=wordcount	查看 wordcount 表
http://(主机名):60030/rs-status	Region 服务器页面

1）HDFS 主页

输入“http://{主机名}:50070/dfshealth.jsp”进入 HDFS 主页，在该主页单击“Browse the filesystem”超链接，选择 hbase 目录，可以查看 HBase 在 HDFS 上生成的 /hbase 目录结构，该目录用于存放 HBase 数据，如图 4.1 所示。

Name	Type	Size	Replication	Block Size	Modification Time	Permission	Owner	Group
-ROOT-	dir				2014-08-29 17:42	rwxr-xr-x	hadoop	supergroup
.META.	dir				2014-08-29 17:42	rwxr-xr-x	hadoop	supergroup
.archive	dir				2014-09-19 09:46	rwxr-xr-x	hadoop	supergroup
.corrupt	dir				2014-07-28 17:19	rwxr-xr-x	hadoop	supergroup
.logs	dir				2014-09-19 09:45	rwxr-xr-x	hadoop	supergroup
.oldlogs	dir				2014-09-19 09:46	rwxr-xr-x	hadoop	supergroup
.tmp	dir				2014-09-19 09:44	rwxr-xr-x	hadoop	supergroup
hbase.id	file	0.04 KB	1	64 MB	2014-07-28 09:38	rw-r--r--	hadoop	supergroup
hbase.version	file	0 KB	1	64 MB	2014-07-28 09:38	rw-r--r--	hadoop	supergroup
user	dir				2014-08-29 17:39	rwxr-xr-x	hadoop	supergroup
wordcount	dir				2014-08-29 16:47	rwxr-xr-x	hadoop	supergroup

图 4.1　HBase 在 HDFS 上生成的目录结构

2）Master 页面

通过地址“http://{主机名}:60010/master.jsp”可以查看 HBase 的 Master 页面，如图 4.2 所示。

Attribute Name	Value	Description
HBase Version	0.94.20, r09c60d770f2869ca315910ba0f9a5ee9797b1edc	HBase version and revision
HBase Compiled	Fri May 23 22:00:41 PDT 2014, lars	When HBase version was compiled and by whom
Hadoop Version	1.0.4, r1393290	Hadoop version and revision
Hadoop Compiled	Thu Oct 4 20:40:32 UTC 2012, hortonfo	When Hadoop version was compiled and by whom
HBase Root Directory	hdfs://192.168.0.201:9001/hbase	Location of HBase home directory
Zookeeper Quorum	localhost:2181	Addresses of all registered ZK servers. For more, see zk dump.
HMaster Start Time	Fri Sep 19 09:44:55 CST 2014	Date stamp of when this HMaster was started
HMaster Active Time	Fri Sep 19 09:44:58 CST 2014	Date stamp of when this HMaster

图 4.2　HBase 的 Master 页面

3）ZooKeeper 页面

通过Master页面中Master属性提供的链接，可以进入ZooKeeper页面，该页面显示了HBase的根目录、当前的主Master地址、保存ROOT表的Region服务器的地址、其他Region服务器的地址，以及ZooKeeper的一些内部信息，如图4.3所示。

图4.3　ZooKeeper 页面

4）用户表页面

通过Master页面中用户表信息提供的链接“http://{主机名}:60010/table.jsp?name=user”，可以进入用户表页面，如图4.4所示。该页面给出了表当前是否可用，以及表在Region服务器上的信息，同时还提供了根据行键合并及拆分表的操作。

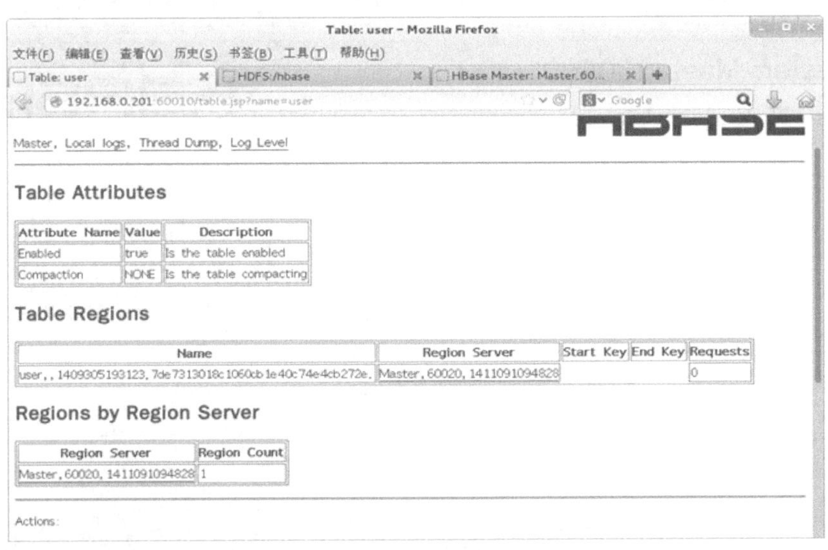

图4.4　用户表页面

5）Region 服务器页面

通过 Master 页面中 Region 服务器信息提供的链接，可以进入 Region 服务器页面，该页面显示了 Region 服务器的基本属性和其上所有 Regions 的信息，如图 4.5 所示。

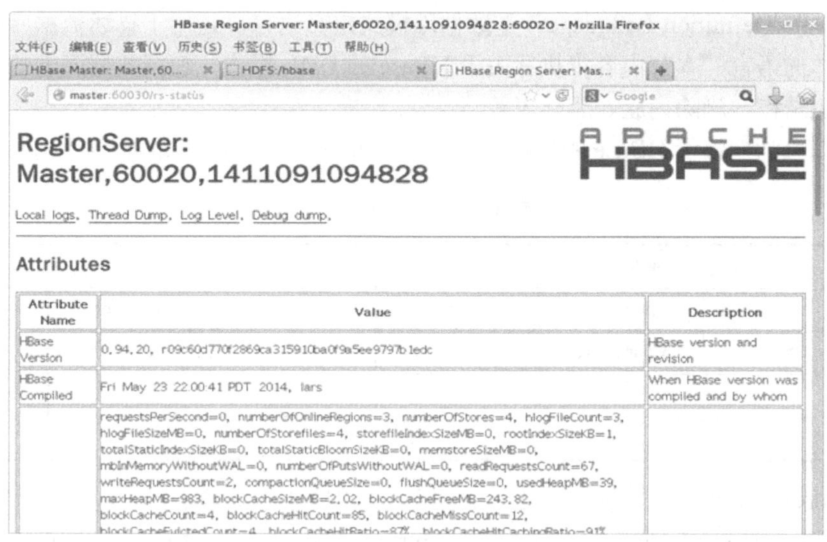

图 4.5　Region 服务器页面

4.5　HBase Shell 的使用

本节的所有操作均是在 HBase 伪分布模式下运行的，故需先运行 Hadoop 集群（如果已启动则不需再启动），再运行 HBase，最后进入 Hbase Shell 模式。

1. 一般操作

1）准备工作

```
#启动 Hadoop 集群
[hadoop@K-Master hbase]$start-all.sh              #启动 Hadoop
[hadoop@K-Master hbase]$jps                       #查看进程
#启动 HBase
[hadoop@K-Master hbase]$ start-hbase.sh           #启动 HBase
[hadoop@K-Master hbase]$jps                       #查看进程
#进入 Shell 模式
[hadoop@K-Master hbase]$ hbase shell
```

2）查看 HBase 服务器状态信息

```
hbase(main):002:0> status
1 servers, 0 dead, 3.0000 average load
```

3）查看 HBase 版本信息

```
hbase(main):002:0> version
```

```
1.2.0, r09c60d770f2869ca315910ba0f9a5ee9797b1edc, Fri May 23 22:00:41 PDT 2014
```

2. DDL 操作

DDL（Data Definition Language）是数据库模式定义语言，是用于描述数据库中要存储的现实世界实体的语言，本节内容将执行关于 HBase 的 DDL 操作，包括数据库表的建立、查看所有表、查表结构、删除列族、删除表等。

以个人信息为例演示 HBase 的用法，创建一个 user 表，其结构如表 4.4 所示。

表 4.4 user 表的结构

Row Key	address			info		
	country	province	city	age	birthday	company
Andy	China	Guangdong	Guangzhou	27	1989-09-08	Zonesion
…						
…						

这里 address 和 info 对于表来说是一个有 3 个列的列族：address 列族由 3 个列 country、province 和 city 组成；info 列族由 3 个列 age、birthday 和 company 组成。当然可以根据需要在 address 和 info 中建立更多的列，如 name、telephone 等相应的列加入 info 列族。

1）创建一个表 member

“user”是表的名字，“user_id”“address”“info”分别为 user 表的 3 个列族。

```
hbase(main):002:0> create 'user','user_id','address','info'
0 row(s) in 1.4270 seconds
```

2）查看所有表

```
hbase(main):002:0> list
TABLE
test
user
wordcount
3 row(s) in 0.0950 seconds
```

3）查看表结构

```
hbase(main):002:0> describe 'user'
DESCRIPTION   ENABLED 'user', {NAME => 'address', DATA_BLOCK_ENCODING =>true 'NONE', BLOOMFILTER => 'NONE', REPLICATION_SCOPE => '0', VERSIONS => '3', COMPRESSION => 'NONE', MIN_VERSIONS => '0', TTL => '2147483647', KEEP_DELETED_CELLS => 'false', BLOCKSIZE => '65536', IN_MEMORY => 'false', ENCODE_ON_DISK => 'true', BLOCKCACHE => ' true'}, {NAME => 'info', DATA_BLOCK_ENCODING => 'NONE', BLOOMFILTER => 'NONE', REPLICATION_SCOPE => '0 ', VERSIONS => '3', COMPRESSION => 'NONE', MIN_VERS
    IONS => '0', TTL => '2147483647', KEEP_DELETED_CELL S => 'false', BLOCKSIZE => '65536', IN_MEMORY => 'f
    alse', ENCODE_ON_DISK => 'true', BLOCKCACHE => 'true'}, {NAME => 'user_id', DATA_BLOCK_ENCODING => 'NONE', BLOOMFILTER => 'NONE', REPLICATION_SCOPE => '0',
```

```
VERSIONS => '3', COMPRESSION => 'NONE', MIN_VERSIONS => '0', TTL => '2147483647', KEEP_DELETED_CELLS => 'false', BLOCKSIZE => '65536', IN_MEMORY => 'false', ENCODE_ON_DISK => 'true', BLOCKCACHE => 'true'}
    1 row(s) in 0.0950 seconds
```

4）增加一个列族

```
hbase(main):010:0> alter 'user', 'add_column'
```

5）删除一个列族

```
hbase(main):010:0> alter 'user',{NAME=>'user_id',METHOD=>'delete'}
```

或者：

```
alter 'user','delete'=>' add_column '
Updating all regions with the new schema...
1/1 regions updated.
Done.
0 row(s) in 1.3660 seconds
hbase(main):010:0> describe 'user'
DESCRIPTION   ENABLED 'user', {NAME => 'address', DATA_BLOCK_ENCODING =>   false 'NONE', BLOOMFILTER => 'NONE', REPLICATION_SCOPE => '0', VERSIONS => '1', COMPRESSION => 'NONE', MIN_V
 ERSIONS => '0', TTL => '2147483647', KEEP_DELETED_CELLS => 'false', BLOCKSIZE => '65536', IN_MEMORY => 'false', ENCODE_ON_DISK => 'true', BLOCKCACHE => 'true'}, {NAME => 'info', DATA_BLOCK_ENCODING => 'NONE', BLOOMFILTER => 'NONE', REPLICATION_SCOPE => '0', VERSIONS => '1', COMPRESSION => 'NONE', MIN_VERSIONS => '0', TTL => '2147483647', KEEP_DELETED_CELLS => 'false', BLOCKSIZE => '65536', IN_MEMORY => 'false', ENCODE_ON_DISK => 'true', BLOCKCACHE => 'true'}
1 row(s) in 0.1050 seconds
```

从上面的表结构中可以看到，VERSIONS 为 1，也就是说，默认情况只会存取一个版本的列数据，当再次插入的时候，后面的值会覆盖前面的值。

修改表结构，让 HBase 表支持存储 3 个 VERSIONS 的版本列数据：

```
alter 'user',{NAME=>'address',VERSIONS=>3}
alter 'user',{NAME=>'info',VERSIONS=>3}
```

6）删除表

删除一个表分为以下两步。

第一步：使表失效。

```
hbase(main):010:0> list
TABLE
test
user
wordcount
hbase(main):015:0> disable 'test'
0 row(s) in 1.3530 seconds
```

第二步：删除表。

```
hbase(main):016:0> drop 'test'
0 row(s) in 1.5380 seconds
```

7）查询表是否存在

```
hbase(main):017:0> exists 'user'
Table user does exist
0 row(s) in 0.3530 seconds
```

8）判断表是否有效

```
hbase(main):018:0> is_enabled 'user'
true
0 row(s) in 0.0750 seconds
```

9）判断表是否无效

```
hbase(main):019:0> is_disabled 'user'
false
0 row(s) in 0.0600 seconds
```

3. DML 操作

DML（Data Manipulation Language）是数据操作语言，用户通过它可以实现对数据库的基本操作。例如，对表中数据的查询、插入、删除和修改。在 DML 中，应用程序可以对数据库进行插入、删除、修改等操作。本节将针对 HBase 数据库执行如下 DML 操作，包括添加记录、查看记录、查看表中的记录总数、删除记录、删除一张表、查看某个列族的所有记录等。

HBase Shell 基本操作命令如表 4.5 所示。

表 4.5　HBase Shell 基本操作命令

命 令 内 容	命令表达式
创建表	create'表名称','列名称','列名称 2','列名称 N'
添加记录	put'表名称','行名称','列名称:','值'
查看记录	get'表名称','行名称'
查看表中的记录总数	count'表名称'
删除记录	delete'表名称','行名称','列名称'
删除表	先要屏蔽该表，才能对该表进行删除操作。第一步，disable'表名称'；第二步，drop '表名称'
查看所有记录	scan"表名称"
查看某个表某个列中的所有数据	scan"表名称",['列名称:']
更新记录	就是重写一遍进行覆盖

1）向表 user 插入记录

（1）向 user 表的行键 andieguo 的 info 列族成员 age、birthday、company 分别添加数据。

```
# 语法：put <table>,<rowkey>,<family:column>,<value>,<timestamp>
# 例如：给表 user 添加一行记录：<rowkey>是'andieguo'，<family:column>是'info:age'，value 是'27'，
```

```
timestamp：系统默认
    hbase(main):021:0> put 'user','andieguo','info:age','27'
    hbase(main):022:0> put 'user','andieguo','info:birthday','1989-09-01'
    hbase(main):026:0> put 'user','andieguo','info:company','zonesion'
```

（2）向 user 表的行键 andieguo 的 address 列族成员 country、province、city 分别添加数据。

```
    # 语法：put <table>,<rowkey>,<family:column>,<value>,<timestamp>
    # 例如：给表 user 添加一行记录：<rowkey>是'andieguo'，<family:column>是'address:country',value 是'china',
timestamp：系统默认
    hbase(main):028:0> put 'user','andieguo','address:country','china'
    hbase(main):029:0> put 'user','andieguo','address:province','wuhan'
    hbase(main):030:0> put 'user','andieguo','address:city','wuhan'
```

2）获取一条记录

（1）获取一个 ID 的所有记录。

```
# 语法：get <table>,<rowkey>,[<family:column>,...]
# 例如：查询<table>为'user'、<rowkey>为'andieguo'下的所有记录
hbase(main):031:0> get 'user','andieguo'
COLUMNCELL
 address:city timestamp=1409303693005, value=wuhan
 address:country timestamp=1409303656326, value=china
 address:province timestamp=1409303678219, value=wuhan
 info:age timestamp=1409303518077, value=27
 info:birthdaytimestamp=1409303557859, value=1989-09-01
 info:company timestamp=1409303628168, value=zonesion
6 row(s) in 0.0350 seconds
```

（2）获取一个 ID 的一个列族的所有数据。

```
# 语法：get <table>,<rowkey>,[<family:column>,...]
# 例如：查询<table>为'user'、<rowkey>为'andieguo'、<family>为'info'下的所有记录
hbase(main):032:0> get 'user','andieguo','info'
COLUMNCELL
 info:age timestamp=1409303518077, value=27
 info:birthdaytimestamp=1409303557859, value=1989-09-01
 info:company timestamp=1409303628168, value=zonesion
3 row(s) in 0.0200 seconds
```

（3）获取一个 ID 的一个列族中的一个列的所有数据。

```
# 语法：get <table>,<rowkey>,[<family:column>,...]
# 例如：查询<table>为'user'、<rowkey>为'andieguo'、<family:column >为'info:age'下的所有记录
hbase(main):034:0> get 'user','andieguo','info:age'
COLUMNCELL
 info:age timestamp=1409303518077, value=27
1 row(s) in 0.0240 seconds
```

3）更新一条记录

将 andieguo 的年龄修改为 28，命令如下：

```
hbase(main):035:0> put 'user','andieguo','info:age','28'
0 row(s) in 0.0090 seconds
hbase(main):036:0> get 'user','andieguo','info:age'
COLUMNCELL
  info:age timestamp=1409304167955, value=28
1 row(s) in 0.0160 seconds
```

4）获取指定版本的数据

首先确定通过 desc 命令查看 VERSIONS 属性的数据版本数，然后用如下命令查看某个列族下的字段的不同版本数据：

```
get 'user','andieguo',{COLUMN=>'info:age',VERSIONS=>3}
```

5）全表扫描

```
hbase(main):042:0> scan 'user'
ROWCOLUMN+CELL
  andieguo    column=address:city, timestamp=1409303693005,value=wuhan
  andieguo    column=address:country, timestamp=1409303656326,value=china
  andieguo    column=address:province, timestamp=1409303678219,value=wuhan
  andieguo    column=info:age, timestamp=1409304167955,value=28
  andieguo    column=info:birthday, timestamp=1409303557859,value=1989-09-01
  andieguo    column=info:company, timestamp=1409303628168,value=zonesion
1 row(s) in 0.0340 seconds
```

6）删除 ID 为“andieguo”的列为“info:age”的字段

```
hbase(main):043:0> delete 'user','andieguo','info:age'
0 row(s) in 0.0200 seconds
hbase(main):044:0> get 'user','andieguo'
COLUMN CELL
  address:city timestamp=1409303693005,value=wuhan
  address:country timestamp=1409303656326,value=china
  address:province timestamp=1409303678219,value=wuhan
  info:birthday timestamp=1409303557859,value=1989-09-01
  info:company timestamp=1409303628168,value=zonesion
5 row(s) in 0.0180 seconds
```

7）查询表中有多少行

```
hbase(main):045:0> count 'user'
1 row(s) in 0.0770 seconds
```

8）向 ID“andieguo”添加“info:age”字段

（1）第一次添加（默认使用 counter 实现递增）。

```
hbase(main):048:0> incr 'user','andieguo','info:age'
COUNTER VALUE = 1
hbase(main):052:0> get 'user','andieguo','info:age'
COLUMN CELL
  info:age    timestamp=1409304832249, value=\x00\x00\x00\x00\x00\x00\x00\x01
1 row(s) in 0.0150 seconds
```

（2）第二次添加（默认使用 counter 实现递增）。

```
hbase(main):050:0> incr 'user','andieguo','info:age'
COUNTER VALUE = 2
hbase(main):052:0> get 'user','andieguo','info:age'
COLUMN CELL
 info:age    timestamp=1409304832249, value=\x00\x00\x00\x00\x00\x00\x00\x02
1 row(s) in 0.0150 seconds
```

（3）获取当前的 counter 值。

```
hbase(main):053:0> get_counter 'user','andieguo','info:age'
COUNTER VALUE = 2
```

9）将表数据清空

```
hbase(main):054:0> truncate 'user'
Truncating 'user' table (it may take a while):
 - Disabling table...
 - Dropping table...
 - Creating table...
0 row(s) in 3.5320 seconds
```

可以看出，HBase 在执行 truncate 命令时，先对表执行使其失效操作，再执行删除操作，最后通过重新建表来实现数据清空。

4.6 实验

4.6.1 【实验 14】HBase 单机模式和伪分布模式部署

一、实验目的

（1）掌握在 VMware 和 CentOS 中部署 HBase 单机模式和伪分布模式；
（2）解决常见的安装过程中的问题；
（3）学会问题的记录与解决方法的使用。

二、实验步骤

（1）打开 VMware Workstation 10/12。
（2）单击 CentOS 虚拟机文件，使其启动，并以 root 身份登录系统。
（3）下载安装包。
在 HBase 官网下载 hbase-1.2.0.tar.gz，选择下载 HBase Releases。
（4）解压安装包，在命令终端中按顺序输入以下命令：

```
cd /usr
sudo tar –xvf /home/hadoop/hbase-1.2.0.tar.gz          #解压安装源码包
mv hbase-1.2.0    hbase                                #重命名
```

```
cd hbase
sudo chown -R hadoop:hadoop hbase                    #赋予 hbase 安装目录下所有文件 Hadoop 权限
```

查看该目录权限并截图保存。

（5）配置安装路径。

将 hbase 下的 bin 目录添加到系统的 path 中，在 /etc/profile 文件最后一行添加如下内容：

```
sudo vim /etc/profile
export    PATH=$PATH:/usr/hbase/bin
```

截图保存结果。

运行命令让环境变量生效：

```
source /etc/profile
```

（6）验证安装是否成功。

输入命令“hbase version”，查看结果并截图。

（7）配置 HBase 单机模式。

① 配置 /conf/hbase-env.sh。

将 JAVA_HOME 变量设置为 Java 安装的根目录，配置完成后截图保存。

② 配置 /conf/hbase-site.xml。

配置完成后截图保存。

③ 启动 HBase。

执行命令“start-hbase.sh”，查看结果并截图保存。

④ 进入 Shell 模式。

进入 Shell 模式之后，通过 status 命令查看 HBase 的运行状态，通过 exit 命令退出 Shell。

进入 Shell 模式的命令：hbase shell。

按上述操作后，对结果进行截图并保存。

⑤ 停止 HBase：

```
[hadoop@K-Master hbase]$ stop-hbase.sh
```

（8）配置 HBase 伪分布模式。

① 配置 /conf/hbase-env.sh。

添加变量 HBASE_CLASSPATH，并将路径设置为本机 Hadoop 安装目录下的 conf 目录（即{HADOOP_HOME}/conf）。设置完成后截图保存。

② 配置 /conf/hbase-site.xml。

修改 hbase.rootdir，将其指向 K-Master（与 HDFS 的端口保持一致），并指定 HBase 在 HDFS 上的存储路径。将属性 hbase.cluter.distributed 设置为 true。假设当前 Hadoop 集群运行在伪分布模式下，且 NameNode 运行在 9000 端口。设置完成后截图保存。

③ 启动 HBase。

完成以上操作后，切换到 Hadoop 用户，启动 HBase，启动顺序：先启动 Hadoop，再启动 HBase。关闭顺序：先关闭 HBase，再关闭 Hadoop。

第一步：启动 Hadoop 集群。可先通过 jps 命令查看 Hadoop 集群是否启动，如果 Hadoop 集群已经启动，则不需要执行 Hadoop 集群启动操作。

```
start-all.sh            #启动 Hadoop
jps                     #查看进程
```

查看运行结果并截图保存。

第二步：启动 HBase。

```
start-hbase.sh          #启动 HBase
jps                     #查看进程
```

查看运行结果并截图保存。

④ 进入 Shell 模式。

进入 Shell 模式之后，通过 list 命令查看当前数据库所有表信息，通过 create 命令创建一个 member 表，其拥有 member_id、address、info 三个列族，通过 describe 命令查看 member 表结构，通过 exit 命令退出 HBase Shell 模式。

```
hbase shell
hbase(main):001:0> create 'member','member_id','address','info'
0 row(s) in 2.7170 seconds
hbase(main):002:0> list
```

查看运行结果并截图保存。

```
hbase（main）:003:0> describe 'member'
hbase（main）:004:0> exit
```

⑤ 查看 HDFS 的 HBase 数据库文件。

通过 hadoop fs -ls /hbase 命令查看 HBase 分布式数据库在 HDFS 上是否成功创建，/hbase/member 文件夹为 member 数据库在 HDFS 上的存储位置。

```
hadoop fs -ls /hbase
```

查看运行结果并截图保存。

⑥ 停止 HBase。

完成上述操作后，执行关闭 HBase 的操作，关闭顺序：先关闭 HBase，再关闭 Hadoop。

```
stop-hbase.sh           #停止 HBase
stop-all.sh             #停止 Hadoop
```

查看运行结果并截图保存。

三、实验问题记录

安装过程中出现的问题：

问题说明：

解决方法：

（1）方法 1：

（2）方法 2：

四、实验总结

对实验进行总结，总结内容包括：

（1）通过实验学会了什么？

（2）实验过程中出现了什么问题？针对这些问题是如何解决的？请写出解决步骤。

（3）在实验过程中发现自己哪方面有待进一步提高？

4.6.2 【实验 15】HBase 分布式部署

一、实验目的

（1）掌握在 VMware 和 CentOS 中实现 HBase 分布式部署；

（2）解决常见的安装过程中的问题；

（3）学会问题的记录与解决方法的使用。

二、实验步骤

（1）打开 VMware Workstation 10/12。

本实验对应的系统环境，可参考如下。

硬件环境：CentOS 6.8 服务器 4 台（1 台为 Master 节点，3 台为 Slave 节点）。

软件环境：Java 1.8.0、hadoop-2.6.0、hbase-1.2.0。

（2）HBase 集群分布表。

Hadoop 完全分布式环境和 HBase 完全分布式集群分别搭建成功后，Hadoop 集群中每个节点的角色如表 4.1 所示。

（3）HBase 集群安装。

参照前面介绍的内容，完成集群中所有机器 HBase 的安装。

（4）配置 hbase-env.sh。

编辑集群中所有机器的 conf/hbase-env.sh，vi /home/hbase/conf/hbase-env.sh，完成后截图保存。

（5）配置 hbase-site.xml。

编辑所有机器上的 hbase-site.xml 文件和 vi /home/hbase/conf/hbase-site.sh，完成后截图保存。

（6）配置 regionservers。

编辑所有 HRegionServers 节点的 regionservers 文件。修改 /home/hbase/conf 文件夹下的 regionservers 文件和 vi /home/hbase/conf/regionservers，完成后截图保存。

（7）启动 HBase。

集群中所有节点完成上述 HBase 部署之后，即可启动 HBase 集群。启动顺序：Hadoop→HBase。如果使用自己安装的 ZooKeeper，则启动顺序是 Hadoop→ZooKeeper→HBase。

停止顺序：HBase→ZooKeeper→Hadoop。

```
start-hbase.sh    #启动 HBase
```

查看运行结果并截图保存。

在 3 台 Slave 机器上分别运行 jps 命令，查看运行结果并截图保存。

三、实验问题记录

安装过程中出现的问题：
问题说明：
解决方法：
（1）方法 1：
（2）方法 2：

四、实验总结

对实验进行总结，总结内容包括：
（1）通过实验学会了什么？
（2）实验过程中出现了什么问题？针对这些问题是如何解决的？请写出解决步骤。
（3）在实验过程中发现自己哪方面有待进一步提高？

4.6.3 【实验 16】HBase 查看集群运行状态

一、实验目的

（1）掌握在 VMware 和 CentOS 中查看 HBase 集群运行状态的方法；
（2）解决常见的操作过程中的问题；
（3）学会问题的记录与解决方法的使用。

二、实验步骤

（1）打开 VMware Workstation 10/12。
（2）集群中所有节点完成 HBase 部署之后，即可启动 HBase 集群。
HBase 集群运行状态的查看主要有两种方式：命令方式查看和 Web 方式查看。
命令方式中，在命令行模式下输入 jps 命令，即可查看 HBase 集群环境下的进程运行方式。
按顺序启动相关服务，查看 Master 上的进程运行状态，查看运行结果并截图保存。
查看各 Slave 上的进程运行状态，查看运行结果并截图保存。
（3）HDFS 主页。
进入 HDFS 主页，单击“Browse the filesystem”超链接，选择 hbase 目录，可以查看 HBase 在 HDFS 上生成的 /hbase 目录结构，该目录用于存放 HBase 数据。查看运行结果并截图保存。
（4）Master 页面。
查看 HBase 的 Master 页面，查看运行结果并截图保存。
（5）ZooKeeper 页面。
通过 Master 页面中 Master 属性提供的链接，可以进入 ZooKeeper 页面，查看运行结果并截图保存。
（6）用户表页面。
通过 Master 页面中用户表信息提供的链接可以进入用户表页面，查看运行结果并截图保存。

（7）Region 服务器页面。

通过 Master 页面中 Region 服务器信息提供的链接，可以进入 Region 服务器页面，查看运行结果并截图保存。

三、实验问题记录

操作过程中出现的问题：

问题说明：

解决方法：

（1）方法 1：

（2）方法 2：

四、实验总结

对实验进行总结，总结内容包括：

（1）通过实验学会了什么？

（2）实验过程中出现了什么问题？针对这些问题是如何解决的？请写出解决步骤。

（3）在实验过程中发现自己哪方面有待进一步提高？

4.6.4 【实验 17】HBase Shell 命令的使用

一、实验目的

（1）掌握在 VMware 和 CentOS 中 HBase Shell 命令的使用；

（2）解决常见的操作过程中的问题；

（3）学会问题的记录与解决方法的使用。

二、实验步骤

（1）打开 VMware Workstation 10/12。

（2）集群中所有节点完成 HBase 部署之后，即可启动 HBase 集群。

执行 jps 命令，查看运行结果并截图保存。

（3）进入 Shell 模式，执行 hbase shell 命令，查看运行结果并截图保存。

（4）DDL 操作。

创建一个 user 表，其结构如表 4.4 所示。

① 创建一个表 user。

```
hbase(main):002:0> create 'user','user_id','address','info'
```

② 查看所有表。

```
hbase(main):002:0> list
```

查看运行结果并截图保存。

③ 查看表结构。

```
hbase(main):002:0> describe 'user'
```

查看运行结果并截图保存。

④ 删除一个列族。

删除一个列族分为以下 3 步。

在创建 user 表时创建了 3 个列族，但是发现 user_id 这个列族是多余的，现在需要将其删除，操作如下。

第一步：使表失效。

```
hbase(main):008:0> disable 'user'
```

第二步：改变表。

```
hbase(main):010:0> alter 'user',{NAME=>'user_id',METHOD=>'delete'}
```

查看运行结果并截图保存：

```
hbase(main):010:0> describe 'user'
```

第三步：使表生效。

```
hbase(main):010:0> enable 'user'
```

查看运行结果并截图保存。

⑤ 删除表。

删除一个表分为以下两步。

第一步：使表失效。

```
hbase(main):010:0> list
```

查看运行结果并截图保存：

```
hbase(main):015:0> disable 'test'
```

第二步：删除表。

```
hbase(main):016:0> drop 'test'
```

⑥ 查询表是否存在。

```
hbase(main):017:0> exists 'user'
```

查看运行结果并截图保存。

⑦ 判断表是否有效。

```
hbase(main):018:0> is_enabled 'user'
```

查看运行结果并截图保存。

⑧ 判断表是否失效。

```
hbase(main):019:0> is_disabled 'user'
```

查看运行结果并截图保存。

（5）DML 操作。

HBase Shell 基本操作命令如表 4.5 所示。

① 向表 user 插入记录。

a．向 user 表的列族成员 age、birthday、company 分别添加数据。

```
hbase(main):021:0> put 'user','andieguo','info:age','27'
hbase(main):022:0> put 'user','andieguo','info:birthday','1989-09-01'
hbase(main):026:0> put 'user','andieguo','info:company','zonesion'
```

b．向 user 表的列族成员 country、province、city 分别添加数据。

```
hbase(main):028:0> put 'user','andieguo','address:country','china'
hbase(main):029:0> put 'user','andieguo','address:province','wuhan'
hbase(main):030:0> put 'user','andieguo','address:city','wuhan'
```

② 获取一条记录。

a．获取一个 ID 的所有记录。

```
# 语法：get <table>,<rowkey>,[<family:column>,...]
# 例如：查询<table>为'user'、<rowkey>为'andieguo'下的所有记录
hbase(main):031:0> get 'user','andieguo'
```

查看运行结果并截图保存。

b．获取一个 ID 的一个列族的所有数据。

```
# 语法：get <table>,<rowkey>,[<family:column>,...]
# 例如：查询<table>为'user'、<rowkey>为'andieguo'、<family>为'info'下的所有记录
hbase(main):032:0> get 'user','andieguo','info'
```

查看运行结果并截图保存。

c．获取一个 ID 的一个列族中的一个列的所有数据。

```
# 语法：get <table>,<rowkey>,[<family:column>,...]
# 例如：查询<table>为'user'、<rowkey>为'andieguo'、<family:column >为'info:age'下的所有记录
hbase(main):034:0> get 'user','andieguo','info:age'
```

查看运行结果并截图保存。

③ 更新一条记录。

```
hbase(main):035:0> put 'user','andieguo','info:age','28'
hbase(main):036:0> get 'user','andieguo','info:age'
```

查看运行结果并截图保存。

④ 获取指定版本的数据。

```
hbase(main)::037:0> get 'user','andieguo',{COLUMN=>'info:age',TIMESTAMP=>1409304}
```

查看运行结果并截图保存。

⑤ 全表扫描。

```
hbase(main):042:0> scan 'user'
```

查看运行结果并截图保存。

⑥ 删除 ID 为“andieguo”的列为“info:age”的字段。

```
hbase(main):043:0> delete 'user','andieguo','info:age'
hbase(main):044:0> get 'user','andieguo'
```

查看运行结果并截图保存。

⑦ 查询表中有多少行。

```
hbase(main):045:0> count 'user'
```

查看运行结果并截图保存。

⑧ 向 ID“andieguo”添加“info:age”字段。

a．第一次添加。

```
hbase(main):048:0> incr 'user','andieguo','info:age'
hbase(main):052:0> get 'user','andieguo','info:age'
```

查看运行结果并截图保存。

b．第二次添加。

```
hbase(main):050:0> incr 'user','andieguo','info:age'
hbase(main):052:0> get 'user','andieguo','info:age'
```

查看运行结果并截图保存。

c．获取当前的 counter 值。

```
hbase(main):053:0> get_counter 'user','andieguo','info:age'
```

查看运行结果并截图保存。

⑨ 清空表数据。

```
hbase(main):054:0> truncate 'user'
```

查看运行结果并截图保存。

三、实验问题记录

操作过程中出现的问题：

问题说明：

解决方法：

（1）方法 1：

（2）方法 2：

四、实验总结

对实验进行总结，总结内容包括：

（1）通过实验学会了什么？

（2）实验过程中出现了什么问题？针对这些问题是如何解决的？请写出解决步骤。

（3）在实验过程中发现自己哪方面有待进一步提高？

第5章 Hadoop常用组件安装

学习任务

对 Hadoop 组件有一个宏观的认识，同时学会 Hadoop 常用组件的搭建与运维。

☑ 掌握 ZooKeeper 环境搭建过程。
☑ 掌握 Kafka 环境搭建。
☑ 了解 Storm 环境搭建。
☑ 掌握 Flume 环境搭建。
☑ 掌握 Spark 环境搭建。

知识点

☑ Hadoop 常用组件概述。
☑ ZooKeeper 环境部署。
☑ Kafka 环境部署。
☑ Storm 环境部署。
☑ Flume 环境部署。
☑ Spark 环境部署。
☑ Hadoop 常用组件实验。

5.1 Hadoop常用组件概述

除了本书前面提到的一些组件外，整个 Hadoop 的生态圈还有很多常用的组件，比如 Zookeeper、Kafka、Storm、Flume、Spark 等，这些组件相互配合使用，每个都有自己"用武之地"，组合起来即可满足各种系统业务需求，图 5.1 简要列出了部分内容，下面仅对列出的 5 种常用组件做简要叙述。

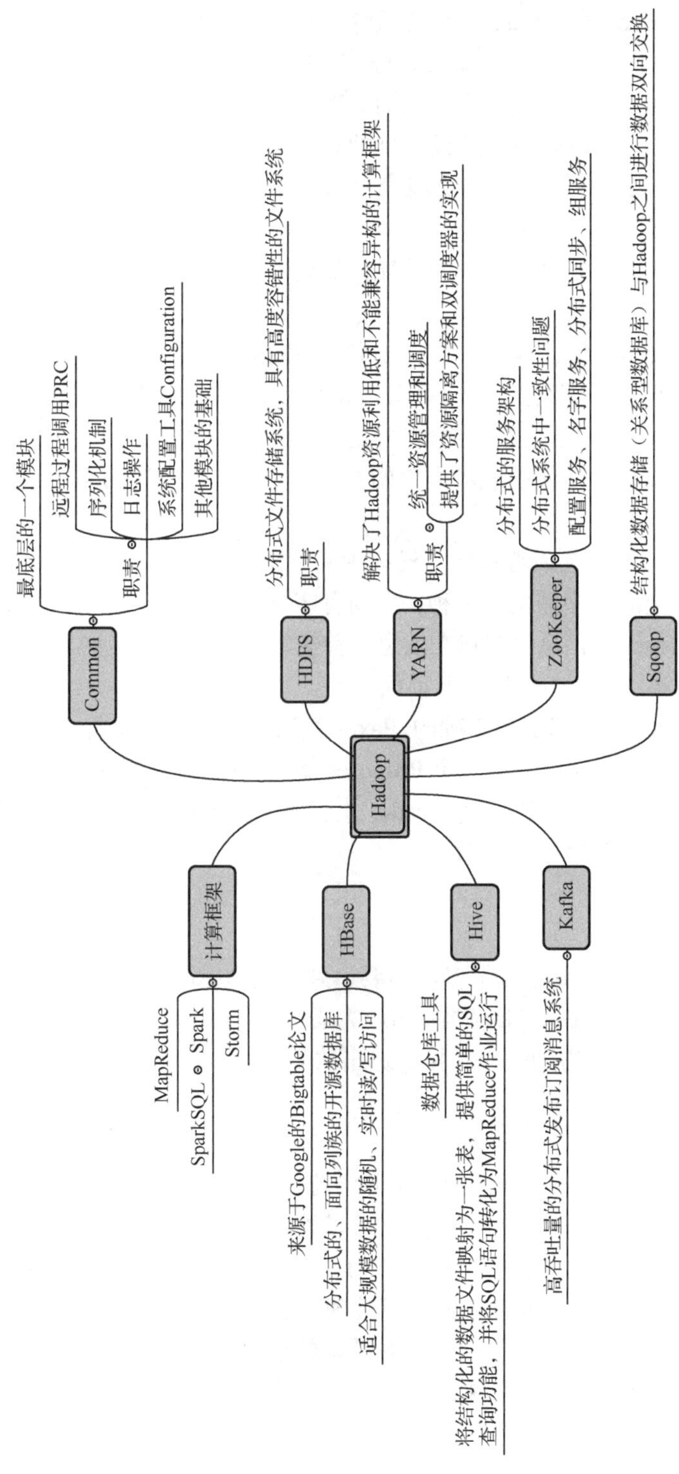

图5.1 Hadoop生态组件

1. ZooKeeper

ZooKeeper 是一个分布式的、开放源码的分布式应用程序协调服务，是 Google 的 Chubby 一个开源的实现，是 Hadoop 和 HBase 的重要组件。它是一个为分布式应用提供一致性服务的软件，提供的功能包括配置维护、域名服务、分布式同步、组服务等。

ZooKeeper 的目标就是封装好复杂易出错的关键服务，将简单易用的接口和性能高效、功能稳定的系统提供给用户，ZooKeeper 的设计目的有以下几点。

（1）最终一致性：Client 不论连接到哪个 Server，展示给它的都是同一个视图，这是 ZooKeeper 最重要的性能。

（2）可靠性：具有简单、健壮、良好的性能，如果消息被一台服务器接收，那么它将被所有的服务器接收。

（3）实时性：ZooKeeper 保证客户端将在一个时间间隔范围内获得服务器的更新信息，或者服务器失效的信息。但由于网络延时等原因，ZooKeeper 不能保证两个客户端能同时得到刚更新的数据，如果需要最新数据，应该在读数据之前调用 sync()接口。

（4）等待无关（Wait-free）：慢的或者失效的 Client 不得干预快速的 Client 的请求，这使得每个 Client 都能有效地等待。

（5）原子性：更新只能成功或者失败，没有中间状态。

（6）顺序性：包括全局有序和偏序两种。全局有序是指如果在一台服务器上消息 a 在消息 b 前发布，则在所有 Server 上消息 a 都将在消息 b 前被发布；偏序是指如果一个消息 b 在消息 a 后被同一个发送者发布，则 a 必将排在 b 前面。

ZooKeeper 是以 Fast Paxos 算法为基础的，Paxos 算法存在活锁的问题，即当有多个 Proposer 交错提交时，有可能互相排斥导致没有一个 Proposer 能提交成功，而 Fast Paxos 做了一些优化，通过选举产生一个 Leader（领导者），只有 Leader 才能提交 Proposer，具体算法可见 Fast Paxos。

ZooKeeper 的基本运转流程如下所示。

（1）选举 Leader。

（2）同步数据。

（3）选举 Leader 过程中的算法有很多，但要达到的选举标准是一致的。

（4）Leader 要具有最高的执行 ID，类似 root 权限。

（5）集群中大多数的机器得到响应并接纳选出的 Leader。

2. Kafka

Kafka 是由 Apache 软件基金会开发的一个开源流处理平台，由 Scala 和 Java 编写。Kafka 是一种高吞吐量的分布式发布订阅消息系统，它可以处理消费者规模的网站中的所有动作流数据。这种动作（网页浏览、搜索和其他用户的行为）是现代网络上的许多社会功能的一个关键因素。这些数据通常是由于吞吐量的要求而通过处理日志和日志聚合来解决的。对于像 Hadoop 一样的日志数据和离线分析系统，但又要求实时处理的限制，这是一个可行的解决方案。Kafka 的目的是通过 Hadoop 的并行加载机制来统一线上和离线的消息处理，也是为了通过集群来提供实时的消费。

Kafka 有如下特性。

（1）通过 O(1)的磁盘数据结构提供消息的持久化，这种结构对于数以 TB 的消息存储也能够保持长时间的稳定性能。

（2）高吞吐量——即使是非常普通的硬件，Kafka 也可以支持每秒数百万的消息。

（3）支持通过 Kafka 服务器和消费机集群来对消息进行分区。

（4）支持 Hadoop 并行数据加载。

1）Kafka 的 4 个核心 API

（1）应用程序使用 producer API 发布消息到 1 个或多个 Topic 中。

（2）应用程序使用 consumer API 来订阅一个或多个 Topic，并处理产生的消息。

（3）应用程序使用 streams API 充当一个流处理器，从 1 个或多个 Topic 消费输入流，并产生一个输出流到 1 个或多个 Topic，有效地将输入流转换到输出流。

（4）connector API 允许构建或运行可重复使用的生产者或消费者，将 Topic 链接到现有的应用程序或数据系统。

2）Kafka 的基本原理

通常来讲，消息模型可以分为两种：队列和发布-订阅式。队列的处理方式是一组消费者从服务器读取消息，一条消息只由其中的一个消费者来处理。在发布-订阅模型中，消息被广播给所有的消费者，接收到消息的消费者都可以处理此消息。Kafka 为这两种模型提供了单一的消费者抽象模型：消费者组（Consumer Group）。消费者用一个消费者组名标记自己。

一个发布在 Topic 上的消息被分发给此消费者组中的一个消费者。假如所有的消费者都在一个组中，那么这就变成了队列模型；假如所有的消费者都在不同的组中，那么就完全变成了发布-订阅模型。更通用的，我们可以创建一些消费者组作为逻辑上的订阅者，每个组包含数目不等的消费者，一个组内的多个消费者可以用来扩展性能和容错。

并且，Kafka 能够保证生产者发送消息到一个特定的 Topic 的分区上，消息将会按照它们发送的顺序依次加入，也就是说，如果消息 M1 和 M2 使用相同的 Producer 发送，M1 先发送，那么 M1 将比 M2 的 Offset 低，并且优先出现在日志中。消费者收到的消息也是这个顺序。如果一个 Topic 配置的复制因子（Replication Facto）为 N，那么可以允许 N-1 服务器宕机而不丢失任何已经提交（Committed）的消息。此特性说明 Kafka 有比传统的消息系统更强的顺序保证能力。但是，相同的消费者组中不能有比分区更多的消费者，否则多出的消费者一直处于空等待状态，不会收到消息。

3）Kafka 的应用场景

构建实时的流数据管道，可靠地获取系统和应用程序之间的数据。

构建实时流的应用程序，对数据流进行转换或产生反应。

4）主题和日志（Topic 和 Log）

每个分区（Partition）都是一个顺序的、不可变的消息队列，并且可以持续地添加。分区中的消息都被分配了一个序列号，称为偏移量（Offset），在每个分区中此偏移量是唯一的。Kafka 集群保持所有的消息，直到它们过期，无论消息是否被消费。实际上消费者所持有的仅有的元数据就是这个偏移量，也就是消费者在这个 Log 中的位置。这个偏移量由消费者控制：正常情况下当消费者消费消息的时候，偏移量也线性地增加。但是实际偏移量由消费者控制，消费者可以将偏移量重置为更老的一个偏移量，重新读取消息。可以看到，这种设计对消费者来说操作自如，一个消费者的操作不会影响其他消费者对此 Log 的处理。再说说分区。Kafka 中采用分区的设计有几个目的，一是可以处理更多的消息，不受单台服务器的限制。Topic 拥有多个分区意味着它可以不受限地处理更多的数据。二是分区可以作为并行处理的单元，稍后会讲到这一点。

5）分布式（Distribution）

Log 的分区被分布到集群中的多个服务器上，每个服务器都处理它分到的分区。根据配置每个分区还可以复制到其他服务器作为备份容错。每个分区都有一个 Leader、零或多个 Follower。Leader 处理此分区的所有的读/写请求，而 Follower 被动地复制数据。如果 Leader 宕机，其他的某个 Follower 会被推举为新的 Leader。一台服务器可能同时是一个分区的 Leader，另一个分区的 Follower。这样可以平衡负载，避免所有的请求都只让一台或者某几台服务器处理。

3. Storm

Storm 为分布式实时计算提供了一组通用原语，可被用于“流处理”之中，实时处理消息并更新数据库。这是管理队列及工作者集群的另一种方式。Storm 也可被用于“连续计算”（Continuous Computation），对数据流做连续查询，在计算时就将结果以流的形式输出给用户。它还可被用于“分布式 RPC”，以并行的方式运行昂贵的运算。

Storm 的主工程师 Nathan Marz 表示：

Storm 可以方便地在一个计算机集群中编写与扩展复杂的实时计算，Storm 用于实时处理，就好比 Hadoop 用于批处理。Storm 保证每个消息都会得到处理，而且它很快——在一个小集群中，每秒可以处理数以百万计的消息。更棒的是你可以使用任意编程语言来做开发。

Storm 的主要特点如下。

（1）简单的编程模型：类似于 MapReduce 降低了并行批处理的复杂性，Storm 降低了进行实时处理的复杂性。

（2）可以使用各种编程语言：可以在 Storm 之上使用各种编程语言，默认支持 Clojure、Java、Ruby 和 Python。要增加对其他语言的支持，只需实现一个简单的 Storm 通信协议即可。

（3）容错性：Storm 会管理工作进程和节点的故障。

（4）水平扩展：计算是在多个线程、进程和服务器之间并行进行的。

（5）可靠的消息处理：Storm 保证每个消息都至少能得到一次完整处理。任务失败时，它会负责从消息源重试消息处理。

（6）快速：系统的设计保证了消息能得到快速的处理，使用 ZeroMQ 作为其底层消息队列。

（7）本地模式：Storm 有一个“本地模式”，可以在处理过程中完全模拟 Storm 集群。这使得可以快速进行开发和单元测试。

（8）适用场景广：Storm 可以用来处理消息和更新数据库（消息的流处理），对一个数据量进行持续的查询并将结果返回客户端（连续计算），对于耗费资源的查询进行并行化处理（分布式方法调用）；Storm 提供的计算原语可以满足诸如以上所述的大量场景。

（9）可伸缩性强：Storm 的可伸缩性可以让其每秒处理的消息量达到很高，如 100 万条。要实现计算任务的扩展，只需要在集群中添加机器，然后提高计算任务的并行度设置。Storm 网站上给出了一个具有伸缩性的例子：一个 Storm 应用在一个包含 10 个节点的集群上每秒处理 1000000 个消息，其中包括每秒 100 多次的数据库调用。Storm 使用 Apache ZooKeeper 来协调集群中各种配置的同步，这样 Storm 集群可以很容易地进行扩展。

（10）保证数据不丢失：实时计算系统的关键就是保证数据被正确处理，丢失数据的系统使用场景会很窄，而 Storm 可以保证每一条消息都被处理，这是 Storm 区别于 Yahoo S4 系统的关键特征。

（11）健壮性强：不像 Hadoop 集群很难进行管理，它需要管理人员掌握许多 Hadoop 的配置、维护、调优的知识，而 Storm 集群很容易进行管理，容易管理是 Storm 的设计目标之一。

（12）高容错：Storm 可以对消息的处理过程进行容错处理，如果一条消息在处理过程中失败，那么 Storm 会重新安排出错的处理逻辑。Storm 可以保证一个处理逻辑永远运行。

（13）语言无关性：Storm 虽然是使用 Clojure 语言开发实现的，但是其处理逻辑和消息处理组件可以使用任何语言来进行定义，也就是说任何语言的开发者都可以使用 Storm。

Storm 集群由一个主节点和多个工作节点组成。主节点运行了一个名为"Nimbus"的守护进程，用于分配代码、布置任务及故障检测。每个工作节点都运行了一个名为"Supervisor"的守护进程，用于监听工作，开始并终止工作进程。Nimbus 和 Supervisor 守护进程被设计成快速失败的（当遇到不希望发生的情况时进程会自杀），并且是无状态的（所有状态都保持在 ZooKeeper 或者磁盘上），这样一来它们就变得十分健壮，两者的协调工作是由 Apache ZooKeeper 来完成的。

Storm 的术语包括 Stream、Spout、Bolt、Task、Worker、Stream Grouping 和 Topology。Stream 是被处理的数据，Spout 是数据源，Bolt 处理数据，Task 是运行于 Spout 或 Bolt 中的线程，Worker 是运行这些线程的进程，Stream Grouping 规定了 Bolt 接收什么作为输入数据。数据可以随机分配（术语为 Shuffle），或者根据字段值分配（术语为 Fields），或者广播（术语为 All），或者总是发给一个 Task（术语为 Global），也可以不关心该数据（术语为 None），或者由自定义逻辑来决定（术语为 Direct）。Topology 是由 Stream Grouping 连接起来的 Spout 和 Bolt 节点网络。在 Storm Concepts 页面里，对这些术语有更详细的描述。

可以和 Storm 相提并论的系统有 Esper、Streambase、HStreaming 和 Yahoo S4。其中和 Storm 最接近的是 Yahoo S4，两者最大的区别在于 Storm 会保证消息得到处理。在 Storm 中，如果需要持久化，可以使用一个类似于 Cassandra 或 Riak 这样的外部数据库。Storm 是分布式数据处理的框架，本身几乎不提供复杂事件计算，而 Esper、Streambase 属于 CEP 系统。

了解 Storm 的最佳途径是阅读 GitHub 上的官方 *Storm Tutorial*，其中讨论了多种 Storm 概念和抽象，提供了范例代码可以运行一个 Storm Topology。开发过程中，可以用本地模式来运行 Storm，这样就能在本地开发，在进程中测试 Topology。一切就绪后，以远程模式运行 Storm，提交用于在集群中运行的 Topology。

要运行 Storm 集群，需要 Apache ZooKeeper、ZeroMQ、JZMQ、Java 6 和 Python 2.6.6。ZooKeeper 用于管理集群中的不同组件，ZeroMQ 是内部消息系统，JZMQ 是 ZeroMQ 的 Java Binding。有一个名为 storm-deploy 的子项目，可以在 AWS 上一键部署 Storm 集群。关于详细的步骤，可以阅读 Storm Wiki 上的 *Setting up a Storm cluster*。

Storm 有许多应用领域，包括实时分析、在线机器学习、信息流处理（例如，可以使用 Storm 处理新的数据和快速更新数据库）、连续性的计算（例如，使用 Storm 连续查询，然后将结果返回客户端，如将微博上的热门话题转发给用户）、分布式 RPC（远程调用协议，通过网络从远程计算机程序上请求服务）、ETL（Extraction Transformation Loading，数据抽取、转换和加载）等。

Storm 的处理速度惊人，经测试，每个节点每秒可以处理 100 万个数据元组。Storm 可扩展且具有容错功能，很容易设置和操作。Storm 集成了队列和数据库技术，Storm 拓扑网络通过综合的方法，将数据流在每个数据平台间进行重新分配。

Storm 有以下关键概念。

1）计算拓扑（Topology）

在 Storm 中，一个实时计算应用程序的逻辑被封装在一个称为 Topology 的对象中，也称为计算拓扑。Topology 有点类似于 Hadoop 中的 MapReduce Job，但是它们之间的关键区别在于，一个 MapReduce Job 最终总是会结束的，然而一个 Storm 的 Topology 会一直运行。在逻辑上，一个 Topology 是由一些 Spout（消息的发送者）和 Bolt（消息的处理者）组成的图状结构，而链接 Spouts 和 Bolts 的则是 Stream Groupings。

2）消息流（Stream）

消息流是 Storm 中最关键的抽象，一个消息流就是一个没有边界的 tuple 序列，tuple 是一种 Storm 中使用的数据结构，可以看作没有方法的 Java 对象。这些 tuple 序列会被一种分布式的方式并行地在集群上进行创建和处理。对消息流的定义主要就是对消息流里面的 tuple 进行定义。为了更好地使用 tuple，需要给 tuple 里的每个字段都取一个名字，并且不同的 tuple 字段对应的类型要相同，即两个 tuple 的第一个字段类型相同，第二个字段类型相同，但是第一个字段和第二个字段的类型可以不同。默认情况下，tuple 的字段类型可以为 integer、long、short、byte、string、double、float、boolean 和 byte array 等基本类型，也可以自定义类型，只需要实现相应的序列化接口。每一个消息流在定义的时候都需要被分配一个 ID，最常见的消息流是单向的消息流，在 Storm 中 OutputFieldsDeclarer 定义了一些方法，让用户可以定义一个 Stream 而不用指定这个 ID。在这种情况下，这个 Stream 会有个默认的 ID: 1。

3）消息源（Spout）

Spout 是 Storm 集群中一个计算任务（Topology）中消息流的生产者，Spout 一般是从别的数据源（例如，数据库或者文件系统）加载数据，然后向 Topology 中发射消息。在一个 Topology 中存在两种 Spout，一种是可靠的 Spout，一种是非可靠的 Spout。可靠的 Spout 在一个 tuple 没有成功处理的时候会重新发射该 tuple，以保证消息被正确地处理；不可靠的 Spout 在发射一个 tuple 之后，不会再重新发射该 tuple，即使该 tuple 处理失败。每个 Spout 都可以发射多个消息流，要实现这样的效果，可以使用 OutFieldsDeclarer.declareStream 来定义多个 Stream，然后使用 SpoutOutputCollector 来发射指定的 Stream。

在 Storm 的编程接口中，Spout 类最重要的方法是 nextTuple()方法，使用该方法可以发射一个 tuple 到 Topology 中，或者简单地直接返回（如果没有消息要发射）。需要注意的是，nextTuple 方法的实现不能阻塞 Spout，因为 Storm 在同一线程上调用 Spout 的所有方法。Spout 类的另外两个重要的方法是 ack()和 fail()，一个 tuple 被成功处理完成后，ack()方法被调用，否则就调用 fail()方法。注意，只有对于可靠的 Spout，才会调用 ack()和 fail()方法。

4）消息处理者（Bolt）

所有消息处理的逻辑都在 Bolt 中完成，在 Bolt 中可以完成如过滤、分类、聚集、计算、查询数据库等操作。Bolt 可以做简单的消息处理操作，例如，Bolt 可以不做任何操作，只是将接收到的消息转发给其他的 Bolt。Bolt 也可以做复杂的消息流的处理，从而需要很多个 Bolt。在实际使用中，一条消息往往需要经过多个处理步骤，例如，计算一个班级中成绩在前十名的同学，首先需要对所有同学的成绩进行排序，然后在排序过的成绩中选出前十名的同学。所以在一个 Topology 中，往往有很多个 Bolt，从而形成了复杂的流处理网络。

Bolt 不仅可以接收消息，而且可以像 Spout 一样发射多条消息流，可以使用 OutputFieldsDeclarer.declareStream 定义 Stream，使用 OutputCollector.emit 来选择要发射的 Stream。在编程接口上，Bolt 类中最终需要的方法是 execute()方法，该方法的参数就是输入 tuple，

Bolt 使用 OutputCollector 发送消息 tuple，Bolt 对于每个处理过的消息 tuple 都必须调用 OutputCollector 的 ack()方法，通知 Storm 这个消息处理完成，最终会通知到发送该消息的源，即 Spout。消息在 Bolt 中的处理过程一般是：Bolt 将接收到的消息 tuple 进行处理，然后发送 0 个或多个消息 tuple，之后调用 OutputCollector 的 ack()方法通知消息的发送者。

5）消息分组策略（Stream Grouping）

定义一个 Topology 的其中一步是定义每个 Bolt 接收什么样的流作为输入。Stream Grouping 就是用来定义一个 Stream 应该如何分配给 Bolt 上的多个 Task 的。Storm 中有 6 种类型的 Stream Grouping。

（1）Shuffle Grouping：随机分组，随机派发 Stream 中的 tuple，保证每个 Bolt 接收到的 tuple 数目相同。

（2）Fields Grouping：按字段分组，比如按 userid 来分组，具有相同 userid 的 tuple 会被分到相同的 Bolt，而有不同 userid 的则会被分配到不同的 Bolt。

（3）All Grouping：广播发送，对于每一个 tuple，所有的 Bolt 都会收到。

（4）Global Grouping：全局分组，tuple 被分配到 Storm 中一个 Bolt 的一个 Task。具体一点就是分配给 ID 值最低的那个 Task。

（5）Non Grouping：不分组，这个分组的意思是 Stream 不关心到底谁会收到它的 tuple。目前这种分组和 Shuffle Grouping 是一样的效果，有一点不同的是 Storm 会把这个 Bolt 放到与该 Bolt 的订阅者同一个线程里去执行。

（6）Direct Grouping：直接分组，这是一种比较特别的分组方法，用这种分组意味着消息的发送者指定由消息接收者的哪个 Task 处理这个消息。只有被声明为 Direct Stream 的消息流可以声明这种分组方法，而且这种消息必须使用 emitDirect 方法来发送。消息的处理者可以通过 TopologyContext 来获取处理它的消息的 taskid（OutputCollector.emit 方法也会返回 taskid）。

6）可靠性（Reliability）

Storm 可以保证每个 tuple 都会被 Topology 完整地处理，Storm 会追踪每个从 Spout 发送出的消息 tuple 在后续处理过程中产生的消息树（Bolt 接收到的消息完成处理后又可以产生 0 个或多个消息，这样反复进行下去，就会形成一棵消息树），Storm 会确保这棵消息树被成功地执行。Storm 对每个消息都设置了一个超时时间，如果在设定的时间内，Storm 没有检测到某个从 Spout 发送的 tuple 是否执行成功，则会假设该 tuple 执行失败，因此会重新发送该 tuple。这样就保证了每条消息都被正确地、完整地执行。

Storm 保证消息的可靠性是通过在发送一个 tuple 和处理完一个 tuple 的时候都需要返回确认信息来实现的，这一切是由 OutputCollector 来完成的。通过它的 emit 方法来通知一个新的 tuple 产生，通过它的 ack 方法通知一个 tuple 处理完成。

7）任务（Task）

在 Storm 集群上，每个 Spout 和 Bolt 都是由很多个 Task 组成的，每个 Task 对应一个线程，流分组策略就是定义如何从一堆 Task 发送 tuple 到另一堆 Task。在实现自己的 Topology 时可以调用 TopologyBuilder.setSpout()和 TopBuilder.setBolt()方法来设置并行度，也就是有多少个 Task。

8）工作进程（Worker）

一个 Topology 可能会在一个或者多个工作进程中执行，每个工作进程执行整个 Topology

的一部分。比如，对于并行度是 300 的 Topology 来说，如果我们使用 50 个工作进程来执行，那么每个工作进程会处理其中的 6 个 Tasks（其实就是每个工作进程里分配 6 个线程）。Storm 会尽量均匀地把工作分配给所有的工作进程。

9）配置

在 Storm 中可以通过配置大量的参数来调整 Nimbus、Supervisor，以及正在运行的 Topology 的行为，一些配置是系统级别的，一些配置是 Topology 级别的。所有有默认值的配置的默认配置都是在 default.xml 里进行的，用户可以通过定义一个 storm.xml 在 classpath 中来覆盖这些默认配置，也可以使用 Storm Submitter 在代码里面设置一些 Topology 相关的配置信息。这些配置的优先级由低到高是 default.xml、storm.xml、TOPOLOGY-SPECIFIC 配置。

4. Flume

Flume 是 Cloudera 提供的一个高可用的、高可靠的、分布式的海量日志采集、聚合和传输的系统。Flume 支持在日志系统中定制各类数据发送方，用于收集数据；同时，Flume 提供对数据进行简单处理，并写到各种数据接收方（可定制）的能力。

1）日志收集

Flume 最早是 Cloudera 提供的日志收集系统，目前是 Apache 下的一个孵化项目。

2）数据处理

Flume 可对数据进行简单处理，并将数据写入各种数据接收方。Flume 提供了从 console（控制台）、RPC（Thrift-RPC）、text（文件）、tail（UNIX tail）、syslog（syslog 日志系统）及 exec（命令执行）等数据源上收集数据的能力，支持 TCP 和 UDP 两种模式。

3）工作方式

Flume-og 采用多 Master 的方式。为了保证配置数据的一致性，Flume 引入了 ZooKeeper，用于保存配置数据。ZooKeeper 本身可保证配置数据的一致性和高可用性，另外，在配置数据发生变化时，ZooKeeper 可以通知 Flume Master 节点。Flume Master 之间使用 gossip 协议同步数据。

Flume-ng 最明显的改动就是取消了集中管理配置的 Master 和 ZooKeeper，变为一个纯粹的传输工具。Flume-ng 另一个主要的不同点是读入数据和写出数据由不同的工作线程处理（称为 Runner）。在 Flume-og 中，读入线程同样做写出工作（除了故障重试）。如果写出比较慢（不是完全失败），它将阻塞 Flume 接收数据的能力。这种异步的设计使读入线程可以顺畅地工作而无须关注下游的任何问题。

4）Flume 的优势

（1）Flume 可以将应用产生的数据存储到任何集中存储器中，如 HDFS、HBase。

（2）当收集数据的速度超过写入数据的时候，也就是当收集信息遇到峰值时，此时收集的信息量非常大，甚至超过了系统的写入数据能力，这时 Flume 会在数据生产者和数据收容器之间做出调整，保证其能够在两者之间提供平稳的数据。

（3）提供上下文路由特征。

（4）Flume 的管道是基于事务的，保证了数据在传送和接收时的一致性。

（5）Flume 是可靠的、容错性高的、可升级的、易管理的，并且是可定制的。

5）Flume 具有的特征

（1）Flume 可以高效率地将多个网站服务器中收集的日志信息存入 HDFS、HBase 中。

（2）使用 Flume，可以将从多个服务器中获取的数据迅速地移交给 Hadoop。

（3）除了日志信息，Flume 同时也可以用来接入收集规模宏大的社交网络节点事件数据，比如 Facebook、Twitter，电商网站如亚马逊、Flipkart 等。

（4）支持各种接入资源数据类型及接出数据类型。

（5）支持多路径流量、多管道接入流量、多管道接出流量、上下文路由等。

（6）可以被水平扩展。

6）Flume 的结构

Agent 主要由 Source、Channel、Sink 三个组件组成。

- Source：从数据发生器接收数据，并将接收的数据以 Flume 的 event 格式传递给一个或者多个通道 Channal。Flume 提供多种数据接收的方式，如 Avro、Thrift、twitter1%等。
- Channel：一种短暂的存储容器，它将从 Source 处接收到的 event 格式的数据缓存起来，直到它们被 Sink 消费掉。它在 Source 和 Sink 之间起着桥梁的作用。Channal 是一个完整的事务，这一点保证了数据在收发时的一致性，并且它可以和任意数量的 Source 和 Sink 链接。支持的类型有 JDBC Channel、File System Channel、Memort Channel 等。
- Sink：将数据存储到集中存储器，如 HBase 和 HDFS。它从 Channal 处消费数据（event）并将其传递给目的地。目的地可能是另一个 Sink，也可能 HDFS、HBase。

5. Spark

Apache Spark 是专为大规模数据处理而设计的快速通用的计算引擎。Spark 是 UC Berkeley AMP Lab（加州大学伯克利分校的 AMP 实验室）所开源的类 Hadoop MapReduce 的通用并行框架。Spark 拥有 Hadoop MapReduce 所具有的优点；但不同于 MapReduce 的是——Job 中间输出结果可以保存在内存中，从而不再需要读/写 HDFS，因此 Spark 能更好地适用于数据挖掘与机器学习等需要迭代的 MapReduce 的算法。

Spark 是一种与 Hadoop 相似的开源集群计算环境，但是两者之间还存在一些不同之处，这些有用的不同之处使 Spark 在某些工作负载方面表现得更加优越。换句话说，Spark 启用了内存分布数据集，除了能够提供交互式查询外，它还可以优化迭代工作负载。

Spark 是在 Scala 语言中实现的，它将 Scala 用作其应用程序框架。与 Hadoop 不同，Spark 和 Scala 能够紧密集成，其中的 Scala 可以像操作本地集合对象一样轻松地操作分布式数据集。

尽管创建 Spark 是为了支持分布式数据集上的迭代作业，但是实际上它是对 Hadoop 的补充，可以在 Hadoop 文件系统中并行运行。通过名为 Mesos 的第三方集群框架可以支持此行为。Spark 由加州大学伯克利分校 AMP 实验室（Algorithms，Machines 和 People Lab）开发，可用来构建大型的、低延迟的数据分析应用程序。

1）特点

Spark 主要有三个特点。

第一，高级 API 剥离了对集群本身的关注，Spark 应用开发者可以专注于应用所要做的计算本身。

第二，Spark 很快，支持交互式计算和复杂算法。

第三，Spark 是一个通用引擎，可用它来完成各种各样的运算，包括 SQL 查询、文本处理、机器学习等，而在 Spark 出现之前，我们一般需要学习各种各样的引擎来分别处理这些需求。

2）性能特点

- 更快的速度：内存计算下，Spark 比 Hadoop 快 100 倍。
- 易用性：Spark 提供了 80 多个高级运算符。
- 通用性：Spark 提供了大量的库，包括 SQL、DataFrames、MLlib、GraphX、Spark Streaming。开发者可以在同一个应用程序中无缝组合使用这些库。
- 支持多种资源管理器：Spark 支持 Hadoop YARN，Apache Mesos，以及其自带的独立集群管理器。

3）Spark 生态系统

- Shark：Shark 基本上就是在 Spark 的框架基础上提供和 Hive 一样的 HiveQL 命令接口，为了最大限度地保持和 Hive 的兼容性，Shark 使用了 Hive 的 API 来实现 Query Parsing 和 Logic Plan Generation，最后的 Physical Plan Execution 阶段用 Spark 代替 Hadoop MapReduce。通过配置 Shark 参数，Shark 可以自动在内存中缓存特定的 RDD，实现数据重用，进而加快特定数据集的检索。同时，Shark 通过 UDF（用户自定义函数）实现特定的数据分析学习算法，使得 SQL 数据查询和运算分析能结合在一起，最大化 RDD 的重复使用。
- SparkR：SparkR 是一个为 R 提供轻量级的 Spark 前端的 R 包。SparkR 提供了一个分布式的 DataFrame 数据结构，解决了 R 中的 DataFrame 只能在单机中使用的瓶颈，它和 R 中的 DataFrame 一样支持许多操作，如 Select、Filter、Aggregate 等（类似 dplyr 包中的功能），这很好地解决了 R 的大数据级瓶颈问题。SparkR 也支持分布式的机器学习算法，如使用 MLib 机器学习库。SparkR 为 Spark 引入了 R 语言社区的活力，吸引了大量的数据科学家开始在 Spark 平台上直接开启数据分析之旅。

4）基本原理

- Spark Streaming：构建在 Spark 上处理 Stream 数据的框架，基本的原理是将 Stream 数据分成小的时间片断（几秒），以类似 Batch 批量处理的方式来处理这小部分数据。Spark Streaming 构建在 Spark 上，一方面是因为 Spark 的低延迟执行引擎（100ms+），虽然比不上专门的流式数据处理软件，但也可以用于实时计算；另一方面相比基于 Record 的其他处理框架（如 Storm），一部分窄依赖的 RDD 数据集可以从源数据重新计算达到容错处理的目的。此外，小批量处理的方式使得它可以同时兼容批量和实时数据处理的逻辑和算法，方便了一些需要历史数据和实时数据联合分析的特定应用场合。

5）计算方法

- Bagel：Pregel on Spark，可以用 Spark 进行图计算，这是个非常有用的小项目。Bagel 自带了一个例子，实现了 Google 的 PageRank 算法。

当下 Spark 已不止步于实时计算，其目标直指通用大数据处理平台，而终止 Shark，开启 SparkSQL 或许已经初见端倪。

近几年来，大数据机器学习和数据挖掘的并行化算法研究成为大数据领域一个较为重要的研究热点。早几年国内外研究者和业界比较关注的是在 Hadoop 平台上的并行化算法设计。然而，Hadoop MapReduce 平台由于网络和磁盘读/写开销大，难以高效地实现需要大量迭代计算的机器学习并行化算法。随着 UC Berkeley AMP Lab 推出的新一代大数据平台 Spark 系统的出现和逐步发展成熟，近年来国内外开始关注在 Spark 平台上如何实现各种机器学习和数据挖掘并行化算法设计。为了方便一般应用领域的数据分析人员使用所熟悉的 R 语言在 Spark 平台上完成数据分析，Spark 提供了一个称为 SparkR 的编程接口，使得一般应用领域的数据分析人员可以在 R 语言的环境里方便地利用 Spark 的并行化编程接口和强大的计算能力。

5.2 ZooKeeper 环境部署

ZooKeeper 是用 Java 编写的，运行在 Java 环境中，因此，在部署 ZooKeeper 的机器上需要安装 Java 运行环境。为了正常运行 ZooKeeper，我们需要 JRE 1.6 或者以上的版本。

对于集群模式下的 ZooKeeper 部署，3 个 ZooKeeper 服务进程是建议的最小进程数量，而且不同的服务进程建议部署在不同的物理机器上面，以减少机器宕机带来的风险，从而实现 ZooKeeper 集群的高可用。

1. 下载

可以从 ZooKeeper 官方网站下载 ZooKeeper，本书采用 3.4.5 版本，用户可以自行选择一个版本兼容的速度较快的镜像来下载。

2. 目录

下载并解压 ZooKeeper 软件压缩包后，可以看到 ZooKeeper 包含以下的文件和目录，如图 5.2 所示。

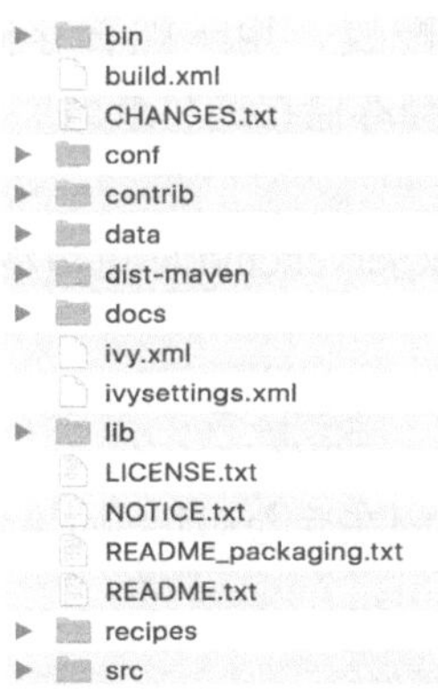

图 5.2 ZooKeeper 包含的文件和目录

- bin 目录：ZooKeeper 的可执行脚本目录，包括 ZooKeeper 服务进程、ZooKeeper 客户端等脚本。其中，.sh 是 Linux 环境下的脚本，.cmd 是 Windows 环境下的脚本。
- conf 目录：配置文件目录。zoo_sample.cfg 为样例配置文件，需要修改为自己的名称，一般为 zoo.cfg；log4j.properties 为日志配置文件。
- lib 目录：ZooKeeper 依赖的包。
- contrib 目录：一些用于操作 ZooKeeper 的工具包。
- recipes 目录：ZooKeeper 某些用法的代码示例。

3. 安装

ZooKeeper 的安装包括单机模式安装和集群模式安装。

1）单机模式

单机模式较简单，是指只部署一个 ZooKeeper 进程，客户端直接与该 ZooKeeper 进程进行通信。

在开发测试环境下，通常来说没有较多的物理资源，因此我们常使用单机模式。当然在单台物理机上也可以部署集群模式，但这会增加单台物理机的资源消耗。因此在开发环境中，我们一般使用单机模式。

但是要注意，生产环境下不可用单机模式，这是由于无论从系统可靠性还是读/写性能出发，单机模式都不能满足生产的需求。

（1）运行配置。

上面提到，conf 目录下提供了配置的样例 zoo_sample.cfg，要将 ZooKeeper 运行起来，需要将其名称修改为 zoo.cfg。

打开 zoo.cfg，可以看到默认的一些配置。

- tickTime：时长单位为毫秒（ms），为 ZooKeeper 使用的基本时间度量单位。例如，1 * tickTime 是客户端与 ZooKeeper 服务器的心跳时间，2 * tickTime 是客户端会话的超时时间。
- tickTime 的默认值为 2000ms，更低的 tickTime 值可以更快地发现超时问题，但也会导致更高的网络流量（心跳消息）和更高的 CPU 使用率（会话的跟踪处理）。
- clientPort：ZooKeeper 服务进程监听的 TCP 端口，默认情况下，服务端会监听 2181 端口。
- dataDir：无默认配置，必须配置，用于配置存储快照文件的目录。如果没有配置 dataLogDir，那么事务日志也会存储在此目录。

（2）启动。

在 Windows 环境下，直接双击 zkServer.cmd 即可启动 ZooKeeper。在 Linux 环境下，需要进入 bin 目录，执行下列命令：

```
./zkServer.sh start
```

这个命令使得 ZooKeeper 服务进程在后台运行。如果想在前台运行以便查看服务器进程的输出日志，可以输入以下命令：

```
./zkServer.sh start-foreground
```

执行此命令，可以看到大量详细信息的输出，便于查看服务器发生了什么。

使用文本编辑器打开 zkServer.cmd 或者 zkServer.sh 文件，可以看到其会调用 zkEnv.cmd 或者 zkEnv.sh 脚本。zkEnv 脚本的作用是设置 ZooKeeper 运行的一些环境变量，如配置文件的位置和名称等。

（3）连接。

如果是连接同一台主机上的 ZooKeeper 进程，直接运行 bin/目录下的 zkCli.cmd（Windows 环境下）或者 zkCli.sh（Linux 环境下）即可。

直接执行 zkCli.cmd 或者 zkCli.sh 命令，默认以主机号 127.0.0.1、端口号 2181 来连接 ZooKeeper，如果要连接不同机器上的 ZooKeeper，可以使用-server 参数，例如：

```
bin/zkCli.sh -server 192.168.0.1:2181
```

2）集群模式

单机模式的 ZooKeeper 进程虽然便于开发与测试，但并不适合在生产环境中使用。在生产环境下，我们需要使用集群模式来对 ZooKeeper 进行部署。

注意：在集群模式下，建议至少部署 3 个 ZooKeeper 进程，或者部署奇数个 ZooKeeper 进程。如果只部署两个 ZooKeeper 进程，当其中一个 ZooKeeper 进程挂掉后，剩下的一个进程并不能构成一个 quorum 的大多数。因此，部署两个进程甚至比单机模式更不可靠，因为两个进程中一个不可用的可能性比一个进程不可用的可能性还大。

（1）运行配置。

在集群模式下，所有的 ZooKeeper 进程都可以使用相同的配置文件（是指各个 ZooKeeper 进程部署在不同的机器上），例如以下配置：

```
tickTime=2000
dataDir=/home/hadoop/zookeeper
clientPort=2181
initLimit=5
syncLimit=2
server.1=192.168.229.160:2888:3888
server.2=192.168.229.161:2888:3888
server.3=192.168.229.162:2888:3888
```

上述配置的参数说明如下。

- initLimit：ZooKeeper 集群模式下包含多个 ZooKeeper 进程，其中一个进程为 Leader，余下的进程为 Follower。当 Follower 最初与 Leader 建立连接时，它们之间会传输相当多的数据，尤其是 Follower 的数据落后 Leader 很多的情况。initLimit 配置 Follower 与 Leader 之间建立连接后进行同步的最长时间。
- syncLimit：配置 Follower 和 Leader 之间发送消息，请求和应答的最大时间长度。
- tickTime：tickTime 是上述两个超时配置的基本单位，例如对于 initLimit，其配置值为 5，说明超时时间为 2000ms * 5 = 10s。

```
server.id=host:port1:port2
```

程序中，“id”为一个数字，表示 ZooKeeper 进程的 ID，这个 ID 也是 dataDir 目录下 myid 文件的内容。

“host”是该 ZooKeeper 进程所在的 IP 地址，“port1”表示 Follower 和 Leader 交换消息所使用的端口，“port2”表示选举 Leader 所使用的端口。

- dataDir：该配置的含义与单机模式下的含义类似，不同的是集群模式下还有一个 myid 文件。myid 文件的内容只有一行，且内容只能为 1～255 的数字，这个数字就是上面介绍的“server.id”中的“id”，表示 ZooKeeper 进程的 ID。

注意：如果只是为了测试部署集群模式而在同一台机器上部署 ZooKeeper 进程，则“server.id=host:port1:port2”配置中的“port”参数必须不同。但是，为了减小机器宕机的风险，强烈建议在部署集群模式时，将 ZooKeeper 进程部署在不同的物理机器上。

（2）启动。

假如我们打算在 3 台不同的机器 192.168.229.160、192.168.229.161、192.168.229.162 上各部署一个 ZooKeeper 进程，以构成一个 ZooKeeper 集群。

3 个 ZooKeeper 进程均使用相同的 zoo.cfg 配置：

```
tickTime=2000
dataDir=/home/myname/zookeeper
clientPort=2181
initLimit=5
syncLimit=2
server.1=192.168.229.160:2888:3888
server.2=192.168.229.161:2888:3888
server.3=192.168.229.162:2888:3888
```

在 3 台机器的 dataDir 目录（/home/myname/zookeeper 目录）下，分别生成一个 myid 文件，其内容分别为 1、2、3。然后分别在这 3 台机器上启动 ZooKeeper 进程，这样我们便将 ZooKeeper 集群启动了起来。

（3）连接。

可以使用以下命令来连接一个 ZooKeeper 集群：

```
bin/zkCli.sh -server 192.168.229.160:2181,192.168.229.161:2181,192.168.229.162:2181
```

连接成功后，可以看到如图 5.3 所示输出结果。

```
2016-06-28 19:29:18,074 [myid:] - INFO  [main:ZooKeeper@438] - Initiating client
connection,
connectString=192.168.229.160:2181,192.168.229.161:2181,192.168.229.162:2181
sessionTimeout=30000 watcher=org.apache.zookeeper.ZooKeeperMain$MyWatcher@770537e4
Welcome to ZooKeeper!
2016-06-28 19:29:18,146 [myid:] - INFO  [main-SendThread
(192.168.229.162:2181):ClientCnxn$SendThread@975] - Opening socket connection to server
192.168.229.162/192.168.229.162:2181. Will not attempt to authenticate using SASL
(unknown error)
JLine support is enabled
2016-06-28 19:29:18,161 [myid:] - INFO  [main-SendThread
(192.168.229.162:2181):ClientCnxn$SendThread@852] - Socket connection established to
192.168.229.162/192.168.229.162:2181, initiating session
2016-06-28 19:29:18,199 [myid:] - INFO  [main-SendThread
(192.168.229.162:2181):ClientCnxn$SendThread@1235] - Session establishment complete on
server 192.168.229.162/192.168.229.162:2181, sessionid = 0x3557c39d2810029, negotiated
timeout = 30000

WATCHER::

WatchedEvent state:SyncConnected type:None path:null
[zk: 192.168.229.160:2181,192.168.229.161:2181,192.168.229.162:2181(CONNECTED) 0]
```

图 5.3　ZooKeeper 输出结果

从日志输出中可以看到，客户端连接的是 192.168.229.162:2181 进程（连接上哪台机器的 ZooKeeper 进程是随机的），客户端已成功连接上 ZooKeeper 集群。

5.3　Kafka 环境部署

安装 Kafka 之前，请先部署好 ZooKeeper 环境。

本书采用 kafka_2.10 版本。

1. 下载 Kafka 并解压

下载文件：从 Kafka 官方网站搜索并下载安装包 kafka_2.10-0.9.0.0.tgz。

解压：tar zxvf kafka_2.10-0.9.0.0.tgz。

2. Kafka 目录介绍

- /bin：操作 Kafka 的可执行脚本，还包含 Windows 下的脚本。
- /config：配置文件所在目录。
- /libs：依赖库目录。
- /logs：日志数据目录。目录 Kafka 把 Server 端日志分为 5 种类型，分为是 server、request、state、log-cleaner、controller。

3. 配置

进入 Kafka 安装工程根目录，编辑 config/server.properties。

Kafka 最为重要的 3 个配置依次为 broker.id、log.dir、zookeeper.connect。Kafka Server 端 config/server.properties 的主要参数配置如下：

```
broker.id=0
num.network.threads=2
num.io.threads=8
socket.send.buffer.bytes=1048576
socket.receive.buffer.bytes=1048576
socket.request.max.bytes=104857600
log.dirs=/tmp/kafka-logs
num.partitions=2
log.retention.hours=168
log.segment.bytes=536870912
log.retention.check.interval.ms=60000
log.cleaner.enable=false
zookeeper.connect=localhost:2181
zookeeper.connection.timeout.ms=1000000
```

4. 启动 Kafka

进入 Kafka 目录，输入命令 “bin/kafka-server-start.sh config/server.properties &”。

检测 2181 与 9092 端口：netstat -tunlp|egrep "(2181|9092)"。

```
tcp00 :::2181:::* LISTEN        19787/java
tcp00 :::9092:::*LISTEN         28094/java
```

说明：

（1）Kafka 的进程 ID 为 28094，占用端口为 9092。

（2）QuorumPeerMain 为对应的 ZooKeeper 实例，进程 ID 为 19787，在 2181 端口监听。

5. 单机连通性测试

启动两个 XSHELL 客户端，一个用于生产者发送消息，一个用于消费者接收消息。

运行 producer，随机输入几个字符，相当于把这个输入的字符消息发送给队列。

```
bin/kafka-console-producer.sh --broker-list 192.168.1.181:9092 --topic test
```

说明：早期版本的 Kafka，“-broker-list 192.168.1.181:9092”需改为“-zookeeper 192.168.1.181:2181”。

运行 consumer，可以看到刚才发送的消息列表。

```
bin/kafka-console-consumer.sh --zookeeper 192.168.1.181:2181 --topic test --from-beginning
```

注意：

- producer，指定的 Socket（192.168.1.181+9092），说明生产者的消息要发往 Kafka，也是 broker。
- consumer，指定的 Socket（192.168.1.181+2181），说明消费者的消息来自 ZooKeeper（协调转发）。

上面介绍的只是一个单个的 broker，下面我们来搭建一个多 broker 的集群。

6. 搭建一个多 broker 的集群

刚才只是启动了单个 broker，现在启动由 3 个 broker 组成的集群，这些 broker 的节点也都在本机上。

（1）为每一个 broker 提供配置文件。

我们先看看 config/server0.properties 的配置信息：

```
broker.id=0
listeners=PLAINTEXT://:9092
port=9092
host.name=192.168.1.181
num.network.threads=4
num.io.threads=8
socket.send.buffer.bytes=102400
socket.receive.buffer.bytes=102400
socket.request.max.bytes=104857600
log.dirs=/tmp/kafka-logs
num.partitions=5
num.recovery.threads.per.data.dir=1
log.retention.hours=168
log.segment.bytes=1073741824
log.retention.check.interval.ms=300000
log.cleaner.enable=false
zookeeper.connect=192.168.1.181:2181
zookeeper.connection.timeout.ms=6000
queued.max.requests =500
log.cleanup.policy = delete
```

说明：

① broker.id 为集群中唯一标注的一个节点，因为在同一个机器上，所以必须指定不同的端口和日志文件，以避免数据被覆盖。

② 在上面单个 broker 的实验中，为什么 Kafka 的端口为 9092，这里可以看得很清楚。

③ Kafka Cluster 是如何与 ZooKeeper 交互的，配置信息中也有体现。

下面，我们仿照上面的配置文件，提供两个 broker 的配置文件。

server1.properties 配置内容如下：

```
broker.id=1
listeners=PLAINTEXT://:9093
port=9093
host.name=192.168.1.181
num.network.threads=4
num.io.threads=8
socket.send.buffer.bytes=102400
socket.receive.buffer.bytes=102400
socket.request.max.bytes=104857600
log.dirs=/tmp/kafka-logs1
num.partitions=5
num.recovery.threads.per.data.dir=1
log.retention.hours=168
log.segment.bytes=1073741824
log.retention.check.interval.ms=300000
log.cleaner.enable=false
zookeeper.connect=192.168.1.181:2181
zookeeper.connection.timeout.ms=6000
queued.max.requests =500
log.cleanup.policy = delete
```

server2.properties 配置内容如下：

```
broker.id=2
listeners=PLAINTEXT://:9094
port=9094
host.name=192.168.1.181
num.network.threads=4
num.io.threads=8
socket.send.buffer.bytes=102400
socket.receive.buffer.bytes=102400
socket.request.max.bytes=104857600
log.dirs=/tmp/kafka-logs2
num.partitions=5
num.recovery.threads.per.data.dir=1
log.retention.hours=168
log.segment.bytes=1073741824
log.retention.check.interval.ms=300000
log.cleaner.enable=false
zookeeper.connect=192.168.1.181:2181
zookeeper.connection.timeout.ms=6000
queued.max.requests =500
log.cleanup.policy = delete
```

（2）启动所有的 broker。

命令如下：

```
bin/kafka-server-start.sh config/server0.properties &          #启动 broker0
bin/kafka-server-start.sh config/server1.properties &          #启动 broker1
bin/kafka-server-start.sh config/server2.properties &          #启动 broker2
```

查看 2181.9092.9093.9094 端口：netstat -tunlp|egrep "(2181|9092|9093|9094)"。

```
tcp0        0 :::9093:::*LISTEN        29725/java
tcp0        0 :::2181:::*LISTEN        19787/java
tcp0        0 :::9094:::*LISTEN        29800/java
tcp0        0 :::9092:::*LISTEN        29572/java
```

1 个 ZooKeeper 在 2181 端口上监听，3 个 Kafka Cluster（broker）分别在端口 9092、9093、9094 监听。

（3）创建 Topic。

```
bin/kafka-topics.sh --create --topic topic_1 --partitions 1 --replication-factor 3   \--zookeeper localhost:2181
bin/kafka-topics.sh --create --topic topic_2 --partitions 1 --replication-factor 3   \--zookeeper localhost:2181
bin/kafka-topics.sh --create --topic topic_3 --partitions 1 --replication-factor 3   \--zookeeper localhost:2181
```

查看 Topic 创建情况：

```
bin/kafka-topics.sh --list --zookeeper localhost:2181
test
topic_1
topic_2
topic_3
[root@atman081 kafka_2.10-0.9.0.0]# bin/kafka-topics.sh --describe --zookeeper localhost:2181
Topic:testPartitionCount:1ReplicationFactor:1Configs:
Topic: testPartition: 0Leader: 0Replicas: 0Isr: 0
Topic:topic_1PartitionCount:1ReplicationFactor:3Configs:
Topic: topic_1Partition: 0Leader: 2Replicas: 2,1,0Isr: 2,1,0
Topic:topic_2PartitionCount:1ReplicationFactor:3Configs:
Topic: topic_2Partition: 0Leader: 1Replicas: 1,2,0Isr: 1,2,0
Topic:topic_3PartitionCount:1ReplicationFactor:3Configs:
Topic: topic_3Partition: 0Leader: 0Replicas: 0,2,1Isr: 0,2,1
```

注意：topic_1 的 Leader=2。

（4）模拟客户端发送消息、接收消息。

发送消息：

```
bin/kafka-console-producer.sh --topic topic_1 --broker-list 192.168.1.181:9092,192.168.1.181:9093,192.168.1.181:9094
```

接收消息：

```
bin/kafka-console-consumer.sh --topic topic_1 --zookeeper 192.168.1.181:2181 --from-beginning
```

需要注意，此时 producer 将 Topic 发布到了 3 个 broker 中，现在就有一点分布式的概念了。

（5）kill 某个 broker。

```
kill broker(id=0)
```

首先，我们根据前面的配置，得到 broker(id=0)应该在 9092 监听，这样就能确定它的 PID 了。broker0 被 kill 之前 Topic 在 Kafka Cluster 中的情况：

```
bin/kafka-topics.sh --describe --zookeeper localhost:2181
Topic:testPartitionCount:1ReplicationFactor:1Configs:
Topic: testPartition: 0Leader: 0Replicas: 0Isr: 0
Topic:topic_1PartitionCount:1ReplicationFactor:3Configs:
Topic: topic_1Partition: 0Leader: 2Replicas: 2,1,0Isr: 2,1,0
Topic:topic_2PartitionCount:1ReplicationFactor:3Configs:
Topic: topic_2Partition: 0Leader: 1Replicas: 1,2,0Isr: 1,2,0
Topic:topic_3PartitionCount:1ReplicationFactor:3Configs:
Topic: topic_3Partition: 0Leader: 2Replicas: 0,2,1Isr: 2,1,0
```

kill 之后再观察，做一下对比。很明显，主要变化在 Isr，以后再分析。

```
bin/kafka-topics.sh --describe --zookeeper localhost:2181
Topic:testPartitionCount:1ReplicationFactor:1Configs:
Topic: testPartition: 0Leader: -1Replicas: 0Isr:
Topic:topic_1PartitionCount:1ReplicationFactor:3Configs:
Topic: topic_1Partition: 0Leader: 2Replicas: 2,1,0Isr: 2,1
Topic:topic_2PartitionCount:1ReplicationFactor:3Configs:
Topic: topic_2Partition: 0Leader: 1Replicas: 1,2,0Isr: 1,2
Topic:topic_3PartitionCount:1ReplicationFactor:3Configs:
Topic: topic_3Partition: 0Leader: 2Replicas: 0,2,1Isr: 2,1
```

测试一下，发送消息、接收消息，查看是否受到影响。
发送消息：

```
bin/kafka-console-producer.sh --topic topic_1 --broker-list 192.168.1.181:9092,192.168.1.181:9093,192.168.1.181:9094
```

接收消息：

```
bin/kafka-console-consumer.sh --topic topic_1 --zookeeper 192.168.1.181:2181 --from-beginning
```

部署完毕。

5.4 Storm 环境部署

安装 Storm 之前，请先部署好 ZooKeeper 环境，分别对应单机环境和分布式环境。

5.4.1 单机环境部署

1. 下载 Storm

进入 Storm 官网选择一个版本下载，如 apache-storm-1.0.0.tar.gz。

2. 安装

用 cd 命令切换到目录 /usr/java 下，上传安装文件并解压：

```
#切换目录
cd /usr/java
#解压
tar -xvf apache-storm-1.0.0.tar.gz
#创建软链接
ln -s apache-storm-1.0.0 storm
```

3. 修改配置文件

```
vi /usr/java/storm/conf/storm.yaml
#修改后
########### These MUST be filled in for a storm configuration
##zookeeper
storm.zookeeper.servers:
        - "lijie"
##nimbus 所在节点
nimbus.host: "lijie"
##nimbus JVM 最大内存
nimbus.childopts: "-Xmx1024m"
##supervisor 每个 worker 内存
worker.childopts: "-Xmx768m"
##supervisor 启动 JVM 最大内存
supervisor.childopts: "-Xmx1024m"
##可用端口号配置，每个都对应一个 worker
supervisor.slots.ports:
        - 6700
        - 6701
        - 6702
        - 6703
```

4. 启动 ZooKeeper 和 Storm

```
##先启动 ZooKeeper
zkServer.sh start
##启动 nimbus
./bin/storm nimbus &
##启动 UI 界面
./bin/storm ui &
##启动 supervisor
./bin/storm supervisor &
```

5. 进入 Storm 的 Web 界面

进入 Storm 的 Web 界面即 http://192.168.80.123:8080/index.html，如图 5.4 所示。

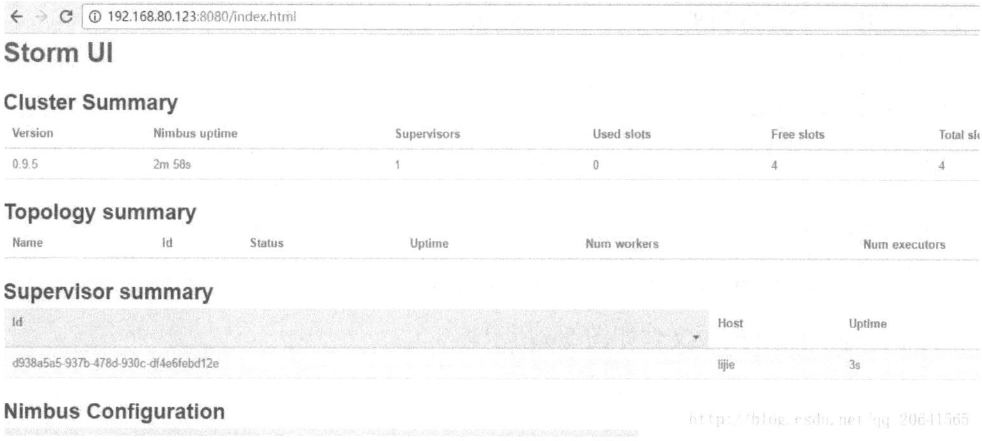

图 5.4　Storm 的 Web 界面

安装完成。

6. 测试自带 WordCount 程序

```
##启动 WordCount
bin/storm jar examples/storm-starter/storm-starter-topologies-0.9.5.jar
storm.starter.WordCountTopology wordcount
```

WordCount 程序的运行情况如图 5.5 所示。

图 5.5　WordCount 程序运行情况

7. 简单的 Shell 操作

```
##杀死任务命令格式：storm kill name -w seconds
storm kill wordcount -w 10
##停用任务命令格式：storm deactivte name
storm deactivte wordcount
##启用任务命令格式：storm activate name
storm activate wordcount
##平衡任务命令格式：storm rebalance name
storm rebalance wordcount
```

5.4.2　分布式环境部署

1. 安装环境

安装包：apache-storm-1.0.0.tar.gz。

集群主机 IP：192.168.118.1，192.168.118.128，192.168.118.129。
集群主机名称：hzq，centos71，centos72。
集群主机用户：都是 hzq 用户。

2. 安装 Storm

下载安装包，并解压安装包到/home/hzq/software/storm 文件夹中：

```
tar -zxvf   ../Downloads/apache-storm-1.0.0.tar.gz   -C storm/
```

conf 下的 storm.yaml 配置文件如图 5.6 所示。

```
########### These MUST be filled in for a storm configuration
# storm.zookeeper.servers:
#     - "server1"
#     - "server2"
#
# nimbus.seeds: ["host1", "host2", "host3"]
```


图 5.6 storm.yaml 配置文件默认内容

修改 storm.yaml 文件，如图 5.7 所示。

```
########### These MUST be filled in for a storm configuration
 storm.zookeeper.servers:
     - "hzq"
     - "centos71"
     - "centos72"

 nimbus.seeds: ["hzq"]
```


图 5.7 storm.yaml 文件修改后的内容

配置说明：

（1）storm.zookeeper.servers 表示配置 ZooKeeper 集群地址。注意，如果 ZooKeeper 集群中使用的不是默认端口，则还需要配置 storm.zookeeper.port。

（2）nimbus.seeds 表示配置主控节点，可以配置多个。

复制配置好的 Storm 到其他两台主机：

```
scp -r storm/ centos71:/home/hzq/software/
scp -r storm/ centos72:/home/hzq/software/
```

3. 启动 Strom

Storm 集群中包含了两类节点：主控节点（Master Node），就是我们配置的 hzq 主机；工作节点（Work Node），我们配置的 centos71 和 centos72 主机。在启动 Storm 时，首先启动主控节点，其次启动工作节点。

启动主控节点服务：

```
./storm nimbus 1>/dev/null 2>&1 &
```

启动主控节点 UI：

```
./storm ui 1>/dev/null 2>&1 &
```

启动工作节点：

```
./storm supervisor 1>/dev/null 2>&1 &
```

4. 验证是否启动完成

打开如下网址，如果能正常显示内容，则安装完成，如图 5.8 所示。

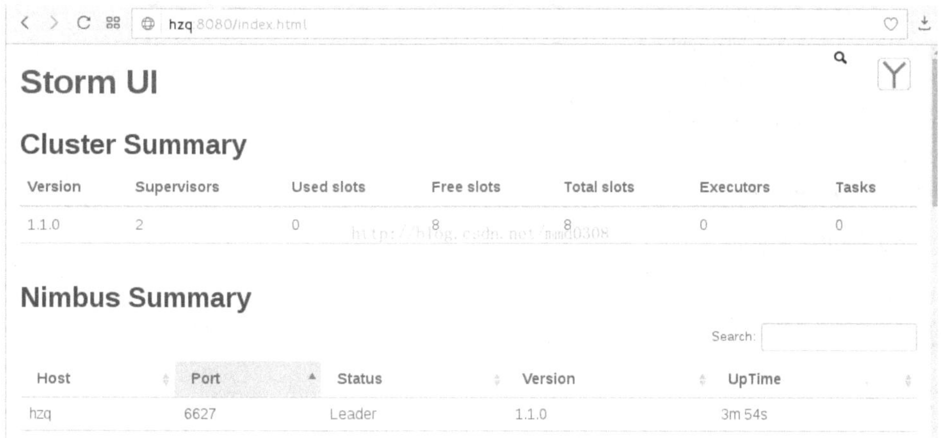

Version	Supervisors	Used slots	Free slots	Total slots	Executors	Tasks
1.1.0	2	0	8	8	0	0

Host	Port	Status	Version	UpTime
hzq	6627	Leader	1.1.0	3m 54s

图 5.8 Storm 安装完成

5.5 Flume 环境部署

1. 系统需求

Flume 需要 Java 1.6 及以上（推荐 1.7）版本，对 Agent 监控目录具备读/写权限。

2. 下载软件包

到 Flume 官网上 http://flume.apache.org/download.html 下载软件包，例如：

```
wget "http://mirrors.cnnic.cn/apache/flume/1.6.0/apache-flume-1.6.0-bin.tar.gz"
tar -xzvf apache-flume-1.6.0-bin.tar.gz
mv flume-1.6.0 /opt
```

3. 简单示例

1）修改配置文件

```
vi /opt/flume-1.6.0/conf/flume.conf
```

输入以下内容：

```
#指定 Agent 的组件名称
a1.sources = r1
a1.sinks = k1
```

```
a1.channels = c1
#指定 Flume source（要监听的路径）
a1.sources.r1.type = spooldir
a1.sources.r1.spoolDir = /root/path
#指定 Flume sink
a1.sinks.k1.type = logger
#指定 Flume channel
a1.channels.c1.type = memory
a1.channels.c1.capacity = 1000
a1.channels.c1.transactionCapacity = 100
#绑定 source 和 sink 到 channel 上
a1.sources.r1.channels = c1
a1.sinks.k1.channel = c1
```

2）启动 Flume Agent

```
cd /opt/flume-1.6.0
bin/flume-ng agent --conf conf --conf-file conf/flume.conf --name a1 -Dflume.root.logger=INFO,console
```

Flume-ng 命令参数说明如表 5.1 所示。

表 5.1　flume-ng 命令参数说明

参　数	作　用	举　例
--conf 或-c	指定配置文件夹，包含 flume-env.sh 和 log4 的配置文件	--conf conf
--conf-file 或-f	配置文件地址	--conf-file conf/flume.conf
--name 或-n	Agent 名称	--name a1
-z	ZooKeeper 连接字符串	-z zkhost:2181,zkhost1:2181
-p	ZooKeeper 中的存储路径前缀	-p/flume

3）写入日志内容

```
vi 1.log
```

写入 Hello Flume.作为测试内容，然后复制到 Flume 监听路径。

```
cp 1.log   /root/path/
```

接着就可以在前一个终端看到刚刚采集的内容了，如下所示：

```
2016-06-27 10:02:58,322 (SinkRunner-PollingRunner-DefaultSinkProcessor) [INFO - org.apache.flume.sink.
LoggerSink.process（LoggerSink.java:94）] Event: { headers:{} body: 48 65 6C 6C 6F 20 77 6F 72 6C 64 0D Hello
Flume. }
```

至此，Flume 已经能够正常运行了。

4. 与 Kafka 集成

Flume 可以灵活地与 Kafka 集成，Flume 侧重数据收集，Kafka 侧重数据分发。Flume 可配置 source 为 Kafka，也可配置 sink 为 Kafka。配置 sink 为 kafka 的示例如下，完整的配置过程请参考相关资料。

```
agent.sinks.s1.type = org.apache.flume.sink.kafka.KafkaSink
agent.sinks.s1.topic = mytopic
agent.sinks.s1.brokerList = localhost:9092
agent.sinks.s1.requiredAcks = 1
agent.sinks.s1.batchSize = 20
agent.sinks.s1.channel = c1
```

Flume 收集的数据经由 Kafka 分发到其他大数据平台做进一步处理。

5.6　Spark 环境部署

Spark 一般要在 Hadoop 环境下运行，在此假定 Hadoop 环境已经安装完毕。

5.6.1　单机环境部署

（1）假定 Hadoop 环境已经安装完毕并已启动服务。

（2）软件准备。

在 /opt 目录下载所需安装包，包括 scala-2.10.6.tgz、spark-1.6.0-bin-hadoop2.6.tgz。

（3）安装 Scala。

解压 Scala 安装包到任意目录：

```
$ cd /opt
$ tar -xzvf scala-2.10.6.tgz
$ mv scala-2.10.6 /home/hadoop/
$ sudo vim /etc/profile
```

在 /etc/profile 文件的末尾添加环境变量：

```
export SCALA_HOME=/home/hadoop/scala-2.10.6
export PATH=$SCALA_HOME/bin:$PATH
```

保存并更新 /etc/profile：

```
$ source /etc/profile
```

查看是否成功：

```
$ scala -version
```

如果显示出对应版本信息，则说明 scala 安装成功。

（4）安装 Spark。

解压 Spark 安装包到当前目录：

```
$ cd /opt
$ tar -xzvf spark-1.6.0-bin-hadoop2.6.tgz
$ mv spark-1.6.0-bin-hadoop2.6 spark-1.6.0
$ mv spark-1.6.0 /home/hadoop/
$ sudo vim /etc/profile
```

在 /etc/profile 文件的末尾添加环境变量：

```
export SPARK_HOME=/home/hadoop/spark-1.6.0
export PATH=$SPARK_HOME/bin:$PATH
```

保存并更新 /etc/profile：

```
$ source /etc/profile
```

在 conf 目录下复制并重命名 spark-env.sh.template 为 spark-env.sh：

```
$ cp spark-env.sh.template spark-env.sh
$ vim spark-env.sh
```

在 spark-env.sh 中添加以下内容：

```
export JAVA_HOME=/home/hadoop/jdk1.8.0/
export SCALA_HOME=/home/hadoop/scala-2.10.6
export SPARK_MASTER_IP=localhost
export SPARK_WORKER_MEMORY=4G
```

启动服务：

```
$ $SPARK_HOME/sbin/start-all.sh
```

停止服务：

```
$ $SPARK_HOME/sbin/stop-all.sh
```

测试 Spark 是否安装成功：

```
$ $SPARK_HOME/bin/run-example SparkPi
```

如果在屏幕显示的结果中可以看到如下内容：

```
Pi is roughly 3.14716
```

则表示安装成功。
检查 WebUI，可用浏览器打开端口 http://localhost:8080。

5.6.2 分布式环境部署

1. 软件准备

下载所需安装包，包括 scala-2.10.6.tgz、spark-1.6.3-bin-hadoop2.6.tgz。

2. Scala 安装

1）Master 机器
（1）将下载的 scala-2.10.6.tgz 解压到 /opt 目录下，即/opt/scala-2.10.6。
（2）修改 scala-2.10.6.tgz 目录所属用户和用户组：

```
sudo chown -R hadoop:hadoop scala-2.10.6
```

（3）修改环境变量文件 .bashrc，添加以下内容：

```
# Scala Env
export SCALA_HOME=/opt/ scala-2.10.6
export PATH=$PATH:$SCALA_HOME/bin
```

运行 source .bashrc，使环境变量生效。

（4）验证 Scala 安装，如图 5.9 所示。

```
hadoop@master:~$ scala
Welcome to Scala 2.11.8 (Java HotSpot(TM) 64-Bit Server VM, Java 1.7.0_80).
Type in expressions for evaluation. Or try :help.

scala> 1 + 1
res0: Int = 2
```

图 5.9　验证 Scala 安装

2）Slave 机器

Slave01 和 Slave02 参照 Master 机器安装步骤进行安装。

3. Spark 安装

1）Master 机器

（1）将下载的 spark-1.6.3-bin-hadoop2.6.tgz 解压到 /opt 目录下。

（2）修改 spark-1.6.3-bin-hadoop2.6 目录所属用户和用户组：

```
sudo chown -R hadoop:hadoop spark-1.6.3-bin-hadoop2.6
```

（3）修改环境变量文件 .bashrc，添加以下内容：

```
# Spark Env
export SPARK_HOME=/opt/spark-1.6.3-bin-hadoop2.6
export PATH=$PATH:$SPARK_HOME/bin:$SPARK_HOME/sbin
```

运行 source.bashrc，使环境变量生效。

（4）Spark 配置。

进入 Spark 安装目录下的 conf 目录，复制 spark-env.sh.template 到 spark-env.sh。

```
cp spark-env.sh.template spark-env.sh
```

编辑 spark-env.sh，在其中添加以下配置信息：

```
export SCALA_HOME=/opt/scala-2.10.6
export JAVA_HOME=/opt/java/jdk1.8.0
export SPARK_MASTER_IP=192.168.109.137
export SPARK_WORKER_MEMORY=1g
export HADOOP_CONF_DIR=/opt/hadoop-2.6.4/etc/hadoop
```

以上变量说明如下：

- SCALA_HOME：指定 Scala 安装目录。
- JAVA_HOME：指定 Java 安装目录。
- SPARK_MASTER_IP：指定 Spark 集群 Master 节点的 IP 地址。

- SPARK_WORKER_MEMORY：指定的是 Worker 节点能够分配给 Executors 的最大内存大小。
- HADOOP_CONF_DIR：指定 Hadoop 集群配置文件目录。

将 slaves.template 复制到 slaves，编辑其内容：

```
master
slave01
slave02
```

即 master 既是 Master 节点又是 Worker 节点。

2）Slave 机器

slave01 和 slave02 参照 master 机器安装步骤进行安装。

4. 启动 Spark 集群

1）启动 Hadoop 集群

2）启动 Spark 集群

（1）启动 Master 节点。

运行 start-master.sh，结果如图 5.10 所示。

```
hadoop@master:~$ start-master.sh
starting org.apache.spark.deploy.master.Master, logging to /opt/spark-1.6.1-bin
hadoop2.6/logs/spark-hadoop-org.apache.spark.deploy.master.Master-1-master.out
hadoop@master:~$ jps
11822 ResourceManager
12341 Master
11446 DataNode
11954 NodeManager
11656 SecondaryNameNode
12398 Jps
11317 NameNode
```

图 5.10　运行 start-master.sh 结果

可以看到 master 上多了一个新进程 Master。

（2）启动所有 Worker 节点。

运行 start-slaves.sh，运行结果如图 5.11 所示。

```
hadoop@master:~$ start-slaves.sh
slave01: starting org.apache.spark.deploy.worker.Worker, logging to /opt/spark-1
.6.1-bin-hadoop2.6/logs/spark-hadoop-org.apache.spark.deploy.worker.Worker-1-sla
ve01.out
slave02: starting org.apache.spark.deploy.worker.Worker, logging to /opt/spark-1
.6.1-bin-hadoop2.6/logs/spark-hadoop-org.apache.spark.deploy.worker.Worker-1-sla
ve02.out
master: starting org.apache.spark.deploy.worker.Worker, logging to /opt/spark-1.
6.1-bin-hadoop2.6/logs/spark-hadoop-org.apache.spark.deploy.worker.Worker-1-mast
er.out
```

图 5.11　运行 start-slaves.sh 结果

在 master、slave01 和 slave02 上使用 jps 命令，可以发现都启动了一个 Worker 进程，如图 5.12 和图 5.13 所示。

```
hadoop@master:~$ jps
11822 ResourceManager
12493 Worker
12598 Jps
12341 Master
11446 DataNode
11954 NodeManager
11656 SecondaryNameNode
11317 NameNode
```

图 5.12　master 上使用 jps 命令结果

hadoop@slave01:~$ jps
2986 DataNode
3117 NodeManager
3306 Worker
3426 Jps

图 5.13　slave 上使用 jps 命令结果

（3）通过浏览器查看 Spark 集群信息。

访问 http://master:8080，如图 5.14 所示。

Spark 1.6.1　Spark Master at spark://192.168.109.137:7077

URL: spark://192.168.109.137:7077
REST URL: spark://192.168.109.137:6066 *(cluster mode)*
Alive Workers: 3
Cores in use: 3 Total, 0 Used
Memory in use: 5.0 GB Total, 0.0 B Used
Applications: 0 Running, 0 Completed
Drivers: 0 Running, 0 Completed
Status: ALIVE

Workers

Worker Id	Address	State	Cores	Memory
worker-20160414220327-192.168.109.138-44566	192.168.109.138:44566	ALIVE	1 (0 Used)	2.0 GB (0.0 B Used)
worker-20160414220328-192.168.109.139-38409	192.168.109.139:38409	ALIVE	1 (0 Used)	2.0 GB (0.0 B Used)
worker-20160414220336-192.168.109.137-38125	192.168.109.137:38125	ALIVE	1 (0 Used)	1024.0 MB (0.0 B Used)

图 5.14　访问 http://master:8080 界面

（4）使用 spark-shell。

运行 spark-shell 命令，可以进入 Spark 的 Shell 控制台，如图 5.15 所示。

```
16/04/14 22:24:30 INFO session.SessionState: Created HDFS directory: /tmp/hive/
adoop/8ce3fc5f-93c4-403c-b700-89642580a2e6/_tmp_space.db
16/04/14 22:24:30 INFO repl.SparkILoop: Created sql context (with Hive support)
.
SQL context available as sqlContext.

scala>
```

图 5.15　Spark 的 Shell 控制台

（5）通过浏览器访问 SparkUI。

访问 http://master:4040，如图 5.16 所示。

可以从 SparkUI 上查看一些如环境变量、Job、Executor 等的信息。

至此，整个 Spark 分布式集群的搭建就结束了。

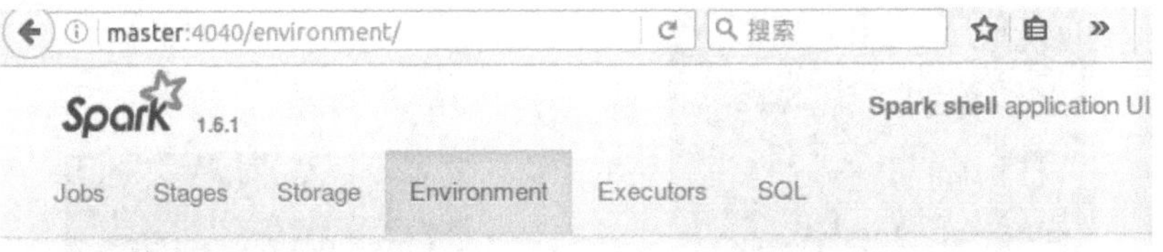

Environment

Runtime Information

Name	Value
Java Home	/opt/java/jdk1.7.0_80/jre
Java Version	1.7.0_80 (Oracle Corporation)

图 5.16　访问 http://master:4040 界面

5. 停止 Spark 集群

1）停止 Master 节点

运行 stop-master.sh 来停止 Master 节点，如图 5.17 所示。

```
hadoop@master:~$ stop-master.sh
stopping org.apache.spark.deploy.master.Master
```

图 5.17　运行 stop-master.sh 来停止 Master 节点

2）停止 Worker 节点

运行 stop-slaves.sh 可以停止所有的 Worker 节点，如图 5.18 所示。

```
hadoop@master:~$ stop-slaves.sh
master: stopping org.apache.spark.deploy.worker.Worker
slave02: stopping org.apache.spark.deploy.worker.Worker
slave01: stopping org.apache.spark.deploy.worker.Worker
```

图 5.18　运行 stop-slaves.sh 停止所有的 Worker 节点

3）检查服务

在每个节点都运行 jps 命令，查看对应进程是否已经停止，最后再停止 Hadoop 集群。

5.7　实验

5.7.1 【实验 18】ZooKeeper 环境部署

一、实验目的

（1）掌握在 VMware 和 CentOS 中部署 ZooKeeper 环境；

（2）解决常见的安装过程中的问题；

（3）学会问题的记录与解决方法的使用。

二、实验步骤

（1）打开 VMware Workstation，启动实验所需 CentOS 系统。

（2）下载软件。可以从 ZooKeeper 官方网站下载 ZooKeeper 并解压软件压缩包，本书采用 3.4.5 版本，用户可以自行选择一个版本兼容且速度较快的镜像来下载即可。

（3）配置文件。zoo_sample.cfg 为样例配置文件，需要修改为自己的名称，一般改为 zoo.cfg。

查看运行结果并截图保存。

（4）单机模式。

进入 bin 目录，执行命令：

```
./zkServer.sh start
```

查看运行结果并截图保存。

连接 ZooKeeper 服务：直接执行 zkCli.cmd 或者 zkCli.sh 命令，默认以主机号 127.0.0.1、端口号 2181 来连接 ZooKeeper。如果要连接不同机器上的 ZooKeeper，可以使用-server 参数，例如：

```
bin/zkCli.sh -server 192.168.0.1:2181
```

查看运行结果并截图保存。

（5）集群模式。

① 运行配置。

在集群模式下，所有的 ZooKeeper 进程都可以使用相同的配置文件（是指各个 ZooKeeper 进程部署在不同的机器上），如图 5.19 所示。

```
tickTime=2000
dataDir=/home/myname/zookeeper
clientPort=2181
initLimit=5
syncLimit=2
server.1=192.168.229.160:2888:3888
server.2=192.168.229.161:2888:3888
server.3=192.168.229.162:2888:3888
```

图 5.19　ZooKeeper 配置文件

查看配置结果并截图保存。

② 启动。

假如在 3 台不同的机器 192.168.229.160、192.168.229.161、192.168.229.162 上各部署一个 ZooKeeper 进程，构成一个 ZooKeeper 集群。

3 个 ZooKeeper 进程均使用相同的 zoo.cfg 配置。

③ 连接。

可以使用以下命令来连接一个 ZooKeeper 集群：

```
bin/zkCli.sh -server 192.168.229.160:2181,192.168.229.161:2181,192.168.229.162:2181
```

查看运行结果并截图保存。

三、实验问题记录

安装过程中出现的问题：
问题说明：
解决方法：
（1）方法 1：
（2）方法 2：

四、实验总结

对实验进行总结，总结内容包括：
（1）通过实验学会了什么？
（2）实验过程中出现了什么问题？针对这些问题是如何解决的？请写出解决步骤。
（3）在实验过程中发现自己哪方面有待进一步提高？

5.7.2 【实验 19】Kafka 环境部署

一、实验目的

（1）掌握在 VMware 和 CentOS 中部署 Kafka 环境；
（2）解决常见的安装过程中的问题；
（3）学会问题的记录与解决方法的使用。

二、实验步骤

（1）打开 VMware Workstation，启动实验所需 CentOS 系统。
（2）下载 Kafka 并解压。
下载文件：在 Kafka 官方网站上搜索并下载安装包 kafka_2.10-0.9.0.0.tgz。
解压：tar zxvf kafka_2.10-0.9.0.0.tgz。
查看运行结果并截图保存。
（3）配置。
进入 Kafka 安装工程根目录，编辑 config/server.properties。

Kafka 最为重要的 3 个配置依次为 broker.id、log.dir、zookeeper.connect，Kafka Server 端 config/server.properties 主要参数如图 5.20 所示。

```
broker.id=0
num.network.threads=2
num.io.threads=8
socket.send.buffer.bytes=1048576
socket.receive.buffer.bytes=1048576
socket.request.max.bytes=104857600
log.dirs=/tmp/kafka-logs
num.partitions=2
log.retention.hours=168
log.segment.bytes=536870912
log.retention.check.interval.ms=60000
log.cleaner.enable=false
zookeeper.connect=localhost:2181
zookeeper.connection.timeout.ms=1000000
```

图 5.20　server.properties 主要参数

查看配置结果并截图保存。

（4）启动 Kafka。

进入 Kafka 目录，输入以下命令：

```
bin/kafka-server-start.sh config/server.properties &
```

检测 2181 与 9092 端口：

```
netstat -tunlp|egrep "(2181|9092)"
```

查看运行结果并截图保存。

（5）单机连通性测试。

启动两个 XSHELL 客户端，一个用于生产者发送消息，一个用于消费者接收消息。

运行 producer，随机输入几个字符，相当于把这个输入的字符消息发送给队列。

```
bin/kafka-console-producer.sh --broker-list 192.168.1.181:9092 --topic test
```

查看运行结果并截图保存。

运行 consumer，可以看到刚才发送的消息列表。

```
bin/kafka-console-consumer.sh --zookeeper 192.168.1.181:2181 --topic test --from-beginning
```

查看运行结果并截图保存。

上面介绍的只是一个单个的 broker，下面我们来实验一个多 broker 的集群。

（6）搭建一个多 broker 的集群。

刚才只是启动了单个 broker，现在启动由 3 个 broker 组成的集群，这些 broker 节点都在本机上。

① 为每个 broker 提供配置文件。

我们先看看 config/server0.properties 配置信息，如图 5.21 所示。

```
broker.id=0
listeners=PLAINTEXT://:9092
port=9092
host.name=192.168.1.181
num.network.threads=4
num.io.threads=8
socket.send.buffer.bytes=102400
socket.receive.buffer.bytes=102400
socket.request.max.bytes=104857600
log.dirs=/tmp/kafka-logs
num.partitions=5
num.recovery.threads.per.data.dir=1
log.retention.hours=168
log.segment.bytes=1073741824
log.retention.check.interval.ms=300000
log.cleaner.enable=false
zookeeper.connect=192.168.1.181:2181
zookeeper.connection.timeout.ms=6000
queued.max.requests =500
log.cleanup.policy = delete
```

图 5.21 server0.properties 配置信息

查看配置结果并截图保存：

接下来，我们仿照上面的配置文件，提供两个 broker 的配置文件。

server1.properties 配置信息如图 5.22 所示。

```
broker.id=1
listeners=PLAINTEXT://:9093
port=9093
host.name=192.168.1.181
num.network.threads=4
num.io.threads=8
socket.send.buffer.bytes=102400
socket.receive.buffer.bytes=102400
socket.request.max.bytes=104857600
log.dirs=/tmp/kafka-logs1
num.partitions=5
num.recovery.threads.per.data.dir=1
log.retention.hours=168
log.segment.bytes=1073741824
log.retention.check.interval.ms=300000
log.cleaner.enable=false
zookeeper.connect=192.168.1.181:2181
zookeeper.connection.timeout.ms=6000
queued.max.requests =500
log.cleanup.policy = delete
```

图 5.22　server1.properties 配置信息

查看配置结果并截图保存。

server2.properties 配置信息如图 5.23 所示。

```
broker.id=2
listeners=PLAINTEXT://:9094
port=9094
host.name=192.168.1.181
num.network.threads=4
num.io.threads=8
socket.send.buffer.bytes=102400
socket.receive.buffer.bytes=102400
socket.request.max.bytes=104857600
log.dirs=/tmp/kafka-logs2
num.partitions=5
num.recovery.threads.per.data.dir=1
log.retention.hours=168
log.segment.bytes=1073741824
log.retention.check.interval.ms=300000
log.cleaner.enable=false
zookeeper.connect=192.168.1.181:2181
zookeeper.connection.timeout.ms=6000
queued.max.requests =500
log.cleanup.policy = delete
```

图 5.23　server2.properties 配置信息

查看配置结果并截图保存。

② 启动所有的 broker。

命令如下：

```
bin/kafka-server-start.sh config/server0.properties &
bin/kafka-server-start.sh config/server1.properties &
bin/kafka-server-start.sh config/server2.properties &
```

查看 2181.9092.9093.9094 端口：

```
netstat -tunlp|egrep "(2181|9092|9093|9094)"
```

查看运行结果并截图保存。

③ 创建 Topic。

```
bin/kafka-topics.sh --create --topic topic_1 --partitions 1 --replication-factor 3 \--zookeeper localhost:2181
```

```
bin/kafka-topics.sh --create --topic topic_2 --partitions 1 --replication-factor 3   \--zookeeper localhost:2181
bin/kafka-topics.sh --create --topic topic_3 --partitions 1 --replication-factor 3   \--zookeeper localhost:2181
```

查看运行结果并截图保存。

查看 Topic 创建情况：

```
bin/kafka-topics.sh --list --zookeeper localhost:2181
 [root@atman081 kafka_2.10-0.9.0.0]# bin/kafka-topics.sh --describe --zookeeper localhost:2181
```

查看运行结果并截图保存。

④ 模拟客户端发送、接收消息。

发送消息命令：

```
bin/kafka-console-producer.sh    --topic    topic_1    --broker-list    192.168.1.181:9092,192.168.1.181:9093,
192.168.1.181:9094
```

查看运行结果并截图保存。

接收消息命令：

```
bin/kafka-console-consumer.sh --topic topic_1 --zookeeper 192.168.1.181:2181 --from-beginning
```

查看运行结果并截图保存。

⑤ kill 某个 broker。

```
kill broker(id=0)
```

首先，我们根据前面的配置，得到 broker（id=0）应该在 9092 监听，这样就能确定它的 PID 了。运行命令：

```
bin/kafka-topics.sh --describe --zookeeper localhost:2181
```

查看运行结果并截图保存。

kill 之后，再观察，并进行对比：

```
bin/kafka-topics.sh --describe --zookeeper localhost:2181
```

查看运行结果并截图保存：

测试一下，看发送消息、接收消息是否受到影响。

发送消息：

```
bin/kafka-console-producer.sh    --topic    topic_1    --broker-list    192.168.1.181:9092,192.168.1.181:9093,
192.168.1.181:9094
```

接收消息：

```
bin/kafka-console-consumer.sh --topic topic_1 --zookeeper 192.168.1.181:2181 --from-beginning
```

查看运行结果并截图保存。

三、实验问题记录

安装过程中出现的问题：

问题说明：

解决方法：
（1）方法 1：
（2）方法 2：

四、实验总结

对实验进行总结，总结内容包括：
（1）通过实验学会了什么？
（2）实验过程中出现了什么问题？针对这些问题是如何解决的？请写出解决步骤。
（3）在实验过程中发现自己哪方面有待进一步提高？

5.7.3 【实验 20】Storm 环境部署

一、实验目的

（1）掌握在 VMware 和 CentOS 中部署 Storm 环境；
（2）解决常见的安装过程中的问题；
（3）学会问题的记录与解决方法的使用。

二、实验步骤

（1）打开 VMware Workstation，启动实验所需 CentOS 系统。
（2）下载软件。进入 Storm 官网选择一个版本下载，如 apache-storm-1.0.0.tar.gz。
（3）单机环境部署。用 cd 命令切换到目录 /usr/java 下，上传安装文件并解压。
切换目录：

```
cd /usr/java
```

解压：

```
tar -xvf apache-storm-1.0.0.tar.gz
```

创建软链接：

```
ln -s apache-storm-1.0.0 storm
```

查看运行结果并截图保存。
① 修改配置文件：

```
vi /usr/java/storm/conf/storm.yaml
```

修改后的内容如图 5.24 所示。
查看配置结果并截图保存。
② 启动 ZooKeeper 和 Storm。
先启动 ZooKeeper：

```
zkServer.sh start
```

```
########### These MUST be filled in for a storm configuration
##zookeeper
storm.zookeeper.servers:
     - "lijie"
##nimbus所在节点
nimbus.host: "lijie"
##nimbus JVM最大内存
nimbus.childopts: "-Xmx1024m"
##supervisor 每个worker内存
worker.childopts: "-Xmx768m"
##supervisor 启动jvm最大内存
supervisor.childopts: "-Xmx1024m"
##可用端口号配置，每个对应一个worker
supervisor.slots.ports:
     - 6700
     - 6701
     - 6702
     - 6703
```

图 5.24 Storm 配置文件

启动 nimbus：

```
./bin/storm nimbus &
```

启动 UI 界面：

```
./bin/storm ui &
```

启动 supervisor：

```
./bin/storm supervisor &
```

以上均查看运行结果并截图保存。

③ 进入 Storm 的 Web 界面。

查看运行结果并截图保存。

④ 测试自带 WordCount 程序。

启动 WordCount：

```
bin/storm jar examples/storm-starter/storm-starter-topologies-0.9.5.jar storm.starter.WordCountTopology wordcount
```

查看运行结果并截图保存。

⑤ 简单的 Shell 操作。

杀死任务命令格式：storm kill name -w seconds。

```
storm kill wordcount -w 10
```

停用任务命令格式：storm deactivte name。

```
storm deactivte wordcount
```

启用任务命令格式：storm activate name。

```
storm activate wordcount
```

平衡任务命令格式：storm rebalance name。

```
storm rebalance wordcount
```

查看运行结果并截图保存。

（4）分布式环境部署。

① 安装环境说明。

安装包：apache-storm-1.0.0.tar.gz。

集群主机 IP：192.168.118.1，192.168.118.128，192.168.118.129。
集群主机名称：hzq，centos71，centos72。
集群主机用户：都是 hzq 用户。
② 安装 Storm。
下载安装包并解压到/home/hzq/software/storm 文件夹中：

```
tar -zxvf  ../Downloads/apache-storm-1.0.0.tar.gz  -C storm/
```

查看运行结果并截图保存。
修改 conf 下的 storm.yaml 配置文件，内容如图 5.25 所示。

```
########### These MUST be filled in for a storm configuration
 storm.zookeeper.servers:
     - "hzq"
     - "centos71"
     - "centos72"

 nimbus.seeds: ["hzq"]
```

图 5.25　storm.yaml 配置文件内容

查看配置结果并截图保存。
复制配置好的 Storm 到其他两台主机：

```
scp -r storm/ centos71:/home/hzq/software/
scp -r storm/ centos72:/home/hzq/software/
```

③ 启动 Strom。
Storm 集群中包含两类节点，分别是主控节点和工作节点，在启动 Storm 时，首先启动主控节点，其次启动工作节点。
启动主控节点服务：

```
./storm nimbus 1>/dev/null 2>&1 &
```

启动主控节点 UI：

```
./storm ui 1>/dev/null 2>&1 &
```

启动工作节点：

```
./storm supervisor 1>/dev/null 2>&1 &
```

查看运行结果并截图保存。
④ 验证是否启动完成。
打开网址 http:// hzq:8080/index.html，如果能正常显示内容，则安装完成。
查看运行结果并截图保存。

三、实验问题记录

安装过程中出现的问题：
问题说明：
解决方法：
（1）方法 1：

（2）方法2：

四、实验总结

对实验进行总结，总结内容包括：
（1）通过实验学会了什么？
（2）实验过程中出现了什么问题？针对这些问题是如何解决的？请写出解决步骤。
（3）在实验过程中发现自己哪方面有待进一步提高？

5.7.4 【实验21】Flume环境部署

一、实验目的

（1）掌握在VMware和CentOS中部署Flume环境；
（2）解决常见的安装过程中的问题；
（3）学会问题的记录与解决方法的使用。

二、实验步骤

（1）打开VMware Workstation，启动实验所需CentOS系统。
（2）系统需求：
Flume需要Java 1.6及以上（推荐1.7）版本，对Agent监控目录具备读/写权限。
（3）下载软件包：
到Flume官网上下载软件包，例如：

```
wget "http://mirrors.cnnic.cn/apache/flume/1.6.0/apache-flume-1.6.0-bin.tar.gz"
tar -xzvf apache-flume-1.6.0-bin.tar.gz
mv flume-1.6.0 /opt
```

查看运行结果并截图保存。
（4）简单示例。
① 修改配置文件：

```
vi /opt/flume-1.6.0/conf/flume.conf
```

输入如图5.26所示内容。

```
# 指定Agent的组件名称
a1.sources = r1
a1.sinks = k1
a1.channels = c1
# 指定Flume source(要监听的路径)
a1.sources.r1.type = spooldir
a1.sources.r1.spoolDir = /root/path
# 指定Flume sink
a1.sinks.k1.type = logger
# 指定Flume channel
a1.channels.c1.type = memory
a1.channels.c1.capacity = 1000
a1.channels.c1.transactionCapacity = 100
# 绑定source和sink到channel上
a1.sources.r1.channels = c1
a1.sinks.k1.channel = c1
2) 启动flume agent
cd /opt/flume-1.6.0
bin/flume-ng agent --conf conf --conf-file conf/flume.conf --name a1 -Dflume.root.logger=INFO,console
```

图5.26 flume.conf配置内容

查看配置结果并截图保存。

② 启动 Flume Agent：

```
cd /opt/flume-1.6.0
bin/flume-ng agent --conf conf --conf-file conf/flume.conf --name a1 -Dflume.root.logger=INFO,console
```

查看运行结果并截图保存。

③ 写入日志内容：

```
vi 1.log
```

写入 Hello Flume.作为测试内容，然后复制到 Flume 监听路径：

```
cp 1.log   /root/path/
```

查看运行结果并截图保存。

（5）与 Kafka 集成。

Flume 可以灵活地与 Kafka 集成，Flume 侧重数据收集，Kafka 侧重数据分发。Flume 可配置 source 为 Kafka，也可配置 sink 为 Kafka，配置 sink 为 Kafka 的示例如下：

```
agent.sinks.s1.type = org.apache.flume.sink.kafka.KafkaSink
agent.sinks.s1.topic = mytopic
agent.sinks.s1.brokerList = localhost:9092
agent.sinks.s1.requiredAcks = 1
agent.sinks.s1.batchSize = 20
agent.sinks.s1.channel = c1
```

三、实验问题记录

安装过程中出现的问题：

问题说明：

解决方法：

（1）方法 1：

（2）方法 2：

四、实验总结

对实验进行总结，总结内容包括：

（1）通过实验学会了什么？

（2）实验过程中出现了什么问题？针对这些问题是如何解决的？请写出解决步骤。

（3）在实验过程中发现自己哪方面有待进一步提高？

5.7.5 【实验 22】Spark 环境部署

一、实验目的

（1）掌握在 VMware 和 CentOS 中部署 Spark 环境；

（2）解决常见的安装过程中的问题；

（3）学会问题的记录与解决方法的使用。

二、实验步骤

（1）打开 VMware Workstation，启动实验所需 CentOS 系统。
（2）单机环境部署。
① 假定 Hadoop 环境已经安装完毕并已启动服务。
② 软件准备：
在/opt 目录下载所需安装包，包括 scala-2.10.6.tgz、spark-1.6.0-bin-hadoop2.6.tgz。
③ 安装 scala。
解压 scala 安装包到任意目录：

```
$ cd /opt
$ tar -xzvf scala-2.10.6.tgz
$ sudo vim /etc/profile
```

在 /etc/profile 文件的末尾添加环境变量，如图 5.27 所示。

```
export SCALA_HOME=/home/tom//scala-2.10.6
export PATH=$SCALA_HOME/bin:$PATH
```

图 5.27　scala 环境变量设置

查看配置结果并截图保存。
保存并更新 /etc/profile：

```
$ source /etc/profile
```

查看是否成功：

```
$ scala -version
```

查看运行结果并截图保存。
④ 安装 Spark。
解压 Spark 安装包到当前目录：

```
$ cd /opt
$ tar -xzvf spark-1.6.0-bin-hadoop2.6.tgz
$ mv spark-1.6.0-bin-hadoop2.6 spark-1.6.0
$ sudo vim /etc/profile
```

在 /etc/profile 文件的末尾添加环境变量，如图 5.28 所示。

```
export SPARK_HOME=/home/tom/spark-1.6.0
export PATH=$SPARK_HOME/bin:$PATH
```

图 5.28　Spark 环境变量设置

保存并更新 /etc/profile：

```
$ source /etc/profile
```

在 conf 目录下复制并重命名 spark-env.sh.template 为 spark-env.sh：

```
$ cp spark-env.sh.template spark-env.sh
```

编辑 spark-env.sh 文件并在其中添加内容，如图 5.29 所示。

```
export JAVA_HOME=/home/tom/jdk1.8.0/
export SCALA_HOME=/opt/scala-2.10.6
export SPARK_MASTER_IP=localhost
export SPARK_WORKER_MEMORY=4G
```

图 5.29　spark-env.sh 文件添加的内容

启动服务：

```
$ $SPARK_HOME/sbin/start-all.sh
```

停止服务：

```
$ $SPARK_HOME/sbin/stop-all.sh
```

测试 Spark 是否安装成功，输入以下命令：

```
$SPARK_HOME/bin/run-example SparkPi
```

检查 WebUI，可用浏览器打开端口 http://localhost:8080。
以上均查看运行结果并截图保存。
（3）分布式环境部署。
① 软件准备：

```
scala-2.10.6.tgz
spark-1.6.3-bin-hadoop2.6.tgz
```

② Scala 安装。
A．Master 机器。
a．下载 scala-2.10.6.tgz 并解压到 /opt 目录下，即/opt/scala-2.10.6。
b．修改 scala-2.10.6.tgz 目录所属用户和用户组：

```
sudo chown -R hadoop:hadoop scala-2.10.6
```

c．修改环境变量文件 .bashrc，添加以下内容，如图 5.30 所示。

```
# Scala Env
export SCALA_HOME=/opt/ scala-2.10.6
export PATH=$PATH:$SCALA_HOME/bin
```

图 5.30　环境变量文件 .bashrc 添加的内容

运行 source .bashrc 使环境变量生效。
查看配置结果并截图保存。
d．验证 Scala 安装。
查看安装是否成功：

```
$ scala -version
```

查看运行结果并截图保存。
B．Slave 机器。

slave01 和 slave02 参照 Master 机器安装步骤进行安装。

③ Spark 安装。

A．Master 机器。

a．下载 spark-1.6.3-bin-hadoop2.6.tgz 并解压到/opt 目录下。

b．修改 spark-1.6.3-bin-hadoop2.6 目录所属用户和用户组：

```
sudo chown -R hadoop:hadoop spark-1.6.3-bin-hadoop2.6
```

c．修改环境变量文件 .bashrc，添加以下内容，如图 5.31 所示。

```
# Spark Env
export SPARK_HOME=/opt/spark-1.6.3-bin-hadoop2.6
export PATH=$PATH:$SPARK_HOME/bin:$SPARK_HOME/sbin
```

图 5.31 环境变量文件 .bashrc 添加的内容

运行 source.bashrc 使环境变量生效。

查看配置结果并截图保存。

d．Spark 配置。

进入 Spark 安装目录下的 conf 目录，复制 spark-env.sh.template 到 spark-env.sh：

```
cp spark-env.sh.template spark-env.sh
```

编辑 spark-env.sh，在其中添加以下配置信息，如图 5.32 所示。

```
export SCALA_HOME=/opt/scala-2.10.6
export JAVA_HOME=/opt/java/jdk1.8.0
export SPARK_MASTER_IP=192.168.109.137
export SPARK_WORKER_MEMORY=1g
export HADOOP_CONF_DIR=/opt/hadoop-2.6.4/etc/hadoop
```

图 5.32 spark-env.sh 中添加的信息

将 slaves.template 复制到 slaves，编辑其内容：

```
master
slave01
slave02
```

即 master 既是 Master 节点又是 Worker 节点。

查看配置结果并截图保存。

B．Slave 机器。

slave01 和 slave02 参照上述 Master 机器安装步骤进行安装。

④ 启动 Spark 集群。

A．启动 Hadoop 集群，相关命令请参考前面章节内容。

用 jps 命令查看运行结果并截图保存。

B．启动 Spark 集群。

a．启动 Master 节点。

运行 start-master.sh，用 jps 命令查看运行结果并截图保存。

b．启动所有 Worker 节点。

运行 start-slaves.sh，用 jps 命令查看运行结果并截图保存。

c．浏览器查看 Spark 集群信息。

访问 http://master:8080，查看运行结果并截图保存。

d．使用 spark-shell。

运行 spark-shell，可以进入 Spark 的 Shell 控制台，查看运行结果并截图保存。

e．浏览器访问 SparkUI。

访问 http://master:4040，查看运行结果并截图保存。

可以从 SparkUI 上查看一些如环境变量、Job、Executor 等的信息。

⑤ 停止 Spark 集群。

A．停止 Master 节点。

运行 stop-master.sh 来停止 Master 节点，查看运行结果并截图保存。

B．停止 Worker 节点。

运行 stop-slaves.sh 可以停止所有的 Worker 节点，用 jps 命令查看运行结果并截图保存。

C．检查服务。

在每个都节点运行 jps 命令，查看对应进程是否已经停止，最后再停止 Hadoop 集群。

用 jps 命令查看运行结果并截图保存。

三、实验问题记录

安装过程中出现的问题：

问题说明：

解决方法：

（1）方法 1：

（2）方法 2：

四、实验总结

对实验进行总结，总结内容包括：

（1）通过实验学会了什么？

（2）实验过程中出现了什么问题？针对这些问题是如何解决的？请写出解决步骤。

（3）在实验过程中发现自己哪方面有待进一步提高？